日本軍事史

上巻

戦前篇

藤原 彰 著

社会批評社

目次

まえがき　11

第一章　武士団の解体と近代兵制の輸入　15

一　封建軍備の無力化　15
大塩の乱／軍役制の形骸化／武士団の退廃

二　幕府諸藩の兵制改革　22
近代兵器の導入／軍事組織の近代化／幕府の三兵／長州藩と薩摩藩／諸隊の性格

三　維新内乱の軍事的意義　33
王政復古のクーデター／鳥羽伏見の戦／薩長兵と幕府軍／内戦の深化／戊辰戦争／中央の軍制整備

第二章　徴兵制の採用と中央兵力の整備――43
一　武士団の解体と中央兵力の創出――43
維新政権の軍制／東北凱旋兵の処置／藩兵の動向／御親兵の設置／鎮台の設置／兵制の整備
二　徴兵制の採用とその矛盾――54
徴兵令の制定／免役制の性格／軍の規律と訓練
三　西南戦争と近代軍隊の確立――61
維新後の薩摩藩／西郷と私学校党／内乱の勃発／両軍の素質と戦略／戦争の結果と意義
第三章　天皇制軍隊の成立――75
一　対内的軍備から対外的軍備へ――75
台湾と琉球／朝鮮をめぐる日清対立／対清軍備の拡張／国権と民権の対立／国民皆兵の基礎／徴兵制の矛盾／国民的軍隊の内実／フランスとプロシアの兵制／プロシ

ア式兵制への転換
二　徴兵令の改正――93
改正の必然性／国民への拡大／国民皆兵の実態／兵役忌避
三　一八八六～八九年の兵制改革――101
兵制改革の背景／憲兵と軍紀／軍隊内務の強化／軍の規格化／幹部養成と画一化／改革への批判／フランス派の敗北

第四章　日清戦争――117

一　海軍力の整備と戦争準備――117
海軍の創設／海軍力の整備／対清海軍力の急成
二　戦争の経過と決算――121
戦争の挑発／両軍の兵力と作戦計画／戦闘の経過と勝敗の原因／戦争の決算
三　軍事技術の発展――133
兵器生産の進歩／造船業の発達／戦術の変化と操典の改正

第五章　日露戦争――141
一　戦争準備――141
臥薪嘗胆／陸軍の拡張／海軍の拡張／義和団事件
二　戦争の経過――147
開戦時機の選定／軍の作戦計画／戦況の推移
三　戦争の勝敗の原因――156
兵器と装備／軍隊の素質と士気／日本軍の勝因／日本軍の苦戦とその矛盾／朝鮮併合戦争
第六章　帝国主義軍隊への変化――169
一　日露戦争後の典範令改正とその意義――169
日本軍の独自性／精神主義の強調／攻撃精神と生命軽視／家族主義の導入／兵士の自発性の欠如

二　帝国主義下の軍隊とその矛盾　178
軍紀の退廃／服従の強制／良民と良兵／農本主義の出現
三　軍部と政治　185
軍部の地位の強化／国防方針の制定／国民教育への介入／在郷軍人会の創立／中国への干渉
四　陸海軍備の拡張　195
日米対立と建艦競争／海軍の大拡張／陸軍二個師団増設問題
五　大戦参加とシベリア出兵　203
参戦と青島攻略／南洋諸島の占領／シベリア出兵／出兵の決算／国防方針の改定
第七章　総力戦段階とその諸矛盾　213
一　第一次大戦の影響　213
戦争の性格の変化／総力戦の思想／反軍国主義の開花
二　軍縮とその意義　219

ワシントン会議と海軍軍縮／日本陸軍の立ち遅れ／改革の必然性／合理化のための軍縮
三　総力戦体制の整備とその矛盾　228
宇垣軍縮の目的／大衆軍創出の困難／装備近代化の遅れ
四　軍隊の性格と構造の変化　234
速戦即決主義の強化／青年将校の急進運動／国民統合への軍の関与
第八章　満州事変　243
一　中国侵略への衝動　243
中国革命と山東出兵／満蒙確保の要求／中国革命への危機感／ロンドン条約問題
二　軍部内の革新運動　249
対外危機感と青年将校運動／陸軍将校の出自／特権的身分の再生産／革新運動の性格
三　満州事変　258
関東軍の満州占領計画／事変の拡大／北満の占領／満州占領の結果／上海事変／熱

河作戦と関内作戦
四　軍備の拡張と軍隊の矛盾　269
在満兵力の整備／海軍の建艦計画／軍隊内の思想問題

第九章　日中戦争　275

一　ファシズム体制の確立と軍部の役割　275
軍部の政治化と派閥対立／青年将校の急進化／二・二六事件の動機と目的／二・二六事件の結果／国防方針の改定
二　日中戦争の開始　287
華北分離工作／戦争拡大の原因／蘆溝橋事件の勃発／近衛内閣の強硬態度／華北の総攻撃／全面戦争への拡大／南京占領と大虐殺／和平工作の失敗／戦面大拡大方針とその破綻／張鼓峰事件と武漢作戦／ノモンハン事件／大戦の勃発
三　軍隊の拡大と変質　308
戦争の規模／軍隊の拡大とその矛盾／軍紀の退廃と士気の低下

第一〇章　太平洋戦争――315
一　対米英開戦――315
ドイツの勝利と時局処理要綱／独ソ戦と関特演／対米英戦備の進展／戦争の見通し
二　初期の戦局と問題点――324
初期作戦の成功／勝利にひそむ敗因
三　戦局の転換――329
珊瑚海の海戦／ミッドウェー海戦／ガダルカナルの戦い／敗北の諸原因／絶対国防圏の設定
四　戦線の崩壊――338
マリアナの攻防戦／戦争経済の崩壊／インパール作戦／中国戦線の様相／レイテ、硫黄島、沖縄の戦／本土空襲／本土決戦と一億玉砕
五　敗戦の軍事的原因――352
戦争指導の分裂／非合理な精神主義／軍事技術の遅れ／天皇の軍隊の本質

凡例　本書は、一九八七年日本評論社発行の新装版である。引用文献については下巻・戦後篇にまとめて掲載した。

日本軍事史（下巻）戦後篇　目次

第一章　敗戦と軍の解体
一　敗戦時の陸海軍
二　降伏と復員
三　占領軍の非軍事化政策

第二章　再軍備の開始
一　占領政策の転換と日本再軍備構想
二　朝鮮戦争と警察予備隊の創設
三　占領下再軍備の性格
四　警察予備隊の成長と海上警備隊の創設

第三章　講和・安保条約と保安隊・警備隊
一　講和安保条約の締結
二　保安庁の新設
三　保安隊と警備隊

第四章　自衛隊の発足
一　本格的再軍備への道
二　航空の独立
三　防衛庁・三自衛隊の創設
四　国防方針と防衛計画

第五章　安保改定と自衛隊の変貌
一　米極東戦略の変化と自衛隊
二　安保改定と反対闘争
三　防衛二法改正と二次防
四　対ソ戦略と核戦争

第六章　日韓条約とベトナム戦争
一　三矢研究
二　日韓条約の締結
三　ベトナム戦争の激化と三次防

第七章　高度成長と四次防
一　沖縄返還と七〇年安保問題
二　第四次防衛力整備計画
三　泥沼のベトナムと自衛隊の役割

第八章　日米安保体制の新段階
一　三木・フォード会談
二　防衛計画の大綱と五三中業
三　ガイドラインと有事立法

第九章　軍事力増強への道
一　日米共同作戦体制の緊密化
二　五六中業と軍事費増大
三　核戦略体制の強化

第一〇章　経済大国から軍事大国へ
一　日本列島不沈空母化
二　改憲、軍事大国化への動き
三　自衛隊は国民を守るか

おわりに
参考文献目録

まえがき

　明治維新以来一二〇年間の近代日本の歴史は、ひたすら軍事国家としての発展をめざした前半の八〇年間と、平和国家を国是とした後半の四〇年間とに分けられる。前半の八〇年間は、軍国主義強国への道をひたすらすすんだ。明治維新後の国家建設の中心スローガンは「富国強兵」であり、天皇に忠誠をつくす精強な軍隊をつくり上げるという目的のために、政治も、経済も、教育や思想・文化までもが動員された。その結果が、世界に比類のない軍国主義国家を成立させることになったのである。

　軍国主義日本は、絶え間なく戦争と対外出兵をくりかえした。一八七四年（明治七年）の台湾出兵、一八七五年の江華島事件、一八八二年と八四年の二度にわたる京城事変、一八九四、九五年の日清戦争、一九〇〇年の義和団事件、一九〇四、〇五年の日露戦争、一九〇七年より一九一〇年に至る朝鮮併合のための植民地戦争、一九一四年（大正三年）から一八年までの第一次世界大戦、一九一八年から二五年に至るシベリア出兵、一九二七年（昭和二年）、二八年の山東出兵、そして一九三一年からの満州事変にはじまり、日中戦争、太平洋戦争を経て一九四五年の敗戦に至る一五年戦争である。

絶え間ない戦争のくりかえしによって領土は拡大し、急速に経済も成長して近代国家として発展した。しかしそれはまさに「軍事大国」への道であった。日清戦争以来第二次大戦の終わる日まで、臨時軍事費という名の直接の戦費の支出されなかった年はなかった。経済は軍需に依存し、戦争のたびごとに成長する軍事経済であった。すべての国民は、何よりも天皇の忠良な臣民となることを求められ、国民教育によって男は兵士となって死ぬことを、女は軍国の母、妻として、息子や夫を戦争に送り出すことを求められ、その死に涙をみせることさえ許されなかったのである。

国民にきびしい犠牲を強要した軍国主義国家は、近隣のアジア諸国民にとっては比類のない害悪をもたらすものであった。その侵略戦争によって、朝鮮も、中国も、東南アジア諸国も、軍靴に踏みにじられた。人命の犠牲、家屋や財貨の被害だけでなく、婦女子を辱しめ、文化や言語まで奪い、深い民族的怨恨を残したのである。

この軍国主義と戦争の歴史は、日本国民にとって決して誇るべきものとはいえない。しかし、軍国主義の犠牲、戦争の被害が大きかったからこそ、その実態を明らかにし、その原因をつきとめることが必要である。軍事史は、戦争を再発させないためにこそ究明されるべきであろう。

一九四五年は、日本の歴史にとって、明治維新以上の大きな変換期であったといえよう。戦争の痛切な体験の上に立って、日本国民ははじめて軍国主義と戦争に決別し、平和国家として生きることを宣言したからである。だが平和国家をめざす憲法の存在にもかかわらず、わずか五年で再軍備がはじまり、その後の三五年間に軍事力の増強は着実にすすんでいった。敗戦後アメリカの単独占領下におかれ、講和後も対立世界の一方の側と軍事同盟関係を結ぶことによって、いやおうなしに軍事化の道を歩まされているのである。

しかしともかくも戦後の四〇年間は、戦前と比べて相対的に軍事費の比重は小さく、戦争をしない時代であった。それが日本経済の高度成長の原因の大きな一つであったといえる。しかし経済大国化にふさわしい軍備をもつべきだという内外からの圧力は加わる一方で、人類の破滅に通じる核戦略体制の中に強く組みこまれていきつつあることは疑いない事実である。戦前の軍事の歴史の教訓が、果して戦後の日本に生かされているのだろうか。

本書は私が二五年前に、『日本現代史大系』の一巻として東洋経済新報社から刊行した『軍事史』を改訂増補したものである。旧書は絶版となって久しいし、そのままの形で再刊することも意味があるとも考えた。しかし内容に欠落があったり、資料があまりにも古くなっている部分も多いので、必要な改訂を加えた。とくに下巻に含まれる戦後の部分は、全面的に新稿である。

戦争に参加した者としての反省をふくめて、私が政治史の一側面としての軍事史を学びはじめてから、すでに四〇年が経った。しかし軍国主義を批判し戦争を根絶するために軍事史研究を役立てたいという私の願いは、残念ながらまだまったく実現しないでいる。それどころか、ここ一〇年来の日本の状況は、軍事大国への歩みがすすむにつれて、軍事化右傾化がすすみ、その動きは過去の歴史の書きかえにまで及んでいる。教科書問題にあらわれているように、侵略戦争を美化したり、戦争にともなう忌まわしい事実を陰蔽したりする動きも盛んである。

こうした状況がすすんでいるのをみると、軍事史を研究することの意義は決して失われていないと思う。私はここ数年、日本軍の南京大虐殺や沖縄戦での住民殺害の研究会にかかわってきた。明日からはシンガポールやマレーシアの華人殺害の現場見学に出発するところである。本書も、この時代の中で軍国日本の再現を防ぎ平和を求めるために、いくらかでも役立つことができれば幸いである。

一九八七年三月二五日

藤原　彰

第一章　武士団の解体と近代兵制の輸入

一　封建軍備の無力化

大塩の乱

一八三七年（天保八年）二月一九日、もと大阪町奉行所の与力、洗心洞主人、大塩平八郎が大阪で兵を挙げた。従うもの門弟わずか二十数人、「天より下され侯、村々の小前の者どもにいたるまで」と、近郊農村の貧農にまで檄《げき》を飛ばしたが、結局動員できた農民、市民は三〇〇人をこえず、城代、町奉行の軍勢とのわずか一日の交戦で鎮圧されてしまった。

しかしこの反乱は、その規模こそ小さかったが、その政治的社会的影響は深刻なものがあった。三二、三三、三四年、さらに三六年とつづいた天保の大飢饉、全国にひろがる一揆と打ちこわし、深まる封建体制の不安と動揺の中で、かつては忠実で有能な幕吏として聞こえた人物までが民衆の側に立って戦ったということが、彼大塩平八郎を民衆の英雄とし、封建制にたいする批判と闘争の象徴としたのであった。市街戦のため家を焼かれた市民も、「大塩様」とその徳をたたえ、彼の挙兵の檄文は、幕府の禁圧にかかわらずひそかに流布し、その直接の影響のもとに、同年六月の柏崎の生田万の乱をはじめ、各地に暴動や一揆がおこった。徳川幕府の封建支配の矛盾の深まりを、この反乱は象徴していたのであった。

だが、こうした政治的社会的意義のほかにも、大塩の乱は、軍事的にきわめて重要な事実を明らかにした。その一つは、幕府の軍事組織の退廃と無力とを暴露したことである。大塩の挙兵の中核となった彼の同志、門弟は、東組の与力、同心、および近郊の富農で、その数は二十数人、これだけがはじめから武装した意識的な参加者であった。その他の同勢は、たまたま当日狩り集められてきた近在の貧農か市中の貧民で、檄文を理解して参加したとも思えず、戦闘力もほとんどもたぬ鳥合の衆であった。幕府軍との交戦はわずか二度、たった一名の戦死者を出しただけでたちまち逃亡解散してしまったのも当然であった。それなのに、この少数未熟な反乱軍にたいして、幕府側の周章狼狽ぶりは眼にあまるものがあった。直接の鎮圧責任者である大阪の東西両町奉行は、あわてふためいて処置に窮し、それでも出動はしたものの、砲声に驚いた馬の上から二人ともふり落とされるという醜態を演じて市民の嘲笑をかったのは有名な事件である(1)。大阪城代は付近の諸侯に援兵を頼み、大阪にある各藩蔵屋敷にも出兵を命じたが、武備をととのえていたものはほとんどなかった。二〇〇年の泰平になれた武器の不完全、士気の退廃は、この乱にさいしてあますところなく暴露されたのである。

その二は、この乱での戦闘が、一度も刀や槍を使用することなく、銃砲戦に終始したという事実である。大塩側は挙兵に先だって、火薬の製造、弾薬の買いととのえを行い、当日は百目筒三挺、その他木筒二挺を軍台にのせて用い、もっぱら発砲放火に終始した。これにたいし町奉行側の軍勢も、与力同心の各自が十匁筒、三匁五分筒などの鉄砲を所持したほか、百目筒の大砲も用意し、砲撃銃撃によって大塩方を壊乱させた(2)。唯一の戦闘による死者は、大塩側の大砲方が、町奉行側の小銃による近距離の狙撃に倒れたものであった。

軍役制の形骸化

銃砲戦が戦闘の主体となっているということは、騎馬武者を主体とする幕府の封建的軍役制度がすでに無意味になったことを示している。戦国攻防の時代の諸大名の軍事組織は、当時の戦闘法に即して、きわめて実戦的であった。それが徳川幕府確立とともに、二一頁の注3に示すように形式的には完備していったが、しだいに実戦とは縁遠いものとなってしまった(3)。たまたまこうして大塩の乱にあらわれた封建軍備の無力化、とくに戦闘員である武士の無気力と退廃ぶりは、じつはきわめて根深い現象であった。

武士団の退廃

中世の武士は、一面戦闘員であるとともに、他面では地主であり、郷村に居住し、その作人や下人を郎党として出陣した。この時代の戦闘は、一人対一人、あるいは数人対数人の太刀や槍による格闘として行われていた。こうした戦闘方式を決定的に変化させたのは、室町末期から戦国時代にかけての築城の発達と、鉄砲の伝来による戦術の変化とであった。織田信長の天下統一は、このような変化をいち早く取り入れ、その先頭を切ることによってもたらされたものである。戦闘の主体は、少数強豪の騎士から、歩兵の密集部隊に移ってきた。攻防に明け暮れたこの時代には、この多数の軍隊をつねに一個所に集中しておく必要があった。領主は、領内の中心に壮麗堅固な城郭を築き、その周囲に自己のもつ戦闘員をつねに居住させておくようになった。こうして大名家臣団の城下集中、兵農の分離が戦国時代末期に成立したのである。

徳川幕府は、その支配維持の必要上、一国一藩制度をとり、参勤交代を強制し、大名の国替えをたびたび行ったが、こうしたことはすべて武士の城下集中をいっそう強化する結果となった。また社会の身分関係を完全に固定化し、武士階級の内部でもその身分地位は、先祖伝来のものに固定させることが、封建支配維持の条件でもあった。しかし、こうして武士が郷村をはなれて城下に集中して都市民となったことは、彼らの性格をしだいに中世武士のそれから引きはなしていった。生活が都市化したこと、固定した支配階級として貴族化したことにより、その生活態度や思想の内容は、優美嬌奢に走りがちになった。幕藩体制の完備とともにその支配機構は整備したが、同時に支配階級である武士に課せられる行政事務の量は増加し、武士は軍人であるよりも事務官であることの方が多くなってきた。こうした事情は、江戸時代を通じて、武士の戦闘員としての素質をしだいに低下させ、武士団の軍事力としての価値を喪失させることとなった。

江戸時代後半になると、こうした傾向にはいよいよ拍車がかけられた。商品流通の発展、封建経済の崩壊は、武士一般の士気の退廃と、下級武士のはなはだしい窮乏とをもたらしたのである。(4) このため武士個人の装備ははなはだしく低下した。槍や刀をさびつかせたり、質に入れたりするものがあり、鉄砲は所持していても使用不可能の状態になっているものがあり、騎馬の士でありながら馬を養わないものがあり、軍役規定の従士を揃えていないものがあり、しかもこれらは一般的な傾向となっていた。装備が不十分なだけでなく、剣術槍術の練習を怠り、銃砲の扱い方を知らず、軍事訓練とは無縁となってしまった武士が多かった。個々の武士の戦闘員としての素質や能力は、ときとしては百姓一揆や打ちこわしに参加した百姓町人にさえ劣っていた。

武士の無力化のみならず、封建的軍事組織そのものも崩壊しつつあった。元来徳川幕府の支配は、兵農の分離、身分制の固定化、徹底的な刀狩りなどを通じて行った武士階級による軍事力の独占を基礎にしていた。それが武士の経済的窮乏の結果として、武士の二、三男の浪人化、武士身分の売買の慣習が一般化し、さらに百姓町人で金穀を献じて苗字帯刀を許されるものが出てきた。そのため武士と庶民との身分の厳密な境界が、しだいにあいまいとなりつつあった。また江戸時代後半に激化した百姓一揆は、竹槍・鍬・鎌程度ながらも、武装して幕府や大名の鎮圧部隊と衝突することが多くなり、ときにはそれを圧倒するほどの勢いを示した。すなわち、武士階級が唯一の軍事力の独占者ではなくなりつつあったのである。

（1）東町奉行跡部山城守は、直後の鎮圧責任者でありながらおじ気づいて容易に腰を上げなかった。西町奉行堀伊賀守は、城代からの出馬の命を伝え、見かねて山城守に先立ち同心支配広瀬治左衛門を先頭に立て与力同心をひきいて進んだが、その戦闘ぶりもあまりほめたものではなかった。

「丁度一党が高麗橋を東へ渡る時で、白旗様のものが見える。ソレ打てといふ伊賀守の差図、治左衛門も亦之に同じたので、同心共は無暗に発砲する。その銃声に驚いて伊賀守の乗馬は跳廻り、主は鞍上に堪らず撞とばかりに落馬したが、それを見た同心共は、それ大将の討死と即時にぱつと散乱した。伊賀守は詮方なく御祓筋の会所に入つて休息し、治左衛門は京橋口へ退き、同役馬場左十郎に委細を話し、両名同道にて東役所の長屋前に到り、茫然として突立つて居た。伊賀守が砲術不案内で『打て』の命を下したとて、治左衛門まで之に同じたのは笑ふべき次第である。御祓筋から高麗橋迄の距離は四町もあつて、中々同心所持の三匁五分筒の玉の届くべき訳はない。殊に橋上の白旗位を目当にして発砲するとは危険千万、外れ玉が市中の者に中らぬとも限らぬ。大塩方がこの時砲撃を加へられたることを少しも知らぬに至つては滑稽も亦極れりで、かゝる同心支配の配下にある同心が、伊賀守の落馬を見て散乱したのも無理はない」（幸田成友『大塩平八郎』）。

（2）この時代には、大砲と小銃との厳密な区別さえなく、百目玉以上のものを大筒、それ以下を小筒として区別していた程度である。その性能は江戸時代初期からほとんど進歩せず、いぜん火縄による発火装置を用いる前装式の旧式銃砲であった（小山弘健「日本軍事工業発達史」『日本産業機構研究』）。

（3）慶安年中に幕府が確立した軍役人数割はつぎのようにいぜん騎馬武者中心のものであった。

「二百石	五人	侍一人、甲冑持一人、馬口一人、小荷駄一人、鑓持一人
五百石	十一人	侍二人、甲冑持一人、銃砲一人、草履取一人、挟箱持一人、馬口二人、鑓持一人、小荷駄二人
千石	二十一人	弓一張、鉄砲一挺、鑓二本（その他略）
五千石	百二人	馬上五騎、弓三張、鉄砲五挺、鑓十本、旗二本（その他略）
一万石	二百三十五人	馬上十騎、弓十張、鉄砲二十挺、鑓三十本、旗三本（その他略）
二万石	四百十五人	馬上二十騎、弓二十張、鉄砲五十挺、鑓五十本、旗三本
三万石	六百十人	馬上二十五騎、弓二十張、鉄砲八十挺、鑓七十本、旗五本
四万石	七百七十人	馬上四十五騎、弓三十張、鉄砲百二十挺、鑓七十本、旗八本
五万石	千五人	馬上七十騎、弓三十張、鉄砲百五十挺、鑓八十本、旗十本
六万石	千二百十人	馬上九十騎、弓五十張、鉄砲二百挺、鑓九十本、旗十本
七万石	千四百六十三人	馬上百騎、弓五十張、鉄砲二百五十挺、鑓百本、旗十五本
八万石	千六百七十人	馬上百二十騎、弓五十張、鉄砲二百五十挺、鑓百十本、旗十五本
九万石	千九百二十五人	馬上百五十騎、弓六十張、鉄砲三百挺、鑓百二十本、旗二十本
十万石	二千百五十五人	馬上百七十騎、弓六十張、鉄砲三百五十挺、鑓百五十本、旗二十本」

（教育総監部『皇軍史』）

（4）武士団の窮乏と退廃については多くの研究がある。古くは土屋喬雄「一般武士団の経済的衰頽と変質」(『史学雑誌』四二ノ一)、辻善之助『田沼時代』などがあり、小野武夫『日本兵農史論』も江戸時代における武士の性格の変化を扱っている。

二 幕府諸藩の兵制改革

近代兵器の導入

武士団の無力化、激化する農民の反抗、さらに対外危機の切迫から、幕府も諸藩も、ようやく軍事力再建のための兵制改革の必要を知りはじめてきた。そのさい、洋学者の努力によってつみかさねられてきた西洋兵学の知識、阿片戦争で西洋の軍隊に大清国がひとたまりもなく屈したことへの驚き、眼のあたりにみたペリー艦隊の威容は、いやでも改革の方向を、西洋式の銃砲隊中心の近代軍隊建設におかざるをえなくさせた。

このため、まず実行されたのが、もっとも眼につきやすい近代兵器の製造であった。鎖国攘夷の禁令下にもかかわらず、ペリー艦隊の進入を手をこまぬいて見るばかりだった幕府は、急拠そ

第1表　小銃の輸入状況

	長崎		横浜		兵庫及び大阪	
	数量（台）	価格（ドル）	数量（台）	価格（ドル）	数量（台）	価格（ドル）
慶応元年	25,850	160,000	—	—	—	—
2年	21,620	270,000	—	—	—	—
3年	65,367	980,000	102,333	1,330,000	—	—
明治元年	36,514	620,738	106,036	1,600,000	14,285	122,766
2年	19,163	287,455	58,613	644,743	30,000	495,143

石橋五郎「維新前后に於ける外国貿易に就いて」『史林』8-3（小山弘健『近代日本軍事史概説』より引用）

の対策として、銃砲、軍艦の製造に力を入れだした。一八五三年（嘉永六年）六月のペリー来航直後の七月、佐賀藩に大砲鋳造を命じ、八月湯島に鉄砲製作所を設け、江川太郎左衛門の指導でその鋳造をはかり、また江川の反射炉製造願いをいれ、高島秋帆の罪をゆるしてこれに銃砲を教えさせ、九月には大砲製造の禁令を解き、一〇月にはオランダに蒸気軍艦、剣付筒を大量に注文、一一月には大船製造用掛を任命、水戸藩に大船製造を命じ、一二月同藩は石川島造船所を設立、また同月異例の太政官符を奏請して梵鐘を大砲に鋳替えようとさえした(1)。こうして同年から翌五四年（安政元年）にかけて、幕府および有力藩は、ぞくぞくと洋式兵器の製造所を設立するに至った(2)。そして従来の銅製砲に代わって、ともかくも鉄製砲を生産できるところまでこぎつけた。

しかし、元来近代工業の地盤のない封建経済のもとで、いきなり欧米の軍備に匹敵する銃砲艦船の生産をくわだてても、それはとうてい不可能な事業であった。幕府、諸藩の財政に大工業を移植する力のあるはずがなく、民間にも資本の蓄積がなく、鉄その他の資源、原料も十分に開発されておらず、いわんや技術の点では全然蓄積がなかった。この時期の兵器の主体である小銃についていえば、取り扱い軽快で弾丸の初速が早く命中精度のよい旋条式後装雷管銃が欧米では一般的となっているのに、製鉄技術、機械工業、火薬工業の遅れから、とてもその生産はできなかった。せいぜい大砲だけが格好のついた生産品であったが、それとても馬関戦争、薩英戦争では、ほんの飾りものの用にしか立たないことを暴露してしまった。そのうち幕府では、その全能力をあげて近代的軍事工業をおこそうとし、一八六四年（元治元年）関口大砲製作場をおこして、湯島や韮山の事業をここに集中し、さらに長崎、横須賀に製鉄所をおこし、外人技師や職工を招くなどの努力を行い、若干の成果をあげたが、それとて大勢に影響はなかった。

そのため、近代兵器による装備は、そのほとんどを輸入にたよらざるをえなかった。幕末に近づき幕府と西南雄藩との政権攻防が必至となるにしたがって、兵器の輸入、とくに小銃と軍艦のそれは増大し、幕末外国貿易の輸入品の中心を占めるに至った。戊辰戦争をはさむ前後五年間、小銃の輸入は、第1表のように猛烈に行われた。

軍事組織の近代化

兵器をととのえるだけでなく、軍事組織そのものをも、銃砲戦に適応できるような近代軍隊に編成しなおさなければならないことは明らかであった。しかしこの兵制そのものの改革は、ことが封建制度の本質にふれる問題であるだけに容易には行われなかった。

欧米の場合、銃砲の威力増大とともに、中世の騎馬戦士による個人戦闘は歩兵隊中心の部隊戦闘に代わった。この場合、兵員の多寡と部隊訓練の成否が勝敗を左右した。絶対主義の傭兵軍が、その時期の軍隊を代表している。さらにフランス革命は、徴兵制度を生み出し、近代的国民国家における国民軍という形態がここに誕生した。ナポレオンによって代表されるこの国民軍は、絶対主義の傭兵軍にたいし、兵士の戦闘意志、兵力においてまさり、横隊戦術にたいする散兵戦術の採用によってこれを圧倒した。以後の欧米諸国は、国民国家たると絶対主義国家たるとを問わず、大衆的軍隊の採用をその軍事組織の基礎としていたのである。

日本の場合、信長・秀吉時代に、いったんは騎馬戦から銃砲戦へ、個人戦闘から部隊戦闘への方向をとりながら、徳川幕府の封建的身分制維持の努力によって、その軍役制度が前述のように騎馬戦士中心に逆行し、部隊戦闘の準備と訓練に欠けていた。とくに武士身分の固定化とその腐朽とによって、武士団そのものが近代戦に適応しないどころかそのガンとなるまでに無力化していた。ここで銃砲戦に適応できるような近代軍隊を建設しようとなれば、まず封建的身分制度そのものの枠と衝突しなければならないという矛盾に直面せざるをえなかったのである。

幕府の三兵

幕府は、ともかく近代軍隊を建設しようとし、一八六一年(文久元年)以来、歩騎砲の三兵創設に努力し、六二年（文久二年）には軍制改正掛の「親衛常備軍編成之次第」が老中に提出され（井上清「幕末兵制改革と民兵」『日本の軍国主義』Ⅰ）、陸軍奉行のもとに三兵の創設が着手された。しかしこれは、従来の旗本御家人の禄高による軍役制度を廃止するのではなく、それを原則として残置し、その枠の中で、徴集した兵賦によって三兵を建設しようとするもので、財政上はもとより、幹部や兵士の素質の点からもきわめて困難な事業であり、ほとんどが机上の空案に終わって、実効を奏さなかった。

幕府は西欧軍事制度そのものの輸入をはかった。一八六三年（文久三年）にイギリス艦隊が生麦事件の報復のため鹿児島を攻撃した薩英戦争、一八六四年（元治元年）に英米仏蘭四国連合艦隊が、長州藩の攘夷への報復に下関砲台を攻撃占領した馬関戦争などの事件は、あらためて西欧近代軍隊の威力をみせつけたのである。幕府は六四年五月に英仏守備兵の横浜駐屯を認め、それから近代軍制を学んだ(3)。

長州藩と薩摩藩

幕府とくらべて、より徹底的な兵制改革を行ったのは長州藩であった。禁門の変、馬関戦争の敗北という苦難の中で、内外から孤立した長州藩では、高杉晋作らの下級武士の改革派がクーデターによって藩の実権をにぎり、孤立した藩の苦境を建てなおし戦力を一新するために、徹底した兵制改革を実行した。一八六五年（慶応元年）、大村益次郎らに指導された改革は、従来の藩の封建的兵制すなわち軍役制度をすべて廃止し、これを銃隊に改編し、火縄銃、甲冑を売り払って新式旋条銃を購入するなどの根本的改革を加えた。こうした改編によっても不足する兵力を補うため、まったく身分制にとらわれない新軍隊、すなわち下級藩士や庶民からなる奇兵隊などの諸隊が編成された。

第二次長州征伐における長州藩の勝利、幕府の敗北は、まったくこの新兵制の差であった。幕府側の主力は、古い軍役制にもとづく無力な武士の集団で、長州藩兵とくに諸隊の銃隊の前には敵でなかった。わずかに新設の三兵が戦闘力を発揮した程度であった。

長州征伐の失敗によって、幕府ははじめて本格的な兵制改革の決意をかためた。すなわち一八六七年（慶応三年）にはフランス人教官の指導により、旗本御家人に割り当てる兵賦に代わって、幕府が直接に農民市民からの傭兵を集め、旗本の知行の半額を軍役として金納させて軍備拡張の費用にしようとした。幕府の譜代の家臣、旗本御家人よりなる武士団に代わって、まったく新しい傭兵軍を別に組織しようとしたのである。これはまさに絶対主義の傭兵軍の建設をめざしたものであったが、そのときはすでに幕府の倒れる日でもあった。

幕府・長州藩とは異なる方法によったが、銃隊を基礎とした強力な新軍を建設したのは薩摩藩であった。島津斉彬以来蓄積した藩財政を基礎に、いち早く花園製煉所、集成館などを設けて藩営の兵器製造を行ってきた同藩は、薩英戦争の教訓によって西洋式軍隊の建設を急務と考え、一八六六年（慶応二年）には海軍方、陸軍方を設け、大隊、小隊の編成をとった新軍を創設した。

薩摩藩の特色は、一八六二年（文久二年）の人口統計によれば、六一万人中武士人口が四〇パーセント（圭室諦成『西郷隆盛』）という多い武士階級をかかえていることであり、しかもその大部分が、きわめて微禄の城下士と農村在住の諸郷の郷士であった。この下級城下士、郷士から編成された新軍は、それ自体大きな兵力を占めることができるし、幕府の傭兵のように農奴や市中無頼の徒を強制的に集めた軍隊よりは、ともかくも武士であり、しかも貧窮な下級武士で功名立身の野望にもえる彼らの方が戦闘意志においてもまさっていた。また砂糖専売などによって高まった藩の財力は、この軍隊を養う能力ももっていた。

こうした幕府と諸藩の兵制改革は、それが封建制の根本にふれないかぎり、すなわち農民の解放なくしては、近代的国民軍の方向をとりえないのは明らかであった。せいぜい絶対主義的傭兵軍としての形態をとりうるかどうかであり、幕府はそれすらも成功しなかった。そのためには、譜代の家臣団を犠牲にしなければならなかったからである。下級藩士が指導権をにぎった長州藩では、ある程度近代的国民軍への方向があらわれていた。しかしその戦闘力の中核となっていた諸隊は、完全に封建制から切りはなされた近代的な軍隊ではなかった。奇兵隊や遊撃隊などの諸隊が、下級武士ばかりでなく農民や商人を募集して隊員に加えた意義は、藩の危機にさいして、「不得已之窮策」として、農商のエネルギーを吸収し、しかもこれを農商層から切りはなして利用していくところにあった（関順也『藩政改革と明治維新』）。

諸隊の性格

諸隊にはたしかに、従来の武士の軍隊ではとうてい考えられない民主的要素が備わっていた。諸隊の先がけである奇兵隊は、創始者である高杉晋作の稟成書によると「陪臣軽卒藩士を不撰、同様に相交り、専ら力量を尚ぶ」のを編成の方針とし、封建的身分秩序にとらわれていない（大絲年夫『幕末兵制改革史』）。編成は隊を数小隊に分かち、小隊をさらに数伍に分け、伍に伍長、小隊には隊長および押伍、隊の本部には総管および軍監、さらに諸差引方、書記、稽古掛、会計方、器械方、斥候《せっこう》をおいた近代編成である。隊員の給与は、二級あるいは三級の差がある程度で、大きなひらきはない（井上清「幕末の兵制改革と民兵」『日本の軍国主義』I）。総管、隊長などは、形式は藩からの任命であるが、隊内で選出された様子である。

編成や隊の構成だけでなく、その戦術においても、諸隊は従来の武士の隊に比べてはるかに進歩的であった。大村はすでに一八六四年（元治元年）に、クノープの戦術書をオランダ語から訳している。この書はナポレオン戦争の教訓をくんで大きく変わったドイツ系の兵学書で、クラウゼヴィッツの影響もある一八五三年の刊である。奇兵隊の訓練が新しい戦術によっていたことは、長州征伐にもあらわれていた。『丙寅連城漫筆』には、「防長の賊徒は、誠に西洋法に熟し、山坂嶮阻の場所の進退実に普通の人物と思はれぬ様に熟練いたし居り候やの由にて、中々手強きよし。然るに寄手諸藩の面々には、先づは旧法の軍法を以て、殊に火縄銃にて向ひ候に付、先づ賊徒の方に利有之、寄手の方に弱み有之よし付、官軍歩兵隊にて、いつも諸藩寄手の弱みを補ひ候道理のよし」とあるのも、諸隊の戦術の新しさを示していよう（大絲、前掲書）。

しかしこれらの諸隊は、あくまで武士的な軍隊で、真の意味の国民的軍隊ではなかった。馬関戦争にさいし、砲台を焼かれ郷村の自衛が切実な問題になったとき、郷村の自衛団ともいうべき農兵隊が、長州藩内でも数多く組織されたが、こうした農兵隊と、藩の軍隊である諸隊とは、はっきりと区別されていた。むしろ藩当局は、農民の自主的な武装である農兵はこれを禁圧する方針をとり、諸隊への統制の強化とともに、農兵は禁止、解散させるようになっていく（井上、前掲書）。

諸隊の創成期には、持て余し者や任侠無頼の徒が多く入隊し、諸隊の指導者たちはその統制に腐心していた。そして武士道の鼓吹につとめ、庶民出身の隊員たちに、隊士としての優越感をもたせることにつとめていた。元来これらの諸隊は、藩の命令ないし了解のもとに出発したものが多く、藩の正兵ではないにしても藩庫から武器、俸給を支給され、在隊中は苗字帯刀を許されていた。だから諸隊には、その編成にも隊規にも、従来の武士軍隊とは比較にならない民主的要素があるとはいいながら、封建的性格が完全に払拭されていたわけではない。農商出身の多くの隊員は、庶民としての郷土防衛意識をもっていたというよりも、隊員となることによって庶民にたいする優越意識をもち、将来の武士身分への向上の可能性に期待をかけていたのであった。すなわち従来の封建秩序に大改革を加え、下積みの下級藩士を中心にし、農村の過剰人口を隊員として吸収しながら、これに封建的優越感を与えたものが、これらの諸隊だった（関、前掲書）。

だから馬関戦争後の長州藩内の農兵や、ロシアの対馬占領にさいして対馬の民衆が自衛のために立ち上がった自主的な武装（井上清『明治維新』）のような、国民的軍隊への方向は、長州藩の諸隊にははっきり見いだすことはできないのである。こうした事情は、薩摩の新軍の場合に、より強かった。薩摩藩新軍の城下士、郷士は、農民の犠牲においてその地位にあるのであり、藩力の強化によって俸禄の上がることに希望をもつ武士の意識をもっていた。薩摩、長州の新軍が、旧来の武士団よりははるかに進歩した軍隊でありながら、明治維新後むしろ反動の拠点となるのも、こうした事情からであった。

（1）以上の事実は井上清「幕末兵制改革と民兵」（『日本の軍国主義』Ⅰ）による。

（2）兵器製造所の設立状況

年次	藩名	名称（または場所）	事業内容	製品
嘉永三年	松代藩	—	—	天・地・人各砲数門
嘉永三年	大野藩	—	—	大砲数門
嘉永三年以降	佐賀藩	築地大銃製造方	反射炉四基、水車錐台三台	火砲数十門、雷管銃数百挺
嘉永六年以降	佐賀藩	多布施公儀石火矢鋳立方	反射炉四基、水車錐台三連	幕用大砲五〇門外
嘉永五年以降	薩摩藩	鋳製方、後に集成館	熔鉱炉一基、反射炉四基、水車錐台六連	大小砲二〇〇余門、燧石及雷管銃数千挺
嘉永六年以降	幕府	湯島馬場大筒鋳立場	踏鞴式熔炉	銅製砲一七五門以上

安政元年以降	水戸藩	那珂港	反射炉二基、水車錐台一台	鉄製砲二二門以上
安政元年以降	水戸藩	神務館、白旗山製作所等	—	火砲・小銃・弾丸・火薬類
安政元年以降	韮山代官	田方郡鳴滝	反射炉二基、水車錐台	鉄製砲多数
安政元年以降	高知藩	石立村鋳立場	踏鞴式熔炉	八〇ポンド砲外
安政元年以降	長州藩	葛飾郡砂村	踏鞴式熔炉	—
安政元年以降	肥後藩	御舟	踏鞴式熔炉	八〇ポンド砲外約三〇門
安政四年以降	越前藩	福井志比口	水車熔炉	小銃七〇〇〇挺

（小山弘健『近代日本軍事史概説』による）

（3）英仏軍の横浜駐屯は、実質的には一八六三年（文久三年）にはじまり、六四年幕府の承認によって合理化し、明治維新後もつづいた。その兵力は、最大で英軍一五〇〇名、仏軍三〇〇名であった。この撤退問題は明治政府の大きな課題であり、一八七五年（明治八年）にようやく撤兵が実現した。一八六七年（慶応三年）幕府はフランスからシャノワン大尉以下一九名の軍事顧問団を招いて三兵の訓練にあたらせた。しかしそれはもはや幕府倒壊の直前で、大きな成果をあげることはできなかったのである。

三　維新内乱の軍事的意義

王政復古のクーデター

一八六七年（慶応三年）一二月九日早朝、前夜からつづいた宮中の会議が終わって摂政以下の諸官が退朝したあと、にわかに出動した西郷隆盛のひきいる薩摩藩兵は、京都御所の主要門である建礼門、建春門、宜秋門、清所門などの内外を固め、乾門には予備隊と大砲を置き、つづいて到着した安芸、土佐、尾張、越前の四藩兵も、御所の周囲をひしひしと固めた。御所の内部では、岩倉具視があらかじめ招致した自派の親王、公卿、藩主だけの会議で、宮廷の諸官を一挙に更迭、総裁、議定、参与の三職を任命し、王政復古の諭告を発した。やがて明治維新の大変革となるこのクーデターの成功は、諸門を固めた五藩兵の実力を背景にしたものだったが、なかんずくその中核となったのは薩摩藩兵であった。

これより先、同年一〇月一四日の徳川慶喜の大政奉還は、公武合体派の勝利、薩長ら討幕派の敗北を意味したが、大久保利通、西郷隆盛ら討幕派の中心人物は、あくまで武力による幕府打倒の意図をすてなかった。そのさい、かつて朝敵の汚名をきた長州藩の二の舞を踏まず、武力討幕の名分をかちとるためには、天皇を自派の手中に奪う京都でのクーデターが必要であった。このための絶対的条件は、京阪の間への自派の兵力の急速な集中であった。
大政奉還直後の一〇月一七日、小松帯刀、西郷、大久保らの薩摩藩士、広沢真臣、品川弥二郎らの長州藩士はつれ立って京都をあとにした。兵力集中の準備のためであった。帰途西郷ら一行は、長州藩に立ち寄って出兵を協議、まず長州三田尻に待機中の薩摩藩兵を上京させた。ついで鹿児島に帰った彼らは、藩論を倒幕に統一した。その結果、薩摩藩主島津忠義はみずから三〇〇〇の精兵を率いて鹿児島を出発、途中三田尻で長州藩と再度協議のうえ、一一月二三日、京都に入った。さきに京都に滞在していた兵と合わせて薩摩藩の兵力は一万と号し、その銃砲隊の威力は京都を圧する勢いであった。つづいて長州藩兵二〇〇〇余も一一月二九日、西宮に上陸、京都を望んで待機した。動揺していた安芸藩も兵二〇〇を上京させた。これらの兵力こそ、倒幕派のクーデター成功を保証するものであった。公武合体派の土佐藩、幕府の親藩である越前藩、尾張藩が、事前にクーデター計画をうち明けられてこれに同調したのも、薩摩藩の兵力に圧倒されたからであった。

鳥羽伏見の戦

クーデター成功後の一二月一〇日、入京を許された長州藩兵は、ただちに京都の警備に参加した。これと入れかわりに、二条城にあった徳川慶喜は、会津、桑名両藩の兵を率い一二月一二日、夜大阪に退去した。このため大阪には、幕府直轄の三兵をはじめ新撰組、見廻組など、さらに会津、桑名、大垣、高松などの藩兵が集結し、戦備をととのえた。一方、なおくりかえされる妥協の動きを排して、薩摩藩討幕派はあくまで武力決戦による幕府打倒をめざした。一二月二五日の江戸薩摩藩邸焼打ち事件の報が伝わると、両軍の衝突はいよいよ必至となった。一八六八年（慶応四年）一月一日、徳川慶喜は「討薩表」を差し出し、翌二日幕府軍艦は薩摩藩の汽船を兵庫港で砲撃し、陸軍は京都にむかって進撃、三日にはついに京阪の間、鳥羽、伏見の両街道で戦端がひらかれた。

このとき京都側には、薩長二藩のほか、多くの諸藩兵があったが、薩長に反感をもち、徳川氏に同情的な藩が多く、戦闘力としてたのむに値するのは、あくまで二藩にかぎられていたから、兵力においてははるかに幕府軍に劣っていた。(1)京都側では、西郷を実質上の総指揮官とし、薩摩藩兵二〇〇〇をもって鳥羽を守り、長州藩兵一八〇〇、土佐藩兵三〇〇をもって伏見を守り、薩摩藩兵四〇〇を東寺の本宮において予備隊とした。これにたいし幕府側は、鳥羽方面へは桑名藩、幕府の三兵、新撰組、見廻見、伏見方面へは会津藩、三兵、その他の諸藩兵をすすめ、総兵力一万五〇〇〇を数えた。(2)数のうえでは幕府側は三倍の優勢を擁していた。

三日夕刻から開始された戦闘では、まず京都側が勝利を収め、翌四日幕府側必死の攻撃で戦況は一進一退、一時京都側の旗色が悪かったが増援を得て盛りかえし、淀、津などの藩が寝返ったこともあって幕府軍の総退却となり、五、六両日の追撃戦をもって、前後四日間の戦闘は京都側の勝利に帰し、大阪城もその手に入った。結局兵力においてははるかに劣勢と称された薩長二藩兵が、優勢な幕府軍を破ったことになった。

薩長兵と幕府軍

この戦闘の勝敗を分けたものは、軍隊の素質の差異が第一であった。編制と装備の優劣を問えば、フランス人教官のもとに幕府がその財力をあげて急拠育成したその三兵、陸軍奉行竹中丹後守に率いられた兵五〇〇〇は、薩長の新軍にまさることは自他ともに認めていた。しかし、この三兵の兵士は、幕府が旗本御家人に割り当てて差し出させた兵賦か、あるいは江戸市中の無頼の徒が入隊したもので（井上清「幕末兵制改革と民兵」、前掲書）、個々の兵士が戦闘目的を理解し、自発的な戦闘意志をもって戦うような状態になかった。幕府側の戦闘の主力となったのは、むしろ薩長への憎悪に燃える会津、桑名の両藩兵で、三兵の方は激戦となればたちまち戦線を放棄し、大阪へ退却し、慶喜が江戸へ逃れたのちは、混乱して逃亡四散してしまうという状態であった。

これに反し薩長の藩兵は、一応の近代的編制装備をもったうえ、兵士の戦闘意志も強固であった。それは戦闘の勝敗が、彼ら自身の地位と利害につながることを自覚していたからであった。薩摩藩兵の先鋒の一隊中村半次郎（桐野利秋）の部隊が、四日の戦闘で四〇人の隊員中二八人、じつに七〇パーセントの戦死者を出してなお戦った（『大西郷全集』第三巻）というような士気の旺盛さが、その戦力をささえたのであった。

会津、桑名などの諸藩、とくに会津藩兵はよく戦い、一時は戦線を突破したほどであった。藩の安危が直接自分たちの運命にかかわることを自覚している藩士たちの士気は、幕府三兵の比ではなかった。しかし、これら諸藩は、兵制改革をとげ、銃隊を基礎にした大衆軍を編成している薩長両藩にくらべると、編成装備にははなはだしい見劣りがした。その軍隊は、封建的な身分制の軍隊であり、旧式銃はあっても主な戦法は抜刀突撃の個人戦闘で、薩長銃隊の前にはもろくもついえたのである。

さらに両軍の指揮の優劣も勝敗を分けた。薩長側は二藩の結束が固かった。四日にはようやく慶喜追討が朝議で決まり、軍事総裁嘉彰親王が征討大将軍となったが、それ以前から西郷を本宮において実質上の総指揮官とし、各方面の戦闘を指揮し、不利な戦場へ予備隊を率いて増援するなど、指揮の統一がよく保たれていた。これに反し幕府側は、老中格大河内正質以下正副総督を一応は任命したが、各方面各個に戦闘し、幕府直轄軍と各藩兵の間の指揮の統一性がなく、各藩の中には途中寝返るものさえあるありさまであった。しかも三兵の指揮官にしても、各藩の指揮官にしても、身分格式が高いというだけで軍事的能力は劣るものが多かった。薩長の諸隊長が、実力本位で下級藩士があたっているのとは、指揮能力に格段の差があった。鳥羽方面の総監軍は、薩摩藩で軍略家のきこえがもっとも高かった伊地知正治であり、伏見方面の総監軍は、若冠二五歳の山田市之允（顕義）が、その能力を買われて諸先輩をさしおいて任じられていたのとくらべると、指揮官の優劣の差は大きかった。

こうして鳥羽伏見戦の勝敗を分けた諸要因は、そのあとにつづく内乱の過程にもつづいている。

内戦の深化

鳥羽伏見の戦いは、京都における政権の構想や全国の政治情勢を一変させた。妥協派の公卿、諸侯の政治的地位は下落し、雄藩連邦の構想は吹き飛んだ。薩長下級藩士の実力者たちが京都政権内に確固たる地歩を占め、天皇制絶対主義の官僚国家への方向がここに決まった。形勢を観望していた西南諸藩は、京都側になびき、こうした動きに反発する幕府および東北諸藩との内乱をかけての対立は必至となった。そしてこの内乱あってこそ、維新はたんなる政権交代に終わらず、変革としての深さと大きさとを備え得たのであった。

鳥羽伏見戦直後の二月七日、正式に慶喜追討令が下され、九日、有栖川宮熾仁親王を征討大総督に任命、各道の鎮撫総督、参謀も任命された。総督の親王、公卿は、もとより名目的で実権は参謀に任ぜられた各藩士がにぎり、実質的な部隊指揮官であった。そして征討軍の部隊には薩長二藩のほかに、すでに旗幟を明らかにした土佐、紀伊、備前、越前、肥後、大垣以下の諸藩兵も加わって総兵力五万と号したが、主力はいぜん薩長の二藩兵であった。これにたいし幕府側は、大阪における三兵の壊滅後はもはや陸軍のたよるべきものがなく、わずかに海軍が健在であるばかりであり、会津以下の諸藩兵はその封地に退却して、兵力においても装備においても、官軍に抗すべくもなく、慶喜以下恭順の方針をとったのは自然の成り行きであった。しかし、進発した征討軍の幹部たち、とくに薩摩藩は、あくまで内戦に訴える決意が固かった。それは鳥羽伏見で得た自藩の戦力への自信と、幕府および東北諸藩を徹底的に壊滅させることによって、戦果、具体的には領地を得ようとする藩兵たちの武士的な野心とによるものであった。

戊辰戦争

鳥羽伏見の戦いに敗れた幕府側は、あくまで抗戦をつづけようとする抗戦派と、大勢不利とみて有利な条件での和平を考えようとする恭順派に分かれた。この間に新政府による幕府改革の準備がすすみ、一八六八年（慶応四年）二月六日には、熾仁親王を東征大総督とする東征の部署が決まった。

東海、東山、北陸の三道の新政府軍は直ちに進軍をはじめ、二月一五日、京都を発った大総督は三月五日、静岡に到着し、三月一五日をもって江戸城総攻撃の日と定めた。この間西国諸藩をはじめ東征軍の進路にある諸藩は、尾張藩などの親藩までをふくめて、次々と新政府に恭順の意を表したため、幕府の大勢も恭順に決まり、政府軍の参謀西郷隆盛と、幕府側の実力者勝海舟の会談の結果、四月一一日、江戸城は平和裡に開城した。

西郷と勝の和平交渉が成立したのは、江戸城の攻防が関東周辺の農民戦争を拡大させたり、欧米列強の内乱への介入を招いたりする事態を恐れたからであった。しかしあくまで徳川氏の権力の維持を求める幕府直属の旗本や諸隊士はこれに不満で、彰義隊と名のって上野の山に立てこもったり、江戸を脱走して関東や東北に逃れた。また封建的色彩の強い東北諸藩も、徳川氏を中心とする統一政権の維持をめざし、薩長藩士による挑発もあって、新政府に抵抗をつづけた。

六八年五月一五日、軍務官判事の大村益次郎を指揮官とする新政府軍は、上野の彰義隊にたいする総攻撃を行った。政府軍の新式火砲の威力で、彰義隊は一日で潰滅した。関東周辺でゲリラ的戦闘をつづけていた幕府の諸隊も、五月中にほぼ鎮圧された。

こうして関東以西は新政府の支配下に入ったが、東北と北越の諸藩や、江戸を脱走した幕臣の抵抗はなおつづいた。これは徳川氏や会津、桑名藩にたいする新政府の処分がきびしく、幕臣や東北諸藩士は生活を脅やかされたのと、旧い封建的支配維持になお執念をもっていたからである。

仙台藩を中心とする奥羽の二五藩は、五月はじめに同盟を結んだが、これに会津、長岡、庄内などの各藩も加わり、奥羽越列藩同盟が成立し、上野を逃れた輪王寺公現法親王を軍事総督とした。この中で会津、長岡の両藩が抗戦の主力であった。これにたいし新政府軍は、激烈な戦闘ののち、七月に長岡、九月に会津を攻略した。仙台藩以下の東北諸藩も降伏し、列藩同盟は解体した。

この間の八月に、旧幕府の海軍総裁榎本武揚は、艦船八隻を率いて品川沖を脱走し、北海道に逃れた。そして北海道全域を占領し、六八年一二月七日（太陽暦では六九年一月一九日）、函館五稜郭で総裁榎本以下の役人を選出し、独立政権を樹立した。これには幕府の顧問であったフランス武官五人も加わっていた。海軍の兵力に不足した新政府側は、この攻略に手間どったが、列強が局外中立を解除して新政府を支持したため、政府軍が優勢となり、六九年五月一八日に榎本軍は降伏した。ここに、一年半に及ぶ内戦はようやく終わった。

戊辰戦争は、政治的、社会的には、明治維新を封建から近代への徹底的改革に仕上げたという大きな意義をもった。それとともに、軍事的には、もはや封建的な身分制軍隊が、近代的な大衆軍の敵でないことを明らかにした。しかし薩長の新軍とても、先に述べたように、真の意味での大衆軍ではない。従来の武士団にくらべれば、身分に拘泥しない部隊編成をとっているが、構成員は下級微禄とはいえあくまで武士であるか、あるいは武士たらんとしているものであり、その意識は農民や市民のそれでなくまさに封建武士そのものであった。そこに大きな問題が残されたのであった。

中央の軍制整備

戊辰戦争の遂行されている間に、中央政府の体制は着々ととのっていった。この間に、政府に集まった下級藩士出身の官僚たちは、絶対主義的中央集権国家へのコースを追求していたのである。しかしこの時点での、中央政府の決定的な弱点は、直属の軍事力をもたないということであった。征討軍の各藩兵たちは、あくまで藩の兵力であった。六八年後半、東北、北越の戦勝によって、彼らはぞくぞくと藩地に凱旋した。凱旋兵は、その勲功を誇り、論功行賞を要求し、藩内の実権をその手に収め、旧主である藩主すら軽侮するありさまであった。戦勝の各藩は、戊辰動乱の経験にかんがみ、兵制改革をすすめ、その軍事力をいっそう強化することによって発言権をかちとっていた。しかも藩兵たちは、かつて彼らの同僚であった中央政府の官僚たちが、彼らが戦陣に起居している間に中央の実力者に成り上がり、藩力を制限し、封建制を変革しようとしていることに不満であった。いまや中央政府にとって最大の急務が直属の武力を整備することと、各藩自立の裏付けとなっている藩兵を整理することにおかれたのも当然であった。

戊辰戦争遂行の間、中央において戦争指導の実権をにぎったのは、岩倉具視をおし立てた大久保利通や木戸孝允らの官僚であった。彼らは戦争を遂行する過程で、政府の指導者となっていった。一方、第一線の指揮官として実権を握ったのは、東征大総督府の参謀西郷隆盛、上野戦争を指導した軍務官判事大村益次郎、北陸道鎮撫総督兼会津征討越後国総督参謀山県有朋らの下級士族たちであり、彼らの多くが、中央の軍事官僚として成長していった。

(1) 幕軍北上の報をえた岩倉具視は、「在京諸藩ノ中倚頼スヘキモノハ惟薩長二藩アルノミ。而ルニ二藩ノ見兵寡少ニシテ必勝ヲ期シ難シ」と思い、西郷、大久保、広沢らと協議し、もし京軍が敗れれば、天皇を女装させて山陰道に落とし、再挙をはかることも計画したほどであった(『岩倉公実記』下巻)。

(2) 両軍の兵力については諸書まちまちで正確に算定できないが、京都側については四〇〇〇、四五〇〇、五〇〇〇、五五〇〇の各記録があり、幕府側については一万五〇〇〇としてあるものが多い。

第二章　徴兵制の採用と中央兵力の整備

一　武士団の解体と中央兵力の創出

維新政権の軍制

一八六八年（慶応四年）一月三日、議定嘉彰親王を軍事総裁に補し、ついで四日、同親王を征討大将軍とし、鳥羽伏見の戦いを指揮させたのが、明治政府が軍事についての官職を置いたはじめである。ついで一月一七日、新設の太政官代の職制をたてて海陸軍課を設け、海陸軍務総督に岩倉具視、嘉彰親王、島津忠義が、海陸軍務掛に広沢真臣、西郷隆盛がそれぞれ任ぜられた。この改正後わずか二〇日の二月三日、またまた官制の改正があって、海陸軍課に代わって軍防局が設けられ、軍防局の督に嘉彰親王、権輔に烏丸光徳、判事に吉田良栄、吉井奉輔、津田山信弘、土肥典膳が任ぜられた（『陸軍省沿革史』）。

一方、この間に東征の準備がすすみ、二月六日には熾仁親王を東征大総督とする東征諸軍の部署が定まり、薩長以下二十数藩の兵がこれに属した。[1] しかしこの東征軍は、あくまで各藩の連合軍であって、総督は有名無実であり、実権をもった参謀といえども他藩の隊長にたいしては強い権限をふるえなかった。したがってこの時期、中央政府は一応できたといっても、その直轄の軍隊はなかったのである。

同年四月、東征の軍は江戸に達した。同年閏四月二〇日、政府ははじめて陸軍編成法を定めた。[2] 各藩から一万石について一〇人（ただし当分三人）を京畿の常備兵としてさし出させ、また一万石につき三〇〇両の割合で軍用金を上納させ、これによって中央の兵力を作ろうというのであった。しかし一方では戊辰戦争遂行中であり、他方ではこれを各藩に強制する権威も実力も中央に備わっていなかったので、この陸軍編成法はほとんど実効を奏しないまま、翌六九年（明治二年）二月、廃止された（松下芳男『明治軍制史論』上巻）。

これにつづき同年閏四月の官制改正で、軍防局に代わって軍務官が設けられた。軍防局の下には四月に陸軍局だけが作られていたが、軍務官にさいしてはその下に海軍局と陸軍局の二局と、築造、兵船、兵器、馬政の四司が置かれた。各司はほとんど名目ばかりであったが、陸軍と海軍ははじめて対等の局として併立した。このとき軍務官知事に嘉彰親王、副知事に長岡護美、軍務官判事に大村益次郎が任ぜられた。

東北凱旋兵の処置

六八年後半から、東北平定を終わった諸藩兵の処置が問題となってきた。幕末の動乱期から戊辰の内乱の過程で、各藩の兵力は急速に整備され、その装備も輸入兵器によってめざましく向上していた。戦勝におごるこの藩兵の向背いかんは、そのまま政権の運命にも連なるものがあったのである。

六八年一〇月一七日、兵庫県知事伊藤博文は「北地凱旋ノ軍隊ヲ処スルノ策」を建議した（『法規分類大全　兵制門　兵制総』）。その要旨は、文武の権は朝廷に帰したといっても、賊を討ったのはみな諸侯の兵であって、朝廷にはなお一卒の親衛兵もない。「此機ニ乗ジ、東北凱旋ノ兵ヲ改テ朝廷ノ常備軍隊ト為シ、総督、監軍、参謀以下皆至当ノ爵位ヲ与エ、之ニ兵士ヲ司ラシメ、兵士ニモ亦班秩ヲ付シテ各其ノ所ヲ得セシメ、而シテ大ニ欧州各国ノ兵制ヲ折衷シ、以テ新ニ我兵制ヲ改革シ、朝廷親シク之ヲ統御」することの必要を説いたものである。すなわち、諸藩兵を中央に集め、これを政府直轄の軍隊としようとする案であった。しかし諸大名はすでにその藩兵にたいする統制力を喪失していたとはいえ、中央政府にはこの兵力を養うに足る財力が備わっていなかった。しかも藩兵の代表的な意志は、中央集権国家をめざす中央政府官僚とはあいいれなかった。薩摩藩兵の指揮官西郷隆盛が政府に含むところがあり、その兵を率いて鹿児島に帰ったのにつづき、土佐藩兵の指揮官板垣退助もこれにならった。

この時期、明治政府にとってなによりの急務は、政府直轄の武力をもつことであった。雄藩連邦から脱皮して、中央集権国家を作り上げるためには、その権力の基礎としての武力が絶対に必要であったのである。ところが、諸藩兵がその封土に帰り、中央政府にはたよるべき兵力がないという状況であった。

一八六九年（明治二年）七月八日、新政府は官制の大改革を行い、太政官を行政府すなわち内閣にあたるものとし、その下に民部、大蔵、兵部、刑部、宮内、外務の六省を置いた。すなわち軍務官が兵部省に改組されたのである。兵部省には、卿、大輔、少輔各一人、大丞二人、権大丞、少丞各三人を置くこととした。兵部卿には旧軍務官知事嘉彰親王が任じ、兵部大輔には大村益次郎が任じられて兵部省の実権を握った。大村は長州藩の医家出身だったが、蘭学から西洋兵学を学び、幕末長州藩の兵制改革を指導し、戊辰では軍略家として名をあげた人物である。

彼の中央兵力整備の意見は、徴兵による常備兵力を備えようとする画期的なものであった(3)。すなわち、各藩兵とは全然別個に、また士族の身分にかかわりなく、全国から兵を徴して、これを中央直属の軍隊に組織しようとするもので、諸藩兵を徴しようという先の伊藤の案とは対照的なものであった。大村は、こうした中央兵制整備の第一着手として、まず幹部教育の機関の整備につとめた。幕府の創設にかかる横浜語学所を兵部省の管轄とし、将校候補者の語学教授にあて、京都の兵学所を大阪にうつして大阪兵学寮とし、歩騎砲三科士官の養成にあたらせ、さらに横浜語学所を兵学寮に合併するなどは、その方策であった。しかし、こうした中央兵力整備の理想も、まず、諸藩兵をいかに整理するか、中央の兵力をどこからとるか、その維持の経費をどうするかといった難問に直面した。

中央に兵力の存在しないまま、戊辰凱旋後の諸藩兵力の向背は大きな問題となっていた。各藩とも戦争の出費による財政難に悩み、藩の兵力維持に困難を感じていたとはいえ、なお藩兵の存在は、中央集権を困難にする理由となっていた。そのうち、とくに強大な兵力を養っていたのは薩摩藩である。

藩兵の動向

六八年（明治元年）後半、東北諸藩の平定後、薩摩藩兵はぞくぞくと鹿児島に凱旋した。王政復古以来、東北戦争に至るまでの歴史の大転換に主役を演じたのが薩摩藩の軍事力であったから、藩兵たちの意気は天をつくばかりであった。中央政府はもとより藩庁の統制ももはやこの軍隊には及ばず、藩兵の首領西郷隆盛のもとに結集したその勢力は、自己の力にたいする強い自信をもち、すでになにものをも恐れなかった。

下級城下士をリーダーとする藩兵たちの要求は、彼らを中心とする藩制改革であった。六九年（明治二年）二月、クーデターによって藩の職制を改め、西郷を中心とし、伊地知正治、大山綱良、大迫貞清、桂久武、伊集院兼寛などによる藩の政権が確立した。このもとでの藩制改革は、まず家格の廃止と禄制の改革が行われた。それによって旧門閥家の家禄がけずられ、下級士族が優遇された。そしてこの下級士族の権力の基礎として軍事力の強化がはかられ、西郷の指導のもとに兵制改革が行われる。そして城下士、郷士を成員とする常備軍組織をいっそう整備し、その威容は全国を圧していた。

薩摩と同じく東征の主役となった長州藩では、藩財政の困難からむしろ諸隊整理の方向がとられたが、これは隊兵にとって失職を意味し、論功の不満、期待はずれから諸隊の反乱となって、薩摩藩とは逆の方向をとっていた。このほか紀州、土佐のように、士族以外の農民をも対象とし、徴兵による兵制改革の方向をとるものもあったが、いずれもとくに成功したとはいえなかった。そして薩摩をのぞく各藩では、藩体制の腐朽、とくに財政困難から、武士の常職を廃止し、禄制を縮小し、藩兵力の縮減を行おうとする方向が一般化していたのである。

大村は、国民徴兵による中央兵力整備の理想をかかげたが、それがまだ緒にもつかないうち、六九年九月、常職を解かれる武士の不平をかって京都で刺された。そのあと兵部省内は薩長出身者の対立などで大混乱におちいったが、七〇年（明治三年）八月、欧米視察より帰国した山県有朋が兵部少輔に任じて、ようやく兵制整備は軌道に乗った。山県は、大村と同じように全国徴兵による中央兵力整備をめざしてはいたが、大村ほどの理想主義者でなく、現実への妥協を知っていた。山県は、ともかくも中央に強大な兵力を備えることがすべての前提であるとし、そのためには西郷の率いる薩摩の武力を利用することが先決であるとした。そしてそのためには、元来の意図とは相反する方向、すなわち雄藩の藩兵をまず中央の武力とする道をとることも、あえて辞さなかった。

御親兵の設置

七〇年一二月、岩倉具視、大久保利通の政府首脳は、山県らをともなって鹿児島を訪れ、西郷に挙兵上京を説いた。その結果、薩長土三藩の兵による御親兵設置が実現したのである。このとき山県は、西郷に「薩州より出でし兵と雖も一朝事ある秋には薩摩守に向いて弓を引くの決心あるを要すべし」と説いているが、しかしこれは、しょせん薩摩藩士族の利害に忠実な藩兵であった。七一年（明治四年）二月、薩長土三藩の兵による御親兵が左のように組織された。

薩摩藩　歩兵四大隊　砲兵二隊
長州藩　歩兵三大隊
土佐藩　歩兵二大隊　騎兵二小隊　砲兵二隊

この総兵力約一万人、ここにはじめて中央政府はその軍隊をもった。しかし、この親兵は、各藩をその背景にもち、この三藩の意向が中央政局を決する力となったのも当然であった。

この御親兵設置により、はじめて廃藩置県が断行された。それは王政復古につづく第二のクーデターであった。これによって藩の廃止、武士の常職の廃止、藩兵力の廃止、武力の中央への統一の道がひらけた。その意味で御親兵の設置は画期的なできごとである。しかしその実体が、三藩の藩兵そのままであることは、中央兵力整備のうえからは多くの問題を残さざるをえなかった。

鎮台の設置

御親兵の組織とともに、各藩兵の整理にもしだいに手がつけられた。七一年四月、東山、西海の二鎮台を石巻と小倉とに設置することに決めたが、八月になってこの二鎮台を廃止し、東京、大阪、鎮西、東北の四鎮台を置き、全国の兵制を統一しようとはかったのである。東京鎮台は本営を東京、分営を新潟、上田、名古屋に、大阪鎮台は本営を大阪、分営を小浜、高松に、鎮西鎮台は本営を小倉とするが当分の間熊本に、分営を広島、鹿児島に、東北鎮台は本営を石巻とするが当分の間仙台に、分営を青森に置いた。すなわち全国の要地を政府軍隊の監視と統制の範囲の下に置こうとする配置であった。これは廃藩置県による各藩常備兵の解体にともなう措置でもあった。すなわちこの鎮台兵には、各藩の武士を召集した壮兵をあてたのである。このほか、一万石以上の大中藩から各県ごとに一小隊の常備兵を備えることとし、鎮台兵、県の常備兵以外の大中藩の武士、および一万石以下の小藩の兵は、すべて解散させることとした。またその所有兵器一切も、すべて政府に納付させることにしたのである。

こうして御親兵の外に鎮台兵が一応、中央政府の兵力として誕生したが、その実体はいぜん旧藩意識が濃厚であり、またその訓練も装備も、統一性を欠いていた。これを画一化するとともに、各県の武力をしだいに整理することが、政府の主要な課題となったのである。七〇年一〇月、陸軍はフランス式、海軍はイギリス式に編制を統一する布告が出されていたが、七二年四月、フランスより陸軍中佐マルクリー以下一五名の将校を招き、陸軍の組織と訓練にあたらせることになった。その目的は全国軍隊の画一化にあった。近衛および鎮台兵の編制と訓練とは、この目的にそって行われた。こうした兵制統一の主導権を握っていたのは、前述のように七〇年八月以来、兵部少輔となり、さらに七一年七月、兵部大輔にすすみ、七二年三月、陸軍中将、陸軍大輔として近衛都督をかねた山県有朋であった。七一年一二月、山県は陸海軍充実に関し、川村純義、西郷従道とともに建議するところがあったが、「天下現今の兵備を論ぜんに、所謂親兵は其の実聖体を保護し、禁闕を守衛するに過ぎず、四管鎮台の兵総て二十余大隊、是れ内国を鎮圧するの具にして、外に備ふるの所以に非ず」（『公爵山県有朋伝』中巻）と、中央兵力整備の時期のその実体と目標とを告白していた。

兵制の整備

一八七三年（明治六年）一月、徴兵令制定と前後して、全国的に行われた兵制の整備は、中央兵力の強化をさらに推進する目的をもったものであった。このときの兵制改正においては、全国を六軍管に分け、各軍管にそれぞれ鎮台を置いた。

すなわち第一軍管を東京に置き、東京、佐倉、新潟の営所を管し、第二軍管を仙台に置き、仙台、青森の営所を管し、第三軍管を名古屋に置き、名古屋、金沢の営所を管し、第四軍管を大阪に置き、大阪、大津、姫路の営所を管し、第五軍管を広島に置き、広島、丸亀の営所を管し、第六軍管を熊本に置き、熊本、小倉の営所を管することとした。またこのときはじめて歩兵、工兵、砲兵その他の各兵種を設け、各兵の団隊を編成し、全国で歩兵一四連隊、騎兵三大隊、砲兵一八小隊、海岸砲兵九隊、工兵一〇小隊、輜重《しちょう》兵六隊を整備することにした。この兵力約三万人、のちの陸軍編成の基礎ができたのであった。

もっともこの七三年一月の兵制改革による諸団隊とその兵員が、すぐに整備されたわけではない。七三年には兵力はまだ一万五〇〇〇人にすぎず、歩兵連隊の編成されたものは二隊で、その他は大隊であった。七四年一月には、さらに近衛を歩兵二連隊、騎兵一大隊、砲兵二小隊、工兵一小隊、輜重兵一隊に改組した。七三年四月より、後述のように徴兵による最初の入営兵があり、各藩から切りはなされた中央直轄兵力が、徐々に整備されていく。

こうした中央兵力の整備にあたり、まず幹部教育の画一化に重点がおかれた。維新後、徳川家が創立した沼津兵学校は西周を教育方頭取とし、最もすすんだ幹部教育の教課を定めた異色ある存在であったが、七一年、これを陸軍兵学寮に合併し、ついで兵学寮を東京に移した。そしてその傘下に士官学校、幼年学校、教導団をしだいに整備し、七三年八月、教導団、七三年一一月、陸軍士官学校、七五年、陸軍幼年学校が、それぞれ独立して幹部教育の母体となった。

(1) 東征の部署はつぎのとおり(『大西郷全集』第三巻)。

東征大総督＝熾仁親王　参謀＝正親町公董、西田辻公業、広沢真臣、西郷隆盛、林玖十郎。

東海道先鋒総督兼鎮撫使＝橋本実梁　副総督＝柳原前光　参謀＝木梨精一郎、海江田信義。

東山道先鋒総督兼鎮撫使＝岩倉具定　副総督＝岩倉具経　参謀＝板垣引助、宇田栗園、伊地知正治。

北陸道先鋒総督兼鎮撫使＝高倉米祐　副総督＝四条隆平　参謀＝小林重吉、津田山三郎。
奥羽鎮撫総督＝九条道孝　副総督＝沢為量　参謀＝醍醐忠敬、大山綱良、世良修蔵。
海軍総督＝嘉言親王　参謀＝庭田重胤、中山忠愛、伊藤外記、増田左馬之進。

（2）このとき定められた陸軍編成法はつぎのとおりである（『法規分類大全　兵制門　兵制総』）。

「一、高一万石ニ付
　兵員　十人
　当分之内　三人
但京畿ニ常備九門及ヒ畿内要衝之固所其兵ヲ以テ警衛可被仰付候間、追而御沙汰可有之候事
一、高一万石ニ付
　兵員　五十人
　但在所ニ可備置事
一、高一万石ニ付
　金三百両
　但年分三度ニ上納、兵員給料ニ充ツ
右之通皇国一体総高ニ割付、陸軍編制被為立候条被仰出候間、此旨申達候事
　但勤方心得方等仔細之儀ハ、軍務官へ可伺出事」

（3）一八六九年（明治二年）六月ごろの案と思われる大村の軍制案は、つぎのようなものであった（『公

爵山県有朋伝』中巻、『大村益次郎』)。

「一、諸道現兵ノ内、年齢二十五ヨリ三十五マデノ間、軀幹強壮自ラ兵タラン事ヲ好ム者ヲ挙ゲ、親兵ト為シ、而シテ其ノ兵ノ組方ハ藩々ノ差別ナク、身ノ長短ニ応ジ編伍セバ、彼此均一ノ制ニ至ラン。

一、親兵編制ノ上ハ、奥州ハ勿論都テ要衝ノ地ニ置キ、以テ常備兵トシ、衣服、用度総テ官ヨリ被宛行。而シテ月給半減、又ハ三分ノ一ヲ与へ、其余ハ官ニ貯蓄シ、年限相満チ兵員ヲ減スル時ニ当リ、其成算ヲ与へ、以テ故土産業ノ基トナサシム。

一、兵員年限五年ヲ以テ定トス、尤モ四十未満ノ内ハ、好ニ応ジ、前キ五年ヲ許ス。但精密ノ法、軍律一定ノ条ニ載スヘシ。

一、司令嚮導、都テ長官員ハ、兵隊中ヨリ交選ノ方ヲ以テ、選挙可有之事。

一、軍律、其外一般ノ法制、追テ記載スル所アリ。」

二　徴兵制の採用とその矛盾

徴兵令の制定

明治政府が、中央集権国家を作り上げる基礎として、中央直属の武力を整備しようとするとき、元来が封建的武力である旧藩兵にそのまま依存することは、たとえ一時を糊塗する手段であるにせよ、本質的な矛盾は避けられないものであった。御親兵（のち近衛兵）は、この点で廃藩置県のクーデターのうしろだてとはなったが、その後の政府の諸政策にとって、ことごとくガンになる存在となった。近代的軍隊は、どうしても国民的徴兵による大衆軍隊によらなければならないことは、すでに政府、軍事当局者の知識と経験で明らかであった。しかし徴兵制の採用は、かつての武士すなわち士族の武力独占をとりあげ、その常職を奪うことであり、決定的にその利害と対立する。近代国家形成のためには避けられない対立であるが、そのための踏み切りには大きな配慮が必要であった。

一八七三年（明治六年）一月、全国募兵の詔書が出され、ついで徴兵令が制定されて、ようやくこの方向が明らかにされたのである。

しかし、七三年の徴兵令の制定は、それ自体ではじつは国民皆兵制の実施ではなかった。理想としてその方向を示したものであっても、実質は従来の藩の献兵をしだいに中央政府の傭兵とし、絶対主義的傭兵軍を作りながら、全国徴兵に近づこうとしたものであった。この徴兵令の特色は、つぎのように免役制がきわめて広範にわたって存在していることである。

常備兵免役概則

第一条　身ノ丈ケ五尺一寸（曲尺）未満ノ者

第二条　羸弱ニシテ宿痾及ヒ不具等ニテ兵役ニ堪ヘサル者
第三条　官省府県ニ奉職ノ者　但等外モ此例ニ準ス
第四条　海陸軍ノ生徒トナリ兵学寮ニ在ル者
第五条　文部工部開拓其他ノ公塾ニ学ヒタル専門生徒、及ヒ洋行修行ノ者、並ヒニ医学馬医学ヲ学フ者　但教官ノ証書並ヒニ何等科目ノ免状書アル者（科目ノ等未定）
第六条　一家ノ主人タル者
第七条　嗣子並ヒニ承祖ノ孫
第八条　独子独孫
第九条　罪科アル者　但徒以上ノ刑ヲ蒙リタル者
第十条　父兄存在スレドモ、病気若クハ事故アリテ父兄ニ代ハリ家ヲ治ムル者
第十一条　養子　但約束ノミニテ未タ実家ニ在ル者ハ此例ニアラス
第十二条　徴兵在兵中ノ兄弟タル者

（徴兵令第三章）

免役制の性格

こうした広範な免役規定は、この時期の権力が、どのような社会構造の上に立っていたかという問題と対応している。すなわち封建的土地所有を完全に解体せず、封建社会を完全な近代社会

第2表　徴兵免役者の状況

種別＼軍管		第一 東京	第二 仙台	第三 名古屋	第四 大阪	第五 広島	第六 熊本	全国
20歳壮丁の総員（A）		71,579	34,763	44,292	56,737	49,782	38,955	296,086
20歳壮丁総員中	徴兵連名簿人員	9,259	10,212	8,526	6,825	11,007	7,397	53,226
	免役連名簿人員（B）	62,320	24,551	35,745	49,911	38,775	31,558	242,860
B÷A×100		87.1％	70.6％	80.8％	88.0％	77.0％	81.0％	82.0％

鹿野政直「日本軍隊の成立」（『歴史評論』46）による

へ変革せず、天皇制絶対主義を確立しようとした。すなわちその下部においては、国民の大部分を占める農民を完全に解放せず、封建貢租に代わる地租によって、家を単位としてこれを把握し統制しようとした。従来の村落共同体を通じての農民支配に代わって、家父長制的な家を単位としてこれを支配する方向をとったのである。この時期における戸籍の整備、地方制度の改革、さらに地租改正に至る一貫した政策がそれであった。徴兵令における免役規定もまさにそれであり、いかにして家を温存するかにその要点が集まっている（大石慎三郎「徴兵制と家」『歴史学研究』一九四参照）。すなわち、戸主、戸主たるべきもの、戸主に代わるものすべてを兵役の対象外とし、地租負担者以外の、家にあまったものを徴兵する、賦役的性格の強いものであった。これは、国民皆兵制とは本質的に異なる封建的賦役であるといってさしつかえない。

しかもこの徴兵令によって、西南戦争までは、実際にはほとんど徴兵の実が上がっていなかった。第2表は徴兵令制定後三年の一八七六年（明治九年）の壮丁中の免役者の状況であるが、じつに八割以上の免役者が出ているのである。

そのうえ実際に徴兵した兵員はさらに少なく、これをもって近衛および各鎮台の壮兵に代えることは容易でなく、同じく七六年現在で、徴兵の兵員はなお旧来の壮兵に及んでいなかった。その意味では、この徴兵令は徴兵の名があって実がなかったといえよう。

しかもこの徴兵令の採用によって、士族の不平と反抗は決定的に強まった。同年以来の西南諸藩におこる士族反乱の原因の第一が、徴兵令の採用にあったし、西郷以下近衛幹部の辞職帰国も、征韓論に名をかりてはいても、不満の原因はそこにあった。しかし西郷らの離反は、山県らによる近衛の統制がはじめて可能になったことを示し、かえって中央の武力にはじめて政府直轄武力としての内容を備えさせる効果があった。

士族の反抗がある一方、賦役的性格をもつ徴兵にたいする農民の不満も高かった。しかしいわゆる血税一揆、徴兵令反対一揆は、七三、七四年に多いが、実際に徴兵が適用されはじめる七五、七六年にはかえって減少する。これは徴兵が実際には、それほど行われなかったことを意味する。徴兵令の矛盾は、本来そこにあった。真の意味での近代的大衆軍隊には、まだほど遠かったのである。

軍の規律と訓練

新たに創設された陸海軍の編制と訓練は、一八七〇年（明治三年）一〇月の太政官布告で、「海軍はイギリス式　陸軍はフランス式と斟酌」して編制し、各藩の陸軍も「フランス式を目的とし漸を以て編制」するように示された（『法規分類大全　兵制門　兵制総』）。御親兵の設置、鎮台の整備にともなって、軍隊の教育訓練の軌範としての典範令類も、フランス陸軍のものが翻訳して使われはじめた。

陸軍がフランス式をとったのは、幕府が一八六七年一月以来、シャノワン大尉以下一九名のフランス軍事顧問団を招き、三兵にフランス式の訓練をしていたことの影響もあった。この顧問団中ブリューネ中尉ら五名は、榎本の函館政権に参加している。明治政府はフランス式採用の決定に先立って、すでに一八七〇年三月にフランス公使に軍事顧問団の派遣を要請しており、七二年四月、マルクリー中佐以下一六名の第二次フランス軍事顧問団が来日した。この顧問団が、西洋式近代軍隊の建設に寄与したことはいうまでもない（フランス軍事顧問団の史実については、篠原宏『陸軍創設史――フランス軍事顧問団の影』が詳しい）。

陸軍の最初の本格的な教科書として翻訳されたものは、一八七〇年一一月、陸軍兵学寮刊の『陸軍日典』である。これはフランスの軍隊軌典を大島恭次郎が翻訳したもので、「内務之部」と「勤方規則」からなっている。内容は、のちの軍隊内務書に至るもので、軍隊内諸官の勤務の内容、心得を詳細に説いたものである（内閣文庫蔵『陸軍日典』）。

この兵学寮の『陸軍日典』を基礎にし、ドイツやオランダの例を参考として編纂されたのが、一八七二年（明治五年）六月の『歩兵内務書　第一版』である。これは「第一編　軍隊ノ成立及ビ総則」、「第二編　聯隊及ビ大隊諸士官ノ職掌丼ニ廻番勤務」、「第三編　中隊付士官及ビ下士官ノ職掌」、「第四編　営中諸務ノ定則」、「第五編　聯隊会計諸務ノ定則」からなっている。『歩兵内務書』につづいて、騎兵、砲兵、工兵等の内務書が作られ、これを総合して、一八八八年（明治二一年）に『軍隊内務書　第一版』が陸軍省によって制定されることになる。

兵営内日常の軌範を示した内務書にたいして、作戦行動の軌範を示すものとして、一八七三年（明治六年）、陸軍文庫から『佛国陣中軌典』が訳出された。これはのちの『陣中要務令』さらに『作戦要務令』につづくものである。各兵の操典も、明治初年にフランス、イギリス、ドイツなどのものが翻訳されているが、一八七八年（明治一一年）に、陸軍省によって『歩兵操典』が出版され、以後各兵の操典が整備されていく。

この時期の操典、教範の類は、ヨーロッパに学ぶに急で、すべて翻訳を主体としたのはやむを得なかった。しかし軍隊内の規律に関しては、欧米軍隊以上の強い対策が必要とされていたのである。もともと武士である壮兵は、新たに編成された近代軍隊の階級制や組織になじまず、軍紀の確立は容易でなかった。また徴兵も、封建的な賦役にひとしく、自発性を期待することが難しかったから、その統制も容易でなかった。明治初年の軍当局者の苦心も、軍紀の確立にあったのである（松下芳男「明治初年粛軍の規範」『明治軍制史論集』）。

軍紀確立のために、一八六九年（明治二年）に「軍律」が定められたが、それはどれほど実効があったか明らかでない。一八七一年（明治四年）八月には、天皇の「上諭」を付した「海陸軍刑律」が定められた。これは軍内の刑律としてはじめての本格的なものである。全編二〇四条よりなる広範なものであるが、その第一の特徴は、刑罰がきわめて峻厳なことである。謀叛、徒党、奔敵、戦時逃亡等の罪はことごとく死刑とするという刑の厳しさは例をみない。第二の特徴は、封建的身分制を根強く残していることである。それは刑罰の種類が、将校では自裁（切腹）、奪官、回籍、退職、降官、閉門の六種、下士は死刑、徒刑、放逐、黜等、降等、禁錮の六種、卒夫には死刑、徒刑、放逐、杖刑、笞刑、禁錮の六種となっており、将校は武士道で遇し、下士卒夫は百姓町人扱いである。こうした厳格な刑罰で、軍紀の維持をはかったのであった。

三　西南戦争と近代軍隊の確立

維新後の薩摩藩

新政府が全国の兵制を統一し、名実ともに中央集権国家を確立するのは、西南戦争を終わることによってである。鹿児島県は、その強大な武力と戊辰戦争における功労を武器に、廃藩置県ののちも中央にたいする独立国の様相を呈していた。県令以下の県の役人にはいっさい他県人を容れず、政府の方針を実行しなかった。四民平等についても政府の四民平等政策にも従わず、士族平民の他に付士、足軽、付属長、付属などの武士の呼称を残し、七二年の卒廃止の布告のちも士族、付士、卒の三階級に改め、規則にない付士という階級を残すというありさまであった。

また政府のもっとも重要な政策である地租改正についても、士族の知行地は士族の私有地だと主張して、農民の所有権を否定し、これの実行を肯んじなかった。政府のもっとも重要な財源である地租も、鹿児島県からは全然上納されないという状態であった。廃藩置県にともなう士族の秩禄処分についても、鹿児島においてはこれを全然実行せず、金禄によらないでいぜん現米の支給をつづけていた。七七年からの金禄公債の発行も、鹿児島の場合は県令が特例を主張し、政府にそれを認めさせていた。そのほかの文明開化の一環としての太陽暦の採用も、鹿児島だけは実行しなかった。こうした状況は、木戸孝允をしても、「内務省の、従来、他の諸県を厳刻に督責し、然して鹿児島県は、一種独立国の如き有様あり。実に王政のために憤慨にたへず」(『木戸孝允日記』明治一〇年四月一八日)と慨歎させたほどである。

西郷と私学校党

こうした鹿児島県の中央政府にたいする独立状態は、西郷隆盛を中心とする武装集団によってささえられていたのである。一八七三年(明治六年)、征韓論にやぶれて西郷が辞職帰国して以来、近衛兵の中核であった薩摩出身者の辞職帰国がつづいた。これらの西郷派軍人を中核として、七四年六月、私学校が鹿児島に創設された。私学校は総称であって、銃隊学校と砲隊学校の二つがあった。銃隊学校は近衛学校と称され、おもに近衛出身者を集めて生徒数は五〜六〇〇名、陸軍少将篠原国幹が主宰した。砲隊学校は砲兵学校ともいわれ、砲兵出身者を集め生徒数は二〇〇、もと宮内大丞村田新八が主宰した。ほかに、陸軍幼年学校在学者を収容した幼年学校があり、篠原国幹が主宰した。これは西郷の賞典禄でまかなわれ、士官養成を目的とした学校で、賞典学校とも呼ばれた。また鹿児島市の北郊、吉野にはもとの教導団生徒を収容した吉野開墾社が設けられ、開拓のかたわら軍事訓練を行った。もと近衛砲兵大尉永山休二、陸軍少佐平野正介がその監督であり、通称教導団学校といっていた。これらの諸学校の経費は、ほとんどを県庁が負担した。名前は学校であったが、実質は軍隊であった。そしてこれらの本校のほかに、県内各郷にもれなく分校が設けられた。分校は、一般に私学校と呼ばれ、区域内の士族の大部分が集まり、軍事訓練をうけ、その中から選ばれた者が鹿児島の本校に集まった。県下の私学校の生徒数は三万人にものぼっていた（『西南紀伝』上二）。

私学校の経費は、一部は西郷らの賞典禄があてられたが、その大部は、県の費用として県庁から支給された。鹿児島県令の大山綱良はもっとも忠実な西郷の幕僚であった。私学校の創立にさいしても、大山は非常な尽力を示し、県庁の積立金九六万円の中から私学校の費用を弁じたのだという。「県庁に於ては、私学校の名簿を作り、その県官の如きは、概ね私学校党を登用せしかば、県庁と私学校とは離るべからざるの関繋を有し、県官と私学校党とは殆ど同一体なりしなり。私学校の勢力、県力を圧するにいたりたる所以のもの、蓋しまた偶然ならざりしなり」(『西南紀伝』上二)といわれるほどの状態であった。

県庁の役人をはじめ、区長、戸長などはほとんど私学校関係者が任命され、鹿児島県は西郷の私学校党の軍政のもとに置かれていたといっても過言でない。そしてこの私学校党の意向にしたがって、全国でも類をみない農民に対する苛斂誅求《かれんちゅうきゅう》を行って、鹿児島士族の特権を守り、封建制を死守するために、県は汲汲としていた。

私学校党の士族たちはいずれも武器弾薬を私蔵していた。また私学校そのものに、かつての薩摩藩の強力な常備軍のなごりをひいて有力な兵器を備えていた。また私学校には、英人コッフス、蘭人スケッフルなどの外国人教官が招かれ、近代的な軍事訓練をたえず行っていた。

中央政府の統制から完全に独立した固有の軍隊をもち、この軍隊を基礎として独立した行政を行い、中央政府の命令にしたがわず、税金も県内の軍事費にあてて上納しないという鹿児島県の状態は、まさに独立国であった。それは、西郷を首領とする、また彼によって育成された鹿児島士族の軍団であり、いわば西郷軍閥ともいえるものであった。辛亥革命後の中国で、各省に割拠して互いに覇権を争った中国の軍閥と、その性格においては同一のものである。

内乱の勃発

統一国家の完成を急ぐ明治政府にとって、この鹿児島県の存在は、まさに目の上のこぶであった。七六年以来世論の攻撃と、政府内においても木戸孝允らの強い主張によって鹿児島県政改革案がとりあげられたのも、こうした事情をなんとか中央に統一しようとする動きであった。しかし、県政改革を政府が強行しようとすれば、私学校党との武力衝突はさけがたい運命であった。またこの武力を処理することなしには、県政改革は不可能であった。

私学校党の武力は、この時においては中央政府と拮抗するほどのものがあった。鹿児島の士族三万は、その勇武をもってきこえ、全国の常備軍三万にゆうに匹敵すると内外ともに信じていたのである。徴兵令実施後の常備軍の整備が容易にすすまないため、政府が鹿児島県の整理に手をつけることができないというのが、実際の事情であった。しかし、地租改正、秩禄処分の実行は、鹿児島士族を激昂させた。また他方では佐賀の乱以来の西南の内乱は、いずれも西郷の決起をあてにして企てられていた。中央政府と鹿児島との衝突、官軍と西郷軍との決戦は、さけがたいものであった。政府もしだいに常備軍がととのうとともに、鹿児島に手をつけることを本気で考えはじめた。木戸の痛烈な批判で、大久保も鹿児島県政改革に手をつける決心をしたのは七七年の一月、衝突は必至であった。

鹿児島には、廃藩置県後島津藩から政府が接収した海軍造船所と陸軍火薬庫があり、それぞれ、兵器弾薬を収蔵していた。私学校党が政府に反抗し鹿児島で行っている士族の軍事独裁を全国に及ぼそうとする意図のあることが明らかであったので、この兵器弾薬は非常に危険な存在であった。政府はこれを他に移そうとはかったが、かえってそれが私学校党を激発することを怖れ、そのたびに沙汰やみになっていた。七七年一月、私学校党の形勢が不隠となったので、政府は意を決し、三菱汽船の赤竜丸を派遣して火薬の積み込みをはじめた。蜂起を決心した私学校党は、火薬庫と造船所を襲撃し、積み出しに先立ってその兵器弾薬を手に入れた。この襲撃事件で、内乱の開始が決定した。七七年二月一三日、県内各郷から集まった私学校党は、鹿児島市の練兵場で出動の部隊編成を行った。西郷隆盛を総帥とし、一番から五番までの五個大隊、それに砲兵二隊である。桐野利秋、篠原国幹、村田新八、永山弥一郎、池上四郎の五人がそれぞれの大隊長であった。各大隊は、一番から一〇番までの一〇個小隊に分かれていた。小隊は兵員約二〇〇名、そのうち鹿児島城下の士族約三〇名、県下各郷の郷士約一七〇名の割合で編成された（『西南紀伝』巾一）。したがって一個大隊二〇〇〇人、これは政府軍の一個旅団にも相当する数である。ほかに別府晋介を連合大隊長とする六番、七番連合大隊が編成された。この方は、編成も人数も不揃いであった。そして当初の全兵力は、約一万三〇〇〇人と数えられている。この編成に加わった最初の兵員は、各人小銃一挺をたずさえていた。その種類は、スナイドル、ライフル、エンピール、イットル、シャーフルなど、各種とりどりであった。弾薬は各自購入または持ち合わせたもの、だいたい五〇発程度であった。しかし補充の準備はほとんどなかった。砲兵はだいたいフランス式の四斤山砲二八門で、そのほか一二斤砲二門、臼砲大小三〇門をもっていたという。

二月一五日、薩軍の本隊は鹿児島を出発した。二月二〇日、前衛となった別府の二個大隊は、早くも熊本城外の川尻に到着した。つづいて本隊五個大隊も、二日後には熊本に着いた。

両軍の素質と戦略

蜂起にあたって薩軍にはっきりした戦略があったとは思えない。その最終目的は、東京に至り政府を転覆し士族本位の封建制への反動的改革を行おうとするものだったことはたしかだが、そのためにどのような戦略をたてるかについては十分な研究がされなかった。熊本鎮台の戦力についても、まったくこれを問題にせず、鎧袖一触これをくだして九州を制圧し、さらに大阪に至り、遅くとも一カ月で目的を達することができるとすら考えていた（『西南紀伝』中二）。

「西郷大将の威望嚇々として天下を圧するにたるあり。これに加ふるに大山県令の通牒を以てす。誰か敢て我を遮ぎるものあらんや。もしこれに反して官軍我に抗するとも、彼等農商の兵鉄蹄一蹴容易に之を粉砕すべきのみ。而して熊本城一たび陥落せば、海内、政府に反対するもの、九州、四国、東北、到る処風動き、我が軍景勝をしめ、進攻退守施すとして可ならざるなく、天下のこと手に唾してなるべきなり」というのが薩軍の意気ごみであった。西郷は、「熊本はたちまち城門を開いてくだるべし。熊本に根拠して九州を風靡せしめ、ただちに広島をつき、大阪をやぶり、海陸にて東上す」と考えていた（『東京日々新聞』三月一四日〔圭室諦成『西郷隆盛』より引用〕）。

薩軍は徴兵を主とする政府軍の戦闘力についてほとんど問題とせず、満々たる自信をもって、戦略らしい戦略もたてずに東征の途にのぼったのである。「負くればこれ賊、勝てばこれは官、男児ただまさに険難をおかすべし。咄嗟してあかつきに鹿児島をいで、絶叫して夕にわたる太郎山、眼下に蕞爾たり熊本城、手につばして抜くべし立食の間、君みずや南関北関路歴々、ただちにこの関をいずれば一敵なからん」という末松青萍の詩は、よくこうした薩軍の意気ごみをあらわしている。

これにたいして政府軍の対策は慎重であった。このとき九州にあった兵力は、熊本鎮台の歩兵二個連隊を主とするもので、そのうち歩兵第一四連隊は小倉にあり、熊本城には、鎮台本部、歩兵第一三連隊、砲兵台六大隊、予備砲兵第三大隊、工兵第六小隊、合計二五八四名があったにすぎなかった。鹿児島の変をきいた鎮台司令長官陸軍少将谷干城は、小倉の第一四連隊に、急ぎ熊本に来ることを命じたが、薩軍の到着に先立って城に入ることができたのはそのうちの半個大隊三三〇名にすぎなかった。このほか警視隊六〇〇名が加わり合計三五〇〇名、薩軍の五分の一にすぎなかった。この兵力のうち、どの割合が徴兵であったかは明らかでないが、熊本鎮台の徴兵は七五年よりはじまっているので、現役三カ年のうち二年分が徴兵、一年がなお壮兵だったと考えられる（松下芳男『明治軍制史論』上）。したがって壮兵から徴兵への過渡期であり、約三分の二が徴兵でうめられていたと推定されよう。士族でない農民の兵士の戦闘力について、この時期はまだ信頼度がきわめてうすかった。前の年七六年の神風連の乱で、日本刀だけを武器とするわずか一〇〇名の狂信的な神風連の斬り込みで、鎮台兵が混乱動揺し、司令官種田少将が殺された事件は、なお熊本の官民の記憶に新たなところであった。

谷司令長官は、薩軍の攻撃を迎えるにさいしては、城を固く閉じ、専守防禦の策をとった。のちに谷が征討総督に報告したところによれば、防禦を選んだのはまったく鎮台兵の戦力について自信がもてなかったからであった。

結果において、薩軍の強攻策と熊本鎮台の専守防禦策とは、政府軍に幸いしたといえる。熊本鎮台の守城部隊が、もし城を出て三太郎の嶮、あるいは川尻付近で、薩軍を迎え討ったとしたら、おそらくは政府軍の敗走に終わったであろう。その例は、乃木希典少佐のひきいる歩兵第一四連隊の戦闘に明らかに示されている。

先に述べたように、第一四連隊は、鹿児島の風雲が急を告げるとともに、谷少将から至急熊本鎮台に合流するよう命ぜられて、小倉を発し数梯隊に分かれて、熊本に急行中であった。薩軍の到着前に熊本に入ったのはそのうちの第一大隊の半分だけで、その他は熊本北方で薩軍と不期遭遇戦を演ずる結果となったのである。第一四連隊の第二梯団、乃木連隊長の率いる第三大隊の主力四八〇名は、二二日夕植木に至り、薩軍から分派された村田三介、伊東直二の率いる二個小隊四〇〇名と、午後七時、植木駅北方向坂で衝突した。すでに夜に入っての戦闘で、政府軍の火力も、薩軍の白兵突撃に抗しきれず、政府軍は軍旗を失って壊乱退却するという結果に終わった。この戦闘を知った薩軍は、翌二三日、さらに六個小隊を増派して高瀬をつこうとした。これにたいし政府軍も、後続の第二大隊を合わせ、ふたたび隊伍をたてなおして前進し、木葉、植木の遭遇戦となった。この日の兵力は薩軍一二〇〇人、政府軍も一二〇〇人であった。この戦闘も薩軍の突撃に政府軍は壊乱して退却した。この二日間の戦闘は、兵力において対等、その他の条件もほぼひとしい両軍の戦闘であったが、結果は薩軍の完勝であった。

戦争の結果と意義

こうした当初の戦力の差にもかかわらず、結果においては薩軍は敗れ、政府軍が勝利を占めた。その理由はいうまでもなく、封建反動をめざす薩軍は、一時熊本協同隊のような民権派も統合したとはいえ、全国にその戦線をひろげる条件をもたなかったからである。『西南紀伝』にいう兵器の差はそれほど大きくはなかったが、しょせんは全国対一藩の戦いであった。当初の兵力が消耗し、最初に用意した弾薬を使いきったのちは、兵力の補充も弾薬の補給も薩軍には不可能であった。日一日とその戦力は枯渇し、絶望的な抗戦をつづけるばかりとなったのである。

中央政府は西南戦争の勝利によって、はじめて武力を中央へ完全に統一することができた。中央集権への最後の足固めがここにできたのである。しかしこの内乱は、諸書にいうように士族兵にたいする徴兵の勝利といいきることはできなかった。政府軍で強い戦力を発揮したのは、大半壮兵を残す近衛兵、および士族徴募の巡査隊であった。『西南紀伝』は両軍の長所と欠陥をあげ、官軍は物質的要素にまさっていたが、精神的要素で劣っていたとしている。精神的要素として数えられているものは、指揮官の戦闘能力の未熟、兵士の士気の不振、軍隊の戦闘訓練の未熟などである。これらはすべて、徴兵による新軍の建設がまだ過渡期であることを示している。しかしこの訓練未熟、士気不振の徴兵軍が、剽悍決死を謳われた薩軍にたいして最後の勝利を収めたのである。それは政府、軍部の当局者に、軍隊建設の方向についての大きな自信を与えた。近代軍隊建設には、なお多くの時期と改革とが必要だったとはいえ、その方向が軌道に乗るために、西南戦争は大きな転機となったのであった。

西南戦争は、明治国家にとって最初の政治的軍事的試練であったとともに、成立早々の徴兵制にとってもその存否をかけた試金石であった。一八七三年の徴兵令実施以後、壮兵から徴兵への移行がすすめられたが、東京鎮台は七三年から、大阪、名古屋鎮台は七四年から、その他の鎮台は七五年から徴兵をはじめている（松下芳男『明治軍制史論』上）。このため七七年の西南戦争勃発当初は、熊本鎮台は現役三年中になお一年令の壮兵を残していたが、全国的にみればほぼ徴兵への転換がすすんでいたのである。

西南戦争の勃発は、この徴兵制に大きな危機をもたらすものとなった。第一に、徴兵の兵力不足に悩まねばならなかった。前節にみたように、当初の徴兵令の広範な免役代人規定と、徴兵にたいする民衆の不満から、実際に徴兵に応じる人員に限界があった。戦乱がひろがると、政府軍は兵力不足の対策として七七年度徴兵適齢者の徴集を急ぎ、新募の徴兵の訓練が終わり次第これを戦線に送った。しかしこのことは、徴兵制の意味を国民に知らしめるものとなった。戦争で命をかける危険があることを覚悟しなければならない徴兵にたいし、忌避はいっそうさかんになった。金銭を拠出して貧窮浮浪の徒を贖って兵役に応じさせることまで行われた。免役の努力も一段と加わり、養子や婿の流行で一村に処女がなくなり、十歳の幼女が婿をとったりする例があらわれた。こうしたことから徴兵制度の本質はいっそうゆがめられ、成立早々の制度は危機に見舞われたのである。(1)

第二の危機は、制度そのものの存続にかかわるものであった。徴兵の兵力不足から、政府軍は壮兵に頼らざるを得なくなった。当時数十万の失業士族があり、士族からの壮兵は容易であったが、それは徴兵制の主旨とは相反する方法であって、山県陸軍卿のジレンマ解決法は、徴募巡査隊という苦肉の策であった。すなわち士族を募集して巡査とし、この巡査を出征させるが、これはあくまで巡査であって壮兵ではないとする方法である。警部巡査をもって別働第四旅団を編成し、大警視川路利良を陸軍少将兼任とし、この司令長官として、熊本背面の解囲作戦に使って効果をあげた。この旅団はのちに別働第三旅団と改称し、徴募巡査を増加して大いに成功を収めた。さらに東北諸藩の士族を募集して徴募巡査とし新撰旅団を編成したが、この旅団は戊辰の遺恨への復讐心に燃え、きわめて勇猛であったという。薩軍が「近衛大砲に徴募がなけりゃ、花のお江戸に躍りこむ」と歌ったというのも、この徴募巡査の戦闘ぶりを示しているといえよう。

しかしこのことは、徴兵制度の本質にかかわる矛盾であった。壮兵の成績が良いからといって、徴兵制そのものを後退させることは政府のよくしうることではなかった。壮兵すなわち士族の兵士が、いかに封建制度改革の障碍であるかは、一〇年間の経験が示していた。そのため政府は、徴兵制度の矛盾を改革する方向、徴兵令の改正に向かうことになったのである。

（1）一八八〇年（明治一三年）の『陸軍省第四年報』によれば、一八七七年より一八八〇年までの免役人員の増加状況は次の通りである。一八七七年は、壮丁総員二九万六〇八六名、内免役員二四万二八六〇名、七八年総員三〇万一二五九名、免役二四万九七七二名、七九年総員三二万七二八九名、免役二九万〇七八五名、八〇年総員三二万一五九四名、免役二八万七二二九名である。実際に検査を受けるのは、前年度に翌年廻しとなった者を含み、本年壮丁中にも事故不参等で翌年廻しとなった者があるので、総員にたいする免役の比率は必ずしも正確ではない。しかし西南戦争の翌年の一八七九年度においては、第一、第四軍管で常備兵に欠員を生じ、他軍管の補員兵をもってこれを埋めねばならなくなった。翌一八八〇年の『陸軍省第五年報』は、つぎのように述べている。

「曩ニ六年度ヲ壮丁賦兵徴募ノ新令下シヨリ十二年度ニ至ルマデ七年ノ間其徴募ノ景況タル概ネ壮丁ハ兵役ヲ厭忌シ百方規避巧ニ免役ノ区域ニ入リ遂ニ徴募人員ヲ減却スル事一年一年ヨリ甚シク遂ニ第一第四ノ軍管ハ常備ノ数欠乏シ纔ニ他管ノ補充員ヲ以テ之ヲ塡補スルニ至リシ事既ニ前年報ニ縷陳報道スル所ノ如シ宜シク世運ノ進度ヲ量リ人智ノ開達ニ應シ法令ヲ改良シテ彼ノ狡獪ヲ弄スルコトヲ防止シ兵役ハ國民ノ義務ニシテ各自必ズ之ヲ負擔スヘキモノタルヲ知ラシメズンバアルベカラサルナリ」

いかに忌避が大きな問題であったかを示している。

第三章　天皇制軍隊の成立

一　対内的軍備から対外的軍備へ

台湾と琉球

明治日本の眼は、早くから大陸へ向かっていた。戊辰凱旋兵の処理に困って、征韓が朝議に上ったのは、すでに一八六八年（明治元年）以来のことであり（井上清「征韓論と日本の軍国主義」『日本の軍国主義』Ⅱ）、その後の征韓論の挫折にもかかわらず、大陸進出は不断の関心事であった。西南戦争の勝利によって、内乱が一応終結すると、早くも対外進出のための軍備の拡張がはじめられるようになってくる。それとともに、軍備の質と内容も国内鎮圧用から対外戦争用へと変化してくる。朝鮮、清国への侵略戦争が、具体的現実的な日程に上ったからであった。

武力による対外侵略の第一歩は、一八七四年（明治七年）の「台湾征討」であった。琉球の漁民の殺害を口実にして征韓派を追放した明治政府は、七四年二月六日の閣議で台湾征討を決定、四月には陸軍中将西郷従道を台湾蕃地事務総督に任じ、三六〇〇の兵士を率いて台湾への遠征を命じた。その第一の目的は、征韓派の士族の不平をなだめるためであった。この遠征は米公使のアメリカ船の参加禁止の申し入れを受けて、いったん中止と決定された。しかし佐賀の乱を平定したあと大久保利通、大隈重信が五月四日、長崎で西郷と会見し、西郷の強硬意見を容れて出兵強行を決定した。徴募士族を主体とする遠征軍は、五月二二日、台湾に上陸し、同島南部を占領した。この遠征はもちろん清国の抗議を招き、大久保は全権弁理大臣として八月清国に赴き、英公使ウェードの斡旋で、清国が償金五〇万両を払うという互換条款が一〇月三一日に天津で調印され、撤兵した。イギリスはすでにこの時期から、極東における番犬として、日本の武力を利用する意図をもっていたのである。

翌一八七五年（明治八年）、英米の朝鮮開国の意向をうけた日本は、井上良馨の指揮する軍艦三隻を朝鮮西岸で示威行動させ、その中の雲揚号は九月二〇日、江華島の朝鮮軍砲台と交戦した（江華島事件）。さらに翌日、井上は陸戦隊を永宗島に上陸させて軍民を殺傷し、城塞に放火した。この事件を口実に、黒田清隆を全権大使として朝鮮に送り、戦争の威嚇のもとに朝鮮に開国を迫り、一八七六年二月二六日、日韓修好条規（江華島条約）を調印させた。その内容は、釜山など二港の開港、日本人の領事裁判権などを含む不平等条約であった。また条文の中に「朝鮮は自主の国」と明記させたことで、朝鮮は清国の従属国ではないことを認めさせて、のちに朝鮮の支配権をめぐって日清が争う伏線としたのである。

琉球の併合も武力で行われた。一八七二年（明治五年）、琉球国王を琉球藩主とし、同国と各国との条約は外務省が管轄することとした。まずアメリカが日本の琉球併合を承認したが、同国を属国とみなしていた清国はこれに反対した。七九年三月、内務大書記官松田道之は、陸軍兵二個中隊を率いて首里城を接収、琉球藩を廃して沖縄県とし、藩主は華族に列して東京居住を命じ、清国の反対を押し切って琉球併合を強行した。

朝鮮をめぐる日清対立

こうした事態がつづく中で、朝鮮支配をめぐって日本と清国とは一八八〇年代に入って緊迫していくことになる。一八七六年の江華島条約により、朝鮮進出への道を開いた明治政府は、西南戦争終結後、本格的に朝鮮の開国と支配をめざす政策をとった。一八八一年には京城に公使館を設置して花房義質弁理公使を駐在させた。また宮廷に勢力をもつ王妃の閔氏一族に圧力をかけ、堀本礼造少尉を軍事顧問とし、別枝軍という日本式の新式軍隊を編成させた。これに反感を抱いた朝鮮の旧軍隊は、一八八二年（明治一五年）七月二三日に反乱を起こし、堀本少尉や閔氏一族の高官を殺害し日本公使館を襲った。花房公使は辛うじて済物浦に逃れ、イギリス船で日本に帰った（壬午軍乱）。

この事件を好機とみた山県参議らは、強硬に出兵を主張し、八月に花房公使は軍艦三隻に乗り、二個中隊の陸軍兵を率いて京城に入った。ところがこの軍乱のさい閔妃は清国に出兵を要請し、清国軍は京城に入って、反乱によって政権を握った反閔妃派の王族大院君を捕えていた。日本は朝鮮支配のためには、この清国軍の武力と対抗しなければならなかった。そこで八月三〇日、償金五〇万円の支払いと、公使館護衛のための駐兵権を認めさせる済物浦条約と、日本人居留地の拡張など日本人商人の進出をはかる日鮮修好条規続約を結んだ。しかし清国は、軍隊の駐留をつづけることを各国に通告するとともに、朝鮮政府を圧迫して一〇月に宗主権を強化する内容の商民水陸貿易章程を結んだ。

清国の朝鮮にたいする圧迫が強まり、清国と結んだ閔氏一族らの事大党の勢力が大きくなると、これに反対し、日本と結んで朝鮮の近代的改革を実行しようとする金玉均らの独立党という勢力が生まれた。一八八四年（明治一七年）一二月四日、独立党は日本の竹添進一郎公使の支援をうけてクーデターをおこした。竹添公使の率いる日本軍はこれを支援して王宮を占領した（甲申政変）。事大党は直ちに清国軍に応援を求め、出動した優勢な清国軍のために日本軍は敗退して竹添公使も済物浦に逃れた。

翌八五年、事件処理のため朝鮮へは井上馨が、清国へは伊藤博文が全権大使として派遣され、朝鮮とは日本への賠償支払などを約した善後処理条約が調印された。伊藤と北洋大臣李鴻章との日清間の交渉は難航したが、日清両軍は朝鮮から撤兵し、将来派兵する場合には互いに「行文知照」するという内容の天津条約が八五年四月に調印された。まだこの時期の日本の軍備では、大国清との戦争に訴えるだけの自信を持つことができず、朝鮮への侵略は一時停滞した。この後、日清戦争を想定した陸海軍備の整備と拡張がはかられるのである。

対清軍備の拡張

一八八二、八四年の二度に及ぶ朝鮮の事変ののち、日本は戦争に訴える軍備の自信のなさから、以後一〇年の戦争準備期間を余儀なくされた。それまでの陸軍軍備は、一八七三年の兵制による近衛および六鎮台、歩兵一四個連隊基幹の編制から、西南戦争をはさむ一〇年を経過して、歩兵二個連隊を増加しただけにすぎなかった。この兵備は、その編成においても、その配備においても、もっぱら国内の内乱鎮圧を主目標としたものであった。したがって、清国との戦争において予想される大陸における野戦の攻防には、編制の面でも適当でなく、いわんや兵力においては不足が痛感されたのである。

八二年、歩兵二八連隊、砲兵七連隊、騎兵、工兵、輜重《しちょう》兵各七大隊という一躍二倍への兵力増強を八五年以降に整備するという拡張計画をたて、(1)八五年には鎮台条例を改訂し、歩兵二連隊ずつの旅団を編成し、さらに八八年軍制改革の主要項目として鎮台を廃止して師団を編成し、七師団、歩兵一四旅団、砲兵七連隊、騎兵二大隊、工兵六大隊半、輜重兵六大隊への拡張と整備を実現したのは、もっぱら大陸作戦への準備であった。

しかし、このような軍備の増強は、対外戦争のためばかりでなく、いぜん国内にたいし、天皇制権力を維持する支柱としても要請されていた。佐賀の乱より西南戦争に至る士族の内乱を、歴

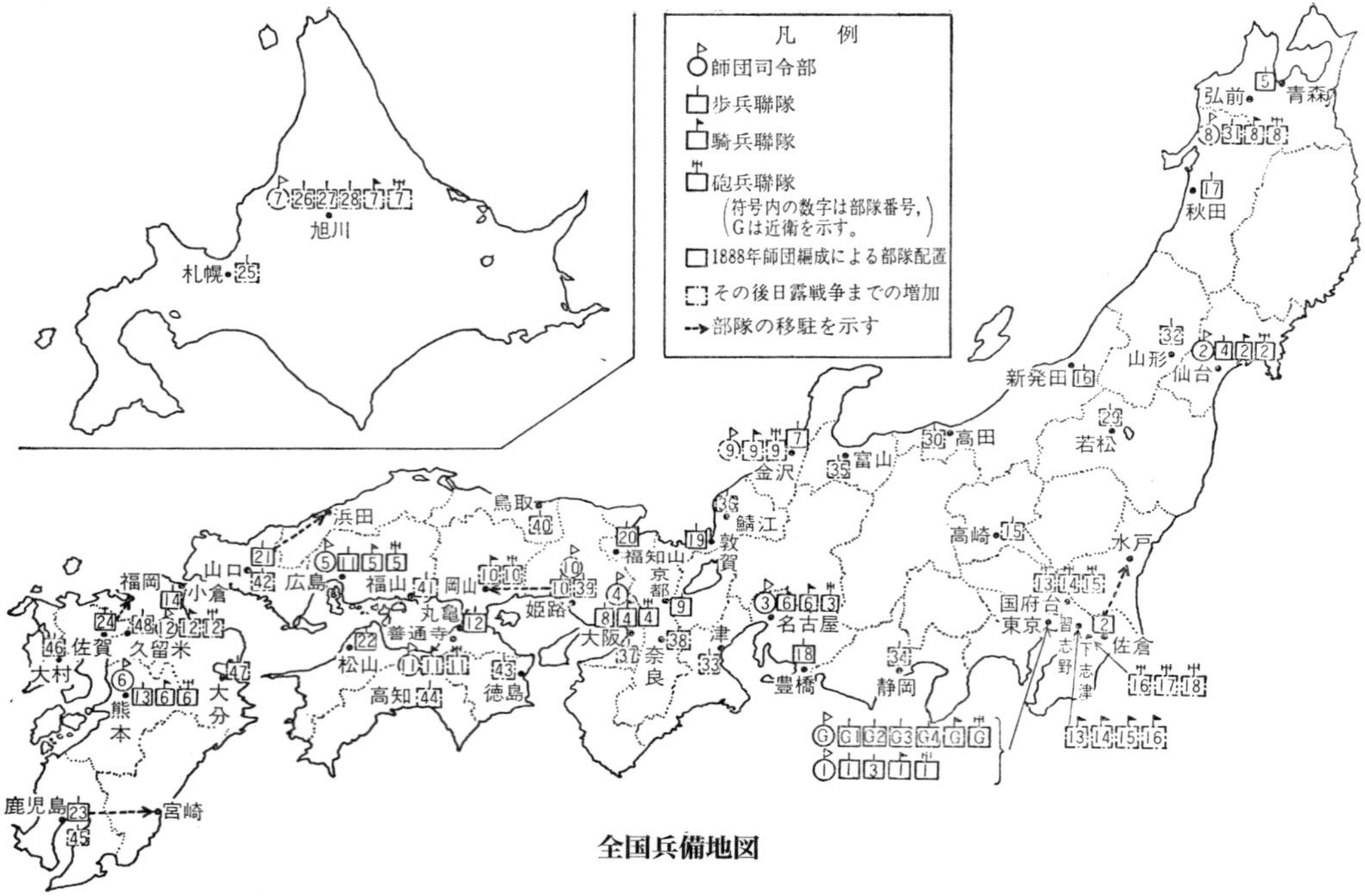
凡　例
師団司令部
歩兵聯隊
騎兵聯隊
砲兵聯隊
（符号内の数字は部隊番号，Gは近衛を示す。）
1888年師団編成による部隊配置
その後日露戦争までの増加
部隊の移駐を示す
旭川
札幌
弘前
青森
秋田
山形
仙台
新発田
若松
高田
富山
金沢
鯖江
敦賀
福知山
京都
鳥取
浜田
山口
広島
福山
岡山
姫路
大阪
奈良
津
名古屋
豊橋
静岡
高崎
水戸
国府台
東京
習志野
下志津
佐倉
丸亀
善通寺
松山
高知
徳島
福岡
小倉
佐賀
久留米
大村
熊本
大分
鹿児島
宮崎

全国兵備地図

史に逆行するものとして、満々たる自信をもって鎮圧することのできた明治政府も、自由民権運動がブルジョア民主革命への展望をもって飛躍的に発展してきたことに、大きな脅威を感ぜざるをえなかった。八一年（明治一四年）の政変以来、政府の孤立化の情勢がいよいよ深まり、弾圧は闘争を激化させた。このような情勢のもとで、天皇制は、対外的にも対内的にも、軍事力の強化のみにしか頼るものはなかったのである。

七九年以来の対外緊張状態は、この至上目的、軍備増強へのカンパニアとして最大限に利用された。参謀本部長山県有朋は、七九、八〇年にわたり、桂太郎、小川又次以下それぞれ十余名の将校を、駐在武官もしくは語学研究生の名目で清国に派遣し、その結果を『隣邦兵備略』および『支那地誌』として発行させた（『公爵山県有朋伝』中巻）。福島安正の編纂に係わる『隣邦兵備略』六冊（一八八一年陸軍文庫刊）は、清国の兵備を詳述し、近代軍隊としてまったく無価値に等しい八旗兵、緑旗兵の兵数まであげてその兵力を一〇八万一〇〇〇と数え、この大兵力と対抗するため軍備拡張の急務なることを論じたものである。山県はこれを天皇に提出し、さらにこれを公刊することによって、軍備充実論を煽りたてた。

こうした軍備拡張と対外戦備の充実とは、貧弱な国家財政への圧迫となり、国民の負担の増加となるのは明らかであったが、その点での本質的な批判は、意外にも当時は少なかった。

国権と民権の対立

明治維新以後の日本のもった最大の対外課題は、国家としての独立を達成することにあった。明治政府はもとより、その最有力な批判者である自由民権運動も、国権の確立、国家の完全独立を至上命題として掲げていたことは、すでに明らかにされている。ただ、この国家的独立を基礎づけるものが、一方は絶対主義天皇制の確立強化にありとするのにたいし、他方は国民の封建的搾取と隷属からの解放によらねばならないとする点に根本的な相違があった。福沢諭吉の有名な命題「一身独立シテ一国独立ス」(『文明論之概略』)は、そのかぎりではまさに正しく、国民個人の自由と解放と独立が、国家的独立の基礎にあることを明らかにしたものである。

しかし自由民権運動上層指導部は、国民の独立と国家的独立を切りはなし、日本の国権の確立という意識の中に、対外的膨張の観念を交錯させるという弱点をもっていた。すでにたびたび指摘されているように、民権論者の大陸問題への関心はきわめて強く、彼らは西欧列強の植民主義からの日本の解放を主張しながら、一方においては侵略主義を鼓吹するという矛盾をおかしていた。このことは、帝国主義列強のアジアにたいする攻勢の激化に対処して、競争に遅れまいとする焦慮のあらわれでもあったが、ひとつには民権論のもつ本質的な欠陥、封建的国体論から解放されず、天皇制国家の打倒すなわち国体の変革を意図することができず、明治国家の枠内で革命を抜いた改良しか要求できなかったことと関連している。このような弱点は、たちまち藩閥政府に利用されることとなった。清韓両国との緊張状態を利用し、対外危機感を煽り、国権確立のために軍備を充実するという一点によって、自由民権論者をもふくめた国論の統一がはかられたのである。軍備の充実は、民権の抑圧者である天皇制権力を強化することにほかならなかったのだが、民権論のもつ矛盾はたやすくこれに乗ぜられて、対外危機の激化とともに、国権確立のための軍備の充実を主張するに至った。

国民皆兵の基礎

以上のような事情は、国家的独立の基礎を個人の自由独立におくとした福沢諭吉においてさえも、同じであった。「日本国ニハ政府アリテ未ダ国民ナシ」として、近代的国民国家への発展を説き、封建的対外侵略主義をはげしく否定した彼においても、真の国民国家の基礎たる農民の解放に眼を向けないかぎり、その国権論が侵略主義に転化する危険をはらんでいたのである。すでに早くも八一年の『時事小言』において、欧州列強と比較して日本の兵備の過小であることを論じ、さらに八二年『兵論』を著し、山県の『隣邦兵備略』をひいて対清戦備の急務を説き、兵力の増強、兵備の改正のため「国財を集るの工夫ある可」きことを強調した。「今の日本国庫の歳入は民力を竭くしたるものに非ず、民間尚余力ありと云はざるを得ず、既に余力あらば其幾分を出して兵備の用に供し、焦眉の急を救ふは国民たる者の義務に非ずや」(『兵論』)という主張は、対清戦備の急を説く軍部への熱心な支持にほかならなかった。

このように、対外戦争、具体的には清国との戦争を目標とし、対内的要因をもこめて、巨大な軍備の整備が急がれるとき、常備軍の性格はこれに応じて変化せざるをえなかった。一九世紀初頭以降の兵器の進歩とこれにともなう戦術の変化、なかんずくアメリカ独立戦争とフランス革命戦争の経験は、周知のように戦争の性格を一変させていた。クラウゼヴィッツによって要約されたように、戦闘法においては横隊戦術から縦隊戦術、散兵戦術へ、戦略における機動を主とする会戦忌避の兵力温存主義から、主力を決戦場に集中する会戦強要主義へ、作戦目標は土地の争奪から敵兵力の殲滅へと進化したことがそれである（クラウゼヴィッツ『戦争論』）。このような戦術の変化の基礎には、絶対君主の養う少数精鋭の傭兵常備軍隊から、国民皆兵の大衆軍への発展があった。この国民軍による圧倒殲滅戦方式は、戦時における兵力を一躍膨大なものとし、とうていこの兵力を平時から養うことは不可能で、従来の常備軍はそれ自体として戦時の兵力となるのではなく、戦時に動員される国民的規模での大軍の基幹としての性格を備えるようになった。普仏戦争以後顕著になったこの方式に、日本の陸軍も適応せねばならなかったのである。

明治維新以後の新軍隊の建設は、一八七三年徴兵令の実施を中心とする新兵制の樹立によって、一応、右のような外形をとろうとしたものであった。しかしこの新兵制は、前章で述べたように、内容実質において、とうてい国民軍としての実質をもつようなものではなかった。本来、国民軍とは、ブルジョア民主革命を闘いとった国家において、徹底した国民皆兵義務の基礎のうえに、国民総武装の形態として、はじめて成立しうるものであった。新しい戦法は、絶対主義常備軍に求めることのできない、このような国民軍にのみ期待しうる、祖国と自由を擁護する兵士の自主的な熱情を基礎にして成立したものである。戦場における逃亡防止のため、監視の容易な密集隊形をもってした横隊戦術から、兵士個人の自主的な判断と戦闘努力にまたねばならない散兵戦術への発展は、このような兵士の自覚によってのみ可能であった。したがって国民軍の基礎は、革命によって解放された、自由な農民にしか求めることができない。

徴兵制の矛盾

しかもその徴兵制そのものが、近代的国民皆兵義務に裏付けられたものでは全然なかった。(2) 前述したように、最初の徴兵令は、皆兵を有名無実化するにひとしい広範な免役制を認めていた。すなわち、身長五尺一寸未満の者、不具廃疾者をはじめ、官公吏、海陸軍生徒、官公立専門学校生徒、洋行中の者、医科獣医科学生、戸主、嗣子および承祖の孫、独子独孫、父兄に代わり家を治むる者、養子、徴兵在役中の者の兄弟、徒刑以上の罪科ある者、代人料二七〇円上納者などを兵役から免除している。これによって、官公吏およびその候補者たる特権支配層はことごとく免除となり、また代人料を納めうる地主ブルジョアの子弟も除かれ、さらに戸主、独子独孫等の免除によって、この徴兵が被支配階級の二、三男のみが負うべき、まったくの封建的賦役であることを明らかにしていた。まさにそれは「全国ノ丁壮ヲ募リ、軍団ヲ設ケ」た「本邦古昔ノ制」(『徴兵に関する詔勅』)の復活にほかならなかった。

そのうえ服役の区分は、常備軍三年、常備軍を終わった者の服する第一後備軍二年、第一後備を終わった者の服する第二後備軍二年の計七カ年と、その他の適齢者の服する有名無実の国民軍とであり、実際には適格者中抽選により常備軍に編入された者のみが兵役を負担した。七五年の規定で全陸軍の各種常備兵一年の徴集人員は、「合計壱万〇四百八十人」、他に補充徴員「四千二百六十四人」(山県有朋『陸軍省沿革史』)となっていたから、実際に兵役を負担した者は、毎年適齢壮丁約三〇万の、わずか三パーセント強にしかならなかった。

国民的軍隊の内実

国民皆兵義務の実質がまったく欠如し、適齢壮丁のわずか三パーセントにすぎない常備兵しか徴集せず、後備兵はその常備兵経験者だけにかぎられ、その他の大多数の国民が実際上兵役を免れていることは、戦時動員能力を底の浅いものとしていた。兵士の動員力のないこととともに、問題なのは幹部であった。上層階級や上級学校生徒をことごとく兵役から除外したことは、職業軍人以外に予備役将校を貯える道を閉ざし、常備兵力以上の増強を不可能にしていた。こうした事情が、たとえ徴兵令実施後日なお浅かったとはいえ、西南戦争にさいして常備の鎮台兵以外の動員が不可能で、兵力の不足に悩み、新軍建設の方向に逆行して士族を徴募せざるをえなくしたのである。七九年の徴兵令一部改正も、免役の内容を細別しただけで、本質的にはこのような事情を変化させなかった。したがって、この時期までの天皇制軍隊は、一応、徴兵令にもとづいて国民的軍隊の外見をとりながらも、この実質は一時代前の絶対君主の常備軍システムにほかならず、傭兵に代えて封建的賦役による徴兵をあてていたにすぎなかったといえよう。

対外戦争が日程に上り、大陸の大戦場において、たとえ近代軍以前の烏合の衆にすぎないとはいえ、一〇〇万と称せられた清国軍に戦争をいどもうとするとき、このような性格の常備軍をもってしては、とうてい近代戦争を遂行しえないことは明らかであった。六鎮台の平時総員三万一四四〇人、ほかに近衛兵三三二八人の常備軍は、第一後備軍を動員する戦時総兵力においても、四万六〇五〇人にすぎなかった（陸軍省「軍制綱領」『明治文化全集』軍事交通篇）。八二年、前述のように一躍二倍への常備兵力増強計画がたてられ、八四年以後実施の段階に入っていたが、兵役制度の改革をともなわないたんなる常備軍の増強によっては、戦時の大軍を期待しうべくもなかった。かくて、常備軍本位の兵制から、戦時動員兵力の大を期する国民軍への兵制の改革は不可避となった。

こうして常備軍から国民軍へ、すなわち専門的軍隊から国民的軍隊への拡大が迫られているとき、日本軍部が範をとろうとしたヨーロッパには、兵制改革における二つの先例が存在していた。すなわちプロシアとフランスが、一八六〇年代に戦争をひかえて行った兵制改革がそれである。ナポレオン戦争以後のヨーロッパ諸国においては、一九世紀はじめからの反革命の成長とともに、戦争と軍事技術に一大革新をもたらした国民軍の観念は、しだいに背景におしやられていた。フランスの国民軍、プロシアでナポレオンに抵抗してグナイゼナウが組織した国民軍は、その革命的性質のゆえに反革命の勝利とともに廃棄され、各国の軍隊は、階級抑圧の具として、国家権力の武器としての軍隊本来の性格をあらわにしていた。本来の国民軍としての性格は、スイスやアメリカの服役期間をもつ民兵制度として姿をとどめているにすぎず、ヨーロッパ列強の常備軍は、国民の軍隊から再び国家の軍隊にたちかえっていた。しかし戦争の規模の拡大、軍隊の兵数の増大、戦術と戦法の変化は、この国家の軍隊にも、国民皆兵の一応の原則、常備軍以上の戦時兵力の動員などの国民軍的性格を付与せざるをえなくしていた。普仏戦争を前にして、両国の国民皆兵義務復活あるいは強化の方向への改革は、この方向への二つの対照的立場、短期現役予備兵制度と、長期現役幹部制度の、それぞれの典型であった。

フランスとプロシアの兵制

改革前のフランス常備軍は、募兵による七年の長期現役制で、予備も後備ももたないものであった。プロシアの軍備の脅威から、六八年以降陸相ニエルによって行われた改革は、全国民の皆兵義務を定め、適齢人口のうち八万人を抽選によって採用し、五年の現役、四年の予備役、計九年の義務を負わせ、抽選もれの者を遊動軍として五年間にわたって年一回二週間の軍事教育を行うものであった。この場合、長い服役期間によって軍事技術に習熟した現役兵は、戦時における幹部となり、戦闘部隊の中核となろうとするもので、このような幹部制度は、戦時動員兵力の貯水池としての大遊動軍、すなわち武装の訓練をうけた国民の存在を前提としている。改革直後におこった普仏戦争では、予備兵も遊動軍もほとんど整備されていないため、開戦直後は常備軍だけの戦闘となり、プロシア軍の一撃で粉砕された。しかしナポレオン三世降伏後に、国民の自主的な武装を基礎にして編成されたロアール軍やパリ軍は、常備軍をはるかにしのぐ頑強な抗戦をつづけ、フランス革命以来の国民軍の伝統を守ったのであった。

これに反し改革前のプロシア陸軍には、形式だけながら一八一五年以来の国民皆兵義務の原則が存在していた。兵役は三年の現役、二年の予備役、四年の後備役、および四〇歳以下の全国民が属する国民後備役に分かれ、現役として徴集された者は、現役終了後二年間予備兵、四年間後備兵として再び召集される義務があった。戦時兵力は現役兵と予備兵とを主体として編成した。実際現役兵として徴集された者は、一八六一年度において適齢人口五六万五八〇二人のうち五万九四五九人、すなわち一〇パーセント強であった（エンゲルス『プロシア軍事問題と労働者党』）。すなわち国民皆兵とはいうものの、実際には適齢人口の一割だけが九年間の兵役義務を負担していたのである。

一八六〇年以来、陸相ローン、参謀総長モルトケによって、議会の反対と闘いながら推進された兵制改革は、現役二年、予備役四年、後備役五年とし、国民後備役を廃止することが主要点であった。これは現役年限を減らす代わりに、徴集人員を増やし、戦時動員兵力二一万五〇〇〇を四五万に増やそうとするもので、徴集人員の増加は、たしかに国民皆兵への一歩前進であった。しかし現役として徴集された者だけが、予備役軍を通じて一一年の兵役を負担するという不平等は改善されず、一方、国民予備兵役の廃止は、形式にすぎなかったとはいえ国民軍からの後退であった。すなわちこの改革は、既教育の予備兵を増やして戦時兵力の増大をはかるとともに、軍事教育をその部分にかぎり、その他の大部分の国民に武装の機会を与えることを極力避けようとする、絶対主義の希望のあらわれであった。

プロシア式兵制への転換

同様の事情で改革に迫られた日本陸軍は、ためらうことなくプロシア兵制改革の例にならったのである。前述のように維新後明治政府は、その陸軍をフランス式兵制で建設していた。フランス式がとられたのは、もっぱら旧幕陸軍がフランス式であったという技術的条件によるもので、本質的な理由からではなかった。しかし、その後陸軍教師として雇い入れたボルタン、ブーヒェー、マルクリー、ミュニェーらのフランス将校の指導で、陸軍の編制、戦術、訓練などはことごとくフランスにならって整備されていった。一八七三年最初の歩兵操典は、一八六九年のフランス操典を模したものであり、七七年に改正発布された操典は、普仏戦争の結果改正された七四年のフランス操典の模倣であった。

しかし地主を基礎とし、賦役的性格の徴兵で構成しなければならなかった天皇制軍隊が、小農民（クライネ・バウエルン）を基礎とし、革命の経験と国民軍の伝統をもったフランス陸軍の兵制に準拠することは大きな矛盾であった。この矛盾が、兵制の外観はことごとくフランスの直訳としながらも、その基礎である兵役制度において、長期現役幹部制度をそのまま輸入することができず、フランスとプロシアの折衷である三年現役の常備軍制度をとらせたのである。したがって内容と形式のこのような矛盾は、八〇年ごろからすでに徐々にフランス式兵制からの離脱の気運を醸成していた。

プロシア式兵制への転換が、比較的容易に決意されたことのひとつの根拠に、天皇制政府のプロシア軍国主義にたいしてもった親近感があった。明治維新直後においては、近代国家の急速な形成の必要にかられて、制度のうえでも思想のうえでも、文明開化のスローガンに代表される啓蒙思潮の先頭に立ったものは、ほかならぬ明治政府自身であり、これにたいし復古的封建的思潮を反政府的立場が代表していた。しかし、西南戦争を最後として反動的立場からの反政府運動が衰え、自由民権運動が新たな強敵として登場してくると、このような関係はまったく逆転して、いまや明治政府が復古的反動的思想の鼓吹者として、自由民権運動に対抗するようになった。しかし一方では、日本を急速に資本主義国家として育成するという必要があり、条約改正を控えて制度上も思想上もある程度の近代化のみせかけが要求されているとき、たんなる復古主義や封建的伝統の鼓吹だけでは不十分であった。

このとき彼らは、ヨーロッパにおける反動を代表するプロシア絶対主義に、絶好の思想的理論的よりどころを見いだしたのである。明治一〇年代に入ってからの政府留学生が、いっせいにプロシアをめざして派遣され、兵制に先だって政府では真剣にプロシア憲法が範例として学ばれているなど、その親近関係はおおうべくもなかった。桂太郎、川上操六、田村怡与造、福島安正など、兵制改革の主役を演ずる将校は、ことごとくこの時期のプロシア留学生であった。さらにこの改革にたいして、プロシア陸軍の影響を強めたものに、八五年三月、陸軍省が招いたプロシア陸軍少佐メッケルの役割があった。彼は新設の陸軍大学校御雇教師として着任したにすぎなかったが、着任前すでに本国で軍事理論家としてあらわれ、先任のフランス人教師をはるかにしのぐ知識と手腕をもっていたため、陸軍全般にわたる最高顧問の権威をもち、兵制改革の実質上の指導者となったのである。同年五月、プロシアより帰国したばかりの桂太郎と川上操六が、ともに異例の抜擢で桂は陸軍省総務局長（のち陸軍次官）、川上は参謀本部次長に就任し、改革の実際を担当することとなって、プロシア式兵制への決定的な転換が行われることとなった。

（1）拡張計画の詳細は、『秘書類纂兵政関係資料』にある。

（2）松下芳男『徴兵令制定史』、同『徴兵令制定の前後』、大石慎三郎「徴兵制と家」（『歴史学研究』一九四）は、いずれも制定当初の徴兵令の有名無実を論証している。

二　徴兵令の改正

改正の必然性

兵制改革を必然ならしめた要因が、前述のように専門的軍隊から国民的軍隊への拡大の要求である以上、改革は当然徴兵制度に及ばねばならなかった。一八七三年発布の徴兵令のもつ矛盾は、血税一揆や徴兵忌避などの人民の反抗や、西南戦争で暴露した動員能力の欠如によってすでに明らかであり、七九年、八三年の二回にわたってその改正が行われていた。しかし、全面的な兵制改革の一環、かつその基礎として、メッケルのせつなる慫慂によって本格的なその改正が行われたのは、八九年一月であった。改正の主要点は、種々の免役規定、代人制度の全廃、官立中等学校以上の在学生の徴集延期、中等学校以上卒業者の一年志願兵制、師範学校卒業者の六カ月短期現役制などにあり、服役区分は八三年の改正にしたがって、現役三年、予備役四年（現役終了後）、後備役五年（予備役終了後）とした。

この改正の第一の主眼は、国民皆兵の原則を強調することにあった。従来の大幅な免役規定と代人制は、前述のように徴兵の階級性を露骨にあらわし、それが封建的賦役にひとしいことを示していた。建軍以来、絶え間なく軍部を悩ませてきた人民の徴兵にたいする反抗は、兵役の階級性にたいする闘いであった。もっぱら兵士個人の自発的意志と能力に依拠した戦闘方式をとろうとする近代軍において、自覚せる兵士を得ることは最大の要求である。兵士の自覚を喚起しようとして、兵役が国民の平等に負うべき義務であることを強調するためには、支配階級のある程度の犠牲は必要であった。「富貴ナルモノハ其富貴ナルガ為メニ之ヲ免カルルヲ得ザラシメ」(海陸両大臣の兵役令説明書の要点。「兵役令ニ関スル意見書」『秘書類纂兵政関係資料』)ることは、天皇制軍隊に国民軍的擬制をもたせるために、避けられないことだったのである。「一般ノ服役ハ上等社会ノ子弟ヲシテ平等ニ兵卒ト相伍セシメ、兵卒ノ品位ヲ高ムル大ニシテ実ニ重要ノ事タリ、兵卒ノ意念モ為メニ自卑ヨリ高雅ニ移リ、欣々上命ニ服行スルニ至ルベク、下等人民ノ兵役ヲ嫌悪スルノ念モ亦減少スベク、上等社会モ亦其子弟ノ一回ハ兵卒ト為ラザル可ラザルヲ以テ、之ヲ軽視スルナキニ至ルベク」(メッケル「一般ノ服役ヲ日本ニ採用スルノ必要」『秘書類纂兵政関係資料』)というのが、この改正にかけた軍部の期待であった。

第二のねらいは、戦時兵力増加のため、予備役幹部の養成をはかることにあった。それまでの兵制でも予備兵、後備兵の制度はあったが、予備兵を召集してもこれを指揮する幹部が全然養成されていないため、実際問題としてはこの制度は死文となり、戦時の大動員は不可能であった。一八三年の改正で一年志願兵制度ができたが、該当者は免役制や猶予制にかくれて、志願する者はほとんどなかった。そこで「適任ノ予備将校ハ学識アル壮年ト、官吏トナレル壮年ニアラザレバ得ベカラズ。自余ノ身分ノ者ハ所要ノ教育ヲ欠キ、又ハ司令ニ不適任ノ習慣風俗アリ。然ルニ今ハ学生ト官吏トハ平時兵役ヲ免除セラルルノ制規ナルヲ以テ、此特典ヲ廃シ、真正ノ一般服役法ヲ実行スルハ寔ニ切要ト云ベシ」(メッケル、前掲書)という見地から、免役制廃止の措置がとられたのである。一年志願兵制による予備将校の養成は、このように戦時動員兵力の確保のためであったが、一方では平時編制部隊の拡張の意義もあった。多数の予備将校を有していることは、現役将校の部隊における平時定員を節約することができる。これによって節約された現役将校は、他の増設新設の部隊へ回すことが可能となる。つまり平時戦時を通じての飛躍的な軍備拡張が、これによってはじめて期せられたわけである。そしてこの制度採用の一つの根拠は、八六年の教育改革によって中等学校において体操科(兵式体操)が正科となっていることにある。

国民への拡大

さらにこの改正は、たんに予備役幹部養成だけでなく、それ以上に、軍部のイデオロギーを強制的に国民の中におし拡げようとする目的をもっていた。兵器の進歩と戦争技術の高度化は、兵士の知識水準にも相当の高さを要求する。ことに専門的軍隊から国民的軍隊への拡大は、その前提として、国民教育の普及が必須の条件である。明治政府の義務教育実施への異常な熱意が、もっぱらこの軍事的目的に出たものであることはいうまでもない。しかし教育の普及は、一方では合理的批判的精神を国民の中に育てることもまた事実である。したがって国民的軍隊への拡大の努力は、階級抑圧の武器としての天皇制軍隊本来の性格と矛盾せざるをえなくなる。

この矛盾を緩和しようとする一つの努力が、六カ月短期現役制などの措置であった。この制度によって、師範学校卒業者は体格劣弱者以外はかならず六カ月の短期現役兵として入営させ、そのかわり除隊後はいっさい兵役から免除されるという特例を設けた。したがってこれは、軍隊自身のための幹部養成制度とは全然関係がない。その目的は、小学校教師にかならず軍事教育を受けさせるとともに、以後の兵役における特典を与えることによってその矜恃を高め、彼らを軍部イデオロギーの国民への媒介者として育成し、学校教育における軍国精神の鼓吹者たらしめようとしたものであったことはいうまでもない。

同じことは、中等学校以上卒業者の一年志願兵制においても見られる。これは、前述のように幹部養成制度ではあったが、有資格者が満二〇歳に達する前に志願させ、志願した者にかぎり二六歳までの入営延期を認め、一年の在営期間で特別の待遇を与えて予備将校に任官させるというきわめて有利な条件であり、志願しなければ三年の一般現役に徴集するという危険を一方でひらめかせ、幹部としての必要数を上回る有資格者の大部分を志願させることをはかっていた。これも、ともかくも志願制であることと、その特殊待遇とによって軍隊の身分秩序内における特権的意識をうえつけ、将来彼らが官吏などの国民中における指導的地位についたときに、軍部イデオロギーを国民の間に拡大する役割を演じさせるためであった。この制度の立案者自身が、軍隊自身のための幹部養成以外に、「又此軍務年月ハ本人将来ノ業務ノ為メ決シテ水泡ニ属スルモノニアラズシテ、身体上及ビ精神上ニモ利益スル所アリ。他日官吏ト為ル者特ニ政務官外交官警察官等ト為ル者ニハ益スル所尠カラズ」（メッケル、前掲書）という目的を明らかにしている。

国民皆兵の実態

ところで、この兵役制度の改正が、国民皆兵義務を名目としてかかげ、いちおう兵役の平等を原則としたことは、従来の兵制にくらべてたしかに進歩であった。完全な国民皆兵義務、すなわち兵役に堪えうる年齢と、祖国防衛のために武器をとりうる体力をもつ国民は、すべて兵役義務があるという思想は、きわめて民主的な、従来のいっさいの募兵制度に対立する概念である。しかしながら、この兵役制度の実際は、皆兵の原則がきわめて不完全にしか実施されず、むしろ国民皆兵は、天皇制軍隊の封建的賦役をカモフラージュする名目とされたにすぎない状態であった。八三年および八九年の徴兵令改正で、いちおう免役、猶予制を廃して皆兵の外形をととのえ、実際の徴集人員も、軍備拡張計画の進展とともに徐々に増加しつつあったが、徴集人員増加率が人口増加率をわずかに上回る程度で、徴兵実施直後の徴集率三パーセントから急速な

第３表　徴兵実施状況（１８８９年）

	人　数
２０歳に達した適齢者	309,234
前年から引き継がれた者	50,664
志　願　者	459
合　計	360,357
類　別	
陸海軍現役	18,782（5.2％）
陸海軍予備役	74,561（20.7％）
徴集猶予	17,826（5.0％）
免役（疾病その他）	211,256（58.6％）
逃亡不参	35,940（9.9％）
その他	1,992（0.6％）
合　計	360,357（100％）

陸軍省『陸軍省第三回統計年報』による

増大を見せてはいなかった。八九年度の徴兵実施の状況を表に示すと第3表のようになる。

すなわち、実際に現役として兵役の義務を負担する者は、適齢人口三六万〇三五七人のうちわずか一万八七八二人、五パーセントにしかならないことがわかる。この五パーセントが、三年間を現役兵として兵営に送り、そののちも四年間の予備役、五年間の後備役の期間、いつでも召集に応じる義務を負っていた。戦時の動員においても、現役と既教育の予備兵、つまり五パーセント以内の一部の国民だけが、兵士となったのである。現役として徴集されないで、ただちに予備役に編入された七万四五六一人は、形式的には義務を負うが、実際には戦時動員においても、第一次には召集されないのであるから、肉体的には兵役に堪えうる体力をもちながら、実質的には兵役を免れる幸運をになった者である。これにくらべると、はじめの五パーセントの現役として徴集された者は、一二年という長い義務を、彼らだけで負担しなければならない不運なくじをひいたことになる。二〇歳代のもっとも貴重な三年間を兵営に過ごし、その後も九年間にわたって召集におびえ、しかもなんらの保障も特典もなく、ただ国民皆兵という美名でこれを忍ばねばならないとすれば、この不平等はあまりにも大きかったといえよう。

これにたいし、適齢人口の過半数をはるかに上回る二一万二二五六人（五八パーセント）は、肉体上その他なんらかの欠陥があるものと認められて、生涯兵役を免除された。つまり、この表からだけでみると、日本国民の過半数は、兵役に適しない肉体的欠陥があるか、虚弱者であったということになる。しかし兵役が、大部分の国民に堪えられないほどの苛酷な肉体的労働であったろうか。大部分の国民が日常しいられていた農奴的農業労働や、一日一二時間を超える奴隷的工場労働は、労働のはげしさや量において、兵役をはるかに上回る肉体的労働であった。とすれば、このことは、国民皆兵義務の外観を保持するために、最適の壮丁を希望の数だけ抜き出し、残りの者になんらかの口実をつけて不合格という烙印を押したことと考えられないだろうか。

兵役忌避

さらに重大な事実は、適齢壮丁のほぼ一割に達する三万五九四〇人が、逃亡または不参として徴兵検査に姿を見せなかったことである。この三万五九四〇人の内訳は、逃亡失踪者三万五六六七人、「故ナク検査ヲ受ケサル者」二五九人、事故不参者一四人（陸軍省『陸軍省第三回統計年報』）で、そのほとんどが意識的に徴兵を避けるための逃亡失踪であった。明治初年以来、天皇制政府が非常な努力を傾けてきた戸籍の整備と警察網の充実は、徴兵の完璧を期して国民を国家による統制の網目から逸しないためであった。しかも、なおかつ適齢人口の一割に達する行方不明者が出ているということ、そしてこの逃亡者は、八〇年代以降、戸籍と警察の網が整備するのに逆比例して、一万人台から三万人台へ、五パーセントから一〇パーセントへ、年々その数が増えてきていることは、徴兵が、つまり現役兵にとられることが、いかに国民にとって重大な苦痛であったかを物語っている。以上の事実は、徴兵制度否定論の有力な根拠になっていた。「現今徴兵ノ景状ヲ視察スルニ、壮丁ノ概数四十万ニシテ、内現行法ニ依テ徴集ヲ猶予スベキ人員凡ソ十二万人、不合格者凡八万人ヲ控除シ、残員凡二十万人中ヨリ僅ニ凡二万人ヲ現役ニ服セシムルモノニシテ」、「凡二十七八万ノ本人ハ勿論其親属朋友ニ至ルマデ幾百万ノ人民ヲシテ二十個年間懸慮煩悶セシメタルノ効果ハ、僅カ二万人ヲ現役ニ服セシムルニ外ナラズ」。「若シ全国ノ壮丁四十万ヲシテ悉ク兵役ニ服セシムルヲ得テ、之ヲ実行スルコト数十年ニ至テハ、或ハ昔日ノ士族ガ兵役ニ服セザルヲ以テ恥辱トナセルガ如キ風ヲ養フテ得ベシト雖ドモ、今日ノ如ク僅ニ壮丁ノ二十分一ヲ現役ニ徴スルガ如キ景状ニアツテハ到底兵役ニ服スルヲ以テ一般ノ気風ト為スヲ得ザルベシ」（真中真道「兵役令ニ関スル意見書」『秘書類纂兵政関係資料』）というのは、まさに徴兵制度の欠陥をついているのである。

こうした事実は、国民皆兵という名目がいかに空文化しているかを示している。真の国民皆兵は、国民の総武装を前提とする国民軍によってのみ実現できる。それは全国民が国民の資格において武装の機会と訓練をうけ、戦時動員兵力の貯水池となる民兵制度によってのみ実現可能である。戦争技術の高度化は、そのうち一定部分を兵営に収容して日常的訓練を受けさせることを必要としたが、それはあくまで広範な民兵の存在を前提としたものである。しかし軍隊を国民抑圧の武器として保持している天皇制にとって、国民に武装を与えることは最大の矛盾であった。徴兵制度は、天皇制軍隊が必要とする数の兵士を、国民の中から抽出する手段として採用されたにすぎなかった。しかし、天皇制が対外戦争を必要とし、戦争の進化が軍隊に国民軍的規模を要請するとき、天皇制はやむなく国民皆兵の外観をかかげて、国民の軍事訓練は必要最小限にとどめながら、より多くの兵士を確保しようとする。しかしこうした方向は、いかに努力しても天皇制軍隊本来の性格と矛盾する国民的要素のはいることを避けがたくする。この改正によって、日本ではじめて徴兵制度が採用されたといっても過言でないが、それすら本来的な矛盾を避けられなかったのである。

三　一八八六〜八九年の兵制改革

兵制改革の背景

一方では対外戦争準備のための軍備拡張の必要、他方では大衆軍創設のための徴兵制の本格化は、それにともなう兵制全般の改革を不可避にした。しかも徴兵令の改正によっても、国民を抑圧するための軍隊が、その国民を兵士として徴集し構成しなければならないという根本的な矛盾は、解決されなかった。前述のように、国民皆兵義務への一歩前進も、本来解放された自由な農民を社会的基礎としてはじめて成立しうる国民皆兵制度を、封建的土地所有制のもとで施行しようとするかぎり、矛盾をいっそう激烈にするだけのものであった。兵制改革も、天皇制軍隊本来の性格、国内民主革命抑圧の武器として、天皇制維持の支柱としての本質を変えなかった。軍隊の社会的基礎はいぜんとして地主にあった。

『陸軍省統計年報』によって毎年の在職武官の族籍別をみると、七〇年代には華士族は平民出身者の四~五倍に及ぶ圧倒的多数を占め、改革後もいぜん過半数を占めている。両者がほぼ平均するのは、じつに一九一〇年代であり、二〇年代でようやく比率は逆転して二対三となる。このような階級的本質は、何よりも将校自身によって自覚されていた。「将校は国家の干城、軍隊の根幹にして畏くも天皇を大元帥と仰ぎ奉り既に誓詞を献じて其身を致し以て陛下の爪牙となり、上は皇室を藩屛し下は国民を保障するの責に任ずる者なり」（寺内正毅「将校の地位」『元帥寺内伯爵伝』）と、文字どおり「天皇の爪牙」として、階級抑圧の武器となる本質は、改革後の士官学校教育においてもその校長寺内によって強調されていた。このような軍隊の本質に変わりがないかぎり、矛盾は解決できるはずがない。それは農民の解放、国民国家の形成によって、はじめて解決しうるものであり、天皇制にとって期待することのできない方向であった。しかしこの矛盾が天皇制軍隊にとって致命的である以上、天皇制の改革なしに、土地革命なしに、なんとかこの矛盾を緩和しようとする努力も、あらゆる面にわたって行われた。兵役制度改正に付随してこの時期に兵制に関する諸改革があいついで行われるが、それはすべてこうした意図を含むものであった。

憲兵と軍紀

第一にそれは、憲兵の強化による軍隊の任務の分業化となってあらわれた。自由民権運動の激化した段階において、軍隊はその本来の任務たる革命鎮圧のため、至る所に出動した。このような民衆と軍隊の日常的な衝突が、軍隊の階級的性格を国民の前に暴露するのは当然である。「皇室の爪牙」は軍隊を形容する一般的な表現となり、「身政府をたてて之を維持するには兵力莫る可らず。即ち国に海陸軍を設けて内乱に備る由縁なり」（福沢諭吉『兵論』）というのが、軍隊に対する常識的な理解であった。対外戦争に備えて国民の中から多数の兵士を徴発し、これに国民軍的擬制を与えるためには、なしうるかぎりこのような軍隊の本質を隠蔽しなければならなかった。このため、日常的な国内の弾圧からはなるべく手を引き、その任務を憲兵警察に譲って、常備軍はその配置を濃密にすることにとどめた。

改革によって二倍に拡張された常備軍は、歩兵二八個連隊を全国主要都市に配置したほかに、歩兵大隊ごとの分屯地を設け、あまねく全国府県に駐屯部隊を置いた。そして八八年制定された衛戍《えいじゅ》条例によって、この駐屯部隊は全国を衛戍地域に分かって分担区分を定め、応急の出動に備えた。この配置は、対外戦争、国防のための顧慮ではなく、一目して明らかなように、国内の革命に備えるためのものであった。そして、この衛戍部隊の無言の威圧を背景に、憲兵と警察が直接の弾圧担当者として、急速に強化されたのである。警察は集兵警察から散兵警察制に移って、全国津々浦々の町村にあまねく駐在所を設置し、日常的な弾圧体制がこの時期に整備された。これとともに、八一年創設された憲兵が大規模に拡張された。兵制改革にともなって憲兵は、全国三〇分隊一五〇伍に増強され、ことに都市を重点として東京府下だけでも四八カ所に屯所を設けた（田崎治久『日本之憲兵』）。このような憲兵の強化は、軍隊がその目的である対外戦争と革命鎮圧を分業化し、国内に備える任務はいちおう憲兵警察に任せ、軍隊は不時に備えるにとどめて、その階級的本質を隠蔽しようとした努力のあらわれである。

第二にそれは、軍隊内部における軍紀確立の努力となってあらわれた。すでにこれより先、七八年山県有朋の「軍人訓誡」、八二年の「軍人勅諭」に示された軍紀確立への方向は、天皇制軍隊と徴兵制度との矛盾を、ただ兵士の抑圧と奴隷化によってのみ解決しようとする軍当局の必死の対策であった。兵役制度の改正により兵士の給源がより広く国民の間に拡大したことは、岩倉具視の「兵卒軍士ト雖モ焉ンゾ心ヲ離シ戈ヲ倒マニセザルヲ保センヤ」（『岩倉公実記』下巻）という恐怖を、いっそうつのらせるものであった。このための対策として、封建的身分イデオロギーを復活強化し、軍隊内における身分秩序を強調すること、兵士の自主性をいっさい奪い、その言論思想の自由を剝奪し、憲兵の強化を中心とする隊内にたいする弾圧網の整備によって奴隷化すること、の二点が集中的に行われた。

なかでも、封建的士族的身分秩序は、近代的軍事技術の輸入に逆比例して、復活強調された。「夫れ人類の相集りて社会を成すや固より智愚、賢不肖、勇怯、老壮、親疎の斉しからざるなき能はざるときは則ち従て上下尊卑の等差あるを免れず」（寺内正毅「曲礼一斑」『元帥寺内伯爵伝』）

といった身分的秩序中心の封建的倫理道徳思想が、軍隊教育において意識的に鼓吹された。将校が圧倒的に士族出身者から成り立っていることは前述のとおりだったが、八四年華族令が制定され、公侯伯子男五〇八家が授爵されるとともに、華族男子は皇室の藩屏としてすべて武官たるべきことが大いに奨励され、翌八五年には一挙に二三名の華族の子弟が学習院から陸軍士官学校に転入した（この数は士官学校生徒一期あたり一八〇名の一二パーセントに及ぶ）。これら華士族は、特権的待遇を与えられるとともに、軍隊内における身分観念の支柱となった。八七年「陸軍礼式」が制定され、これを基礎に、封建的身分イデオロギーは全軍に強調された。またとくにこの改革のさい、封建的なユンカーの伝統をそのまま軍隊内にもちこみ、鞏固な階級的誇りと身分観念とを特色としたプロシア将校団のイデオロギーに学び、八九年「陸軍将校団教育令」を制定して、将校の特権的意識の強化をはかったことは、この傾向をいっそう助長したのである。

軍隊内務の強化

兵士の自主性を奪うことには、もっとも多くの努力がはらわれた。プロシア式戦法への転換は、訓練、内務にまで及び、八八年「軍隊内務書」が制定され、「内務ハ軍紀ノ根源」として、峻厳な内務が強調されるに至り、兵士のあらゆる自主性、個性を抹殺し、「唯々諾々トシテ命令ニ服従シ」、戦う機械となるべき兵士を養成することに全力があげられた。いわゆる私的制裁、私刑としての体罰は公認され、エンゲルスが「イギリスの軍隊——兵士の懲罰」で指摘した列間笞刑をはるかにしのぐ、さまざまな残酷な体罰の方法が考案されていたことは周知のとおりである。

内務の強調は、プロシア軍隊において、「古来独逸軍が所謂内務を熱心に実行せるは、是全く兵卒の理解力に応じたる方法に依り、義務の観念を涵養せんとする精神的目的を有するに因るものとす。此の細事を忠実に実行することは啻に軍事的教育の用を為すのみならず、軈て又人間としての修養にも推し及すべきものなり。即ち之に依りて清廉、規律、正確、注意、正直、信実等の徳性を助長し、且夫に依って軍紀の養成に資すべきものなり」(元帥フォン・デル・ゴルツ『国民皆兵論』)とされていたように、兵営内の日常の起居の間における些事までも規整し、いっさいの個人的生活を許さず、規定に合致し命令に服従することを習慣化し、兵士を軍隊という機械の中の一部品たらしめようとするものであった。

また内務の強化と併行して、反抗を組織的に抑圧するため、従来東京にだけ設けられていた憲兵を、前述のように全国的に強化した。憲兵の任務は、民衆にたいする弾圧と同時に、日常的な兵士の監視、取り締りにあった。さらに戦時において、このようにして自主性を奪い去った兵士を、散兵戦術による戦闘に堪えさせるためにも、憲兵は必要であった。八五年制定された「戦時憲兵服務規則」は、戦時における憲兵の任務を、「専ラ戦線ニ配列スル兵隊ノ後方及ヒ隊長眼力ノ及ハサル所ニ注意スヘキモノトス」(田崎治久『日本之憲兵』)と謳って、中国封建軍閥の督戦隊にひとしいことを明らかにしている。

しかしこのような兵士にたいする抑圧だけで、この矛盾を緩和できるものではない。向上した軍事技術が必要とする知識水準を、兵士に与えるための国民教育の普及は、逆に国民の自覚を高め、兵士に軍隊の本質についての疑問をもたせることとなる。さらに平時に社会的経験なしで適齢に入営する壮丁はともかくとして、戦時に召集すべき予後備兵は、すでに多少とも社会の矛盾を身をもって体験して来た者となる。国民的軍隊としてのひろがりをもてばもつだけ、社会の矛盾が軍隊に反映し、軍隊内部に国民的要素が濃くなり、軍隊内の矛盾を強化することは避けがたくなる。

これを同じような方向に解決しようとする道は、逆に軍隊を国民的規模に拡大すること、すなわち封建的身分的イデオロギーを国民の間にひろげ、軍隊秩序を国家的規模に拡大し、全国を兵営化し軍国化する以外にはない。軍国主義は、かくして必然となったのである。教育令改正を通じ、一年志願兵制度などを通じ、軍国イデオロギーを国民に注入することは、天皇制政府の全力をあげたところであった。一方では、フランス式の一元的軍制から、陸軍省、参謀本部、監軍部が鼎する三元的軍制に転換し、なかでも参謀本部を強化し、帝国憲法に設けた統帥権独立の規定とあいまって、軍事を政府からも独立した独自の強大な権限をもつものとし、国家の全体制を軍事に従属させるに至ったことも周知のとおりである。かくて軍国主義は、国内弾圧の必要から生まれ、対外戦争の準備によって確立された。しかしその胎内は、矛盾にみちていたのである。

軍の規格化

この兵制改革は、一面からいえば軍隊の規格化、画一化の完成であった。いうまでもなく、国軍の主力をあげての大規模な作戦を行うためには、運用のうえからも補充補給のうえからも、全軍の編制装備・訓練戦法が一定の規格に統一されていることが必要な前提である。西南戦争にさいして、小銃ですら戊辰戦争当時からのエンピール銃からスナイドル銃（イギリス）、スペンセル銃（アメリカ）、アルピニー銃（ベルギー）、シャスポー銃（フランス）に至るまで、各国製を使用し、編制訓練も区々別々で、統一指揮の点でも弾薬補充の点でも大きな欠陥を暴露したのであった。

対外戦争の準備としての兵制改革は、一方で軍備の拡張であると同時に、他方では軍隊全般の規格の統一をはかることを何よりも必要とした。改革の推進者桂太郎は、その自伝において、従来の兵制は「或は独逸の一部を取り、或は仏蘭西の一部を採り、甚しきに至りては、其の他の国の事柄をも採収し来り、之を基礎として組織したるものありて、所謂る論理に合はさるものより成立せし類少しとせす、俗に云ふ平仄の合はさるものにして、言を換へて言へは統一を闕きたるもの」であったから、「兎に角統一するを以て先とす」「既に統一したる上に於て、始めて長を取り短を補ふことを得へし。自己の執るへき方針も未だ一定せさる前に、他の長を取りて、我か短を補ふことを為し得へき道理あることなしとの、我か決意」をもって、兵制の改革に努力した結果、「教育即ち学校の組織系統、行政の組織行政、全く調査を了へて、秩然たる組織を成すことを得たり」(『公爵桂太郎伝』)と、その功を誇っている。

改革の主要項目として、軍隊の編成を、師団、旅団、連隊、大隊、中隊、小隊とするプロシア陸軍にならった整然たる編制に統一し、装備兵器を歩兵は一八年式村田銃をもってはじめて現役予後備を通じての一貫装備を完成し、砲兵も七糎野山砲による画一装備がはじめて成った。これを保障したのは、いうまでもなく官営軍事工業の整備と発達とであった。

教育の部門においても、軍令執行機関としての従来の監軍本部を、参謀本部の強化にともなっていったん廃止したあとに、八七年「陸軍軍隊練成ノ斉一ヲ規画ス」(『陸軍省改革史』)る目的をもった機関、のちの教育総監部の前身としての監軍部が復活し、陸軍大学校の新設、陸軍士官学校制度の改正、陸軍幼年学校の独立などにより幹部養成制度の統一がはかられた。

戦法訓練においても、さきのフランス式操典を、さらに八四年のフランスにおける改正にならって八七年に改正公布していたが、九一年これを根本的に改正し、八八年のプロシア操典にならった歩兵操典を発布し、ここに全面的なプロシア訓練をもってする統一が行われた。

このような規格化を可能ならしめた基礎は、日本の資本主義の発展にともなう兵器工業の確立である。なかんずく東京砲兵工廠の整備によって、八五年度から年産三万挺の製造能力をもつことができ、それまで外国兵器工業資本のはきだめの観を呈していた各種外国小銃を、一八年式村田銃によって駆逐したこと、同じく八四年ごろからの大阪砲兵工廠の整備によって、制式七糎野山砲の国産がはじまり、八八年度までに全砲兵の装備を完了したこと(小山弘健『近代日本軍事史概説』）が、その主な原因であった。編制・装備・訓練の統一を必須の条件とする近代軍隊としてて、日本陸軍はここにはじめて確立したといってよい。

幹部養成と画一化

しかしながら、近代軍隊としての規格化画一化が、あまりにも急速に要請されたために、またそのさい、極端なまでに機械的な形式性・画一性を特色とするプロシア軍国主義の先例にならったために、その画一化が、実際に必要とする限度をこえて、画一性自体を自己目的として強く要求するという結果をうみ出した。とくに物質的条件に左右されるところの多い編制装備の面はともかくとして、もっぱら精神的訓練と技能の向上とを期する教育訓練の部門において、たんに制度の統一のみならず、内容においても精神主義の強調される反面、いっさいの自発性を否定する些末なまでの形式主義が支配した。

たとえば、現役将校養成制度は、八七年従来の士官学校を改革し、プロシアの士官候補生制度を採用し、幼年学校を独立させ、幼年学校卒業者および試験合格者は、士官候補生としていったん各連隊に入隊したのち、士官学校に集められ、卒業後もまた見習士官として隊付勤務を経たのち少尉に任官する制度がとられた。これは、従来の制度がフランス式の学科本位であったのを、術科本位のドイツ式に改めたものであったが、このため教育内容は、一応幅のひろかった一般教養教育から、もっぱら軍事技術のみに偏した特殊教育に変化した。このため現役将校の軍事技術の水準は上がったが、一般教養は低下し、一定の鋳型にはめこまれた特殊専門家としての幹部の画一化がなされたことは否めない。

教育部門改革の中心人物であり、士官学校改革後の初代校長たる寺内正毅が、学校の小使によって「掃除係」、生徒によって「重箱楊子」とあだ名されたが、それは、「掃除係と綽号せしは注意周到にして一草一芥も之を見遁さず隅から隅まで目を着けたるを指すの謂にして」「重箱楊子の評ある所以は伯が些細なる事柄にまで注意の行き届きたりしを諷するの意」(『元帥寺内伯爵伝』)であったという挿話は、幹部教育の方向がどこにあったかを示すとともに、のちの軍隊が下着のたたみ方から食器の並べ方まで、些末な形式の画一を強制するに至った一つの原因が、幹部養成における形式主義にあったことを物語っている。

またこの現役将校補充制度は、プロシアの単一士官学校を模したもので、陸軍士官学校は、八九年その第一期生を出して以来、日本陸軍の唯一の現役将校養成機関となった。騎兵、砲兵、工兵、輜重兵などの特殊兵科将校も、いったんこの士官学校を出て将校に任官したのち、砲工学校、乗馬騎兵学校などの実施学校でそれぞれの専門教育を受けるのであり、士官学校出身者以外からの現役将校への任用は、部内部外からを問わず行われない。

一八三七年、フランス陸軍の前参謀総長デブネは、部内におこった単一士官学校論にたいし、将校団を官僚化しフランス陸軍を脅かすゆゆしい攻撃であると非難して、つぎのように述べている。「まことにこの案は単純であり、魅力的である。それにも増して何と便利であらう。この予備学校に、慎重に研究せられた教授要目を課すれば、フランス陸軍の総べての精神に同一の方向を与へることができる。長たる人々は、部下の人と為りを理解し評価する労をとらずに、予備学校卒業成績が当てがってくれる柔かい枕の上に——勿論さうとは云はないが——休んでゐさへすればよいのである。同一の精神傾向といふことは、軍隊内の凡ゆる活動に反映して来るであらう。そして将校団は徐々に同形に、即ち尊厳ではあるが然し光彩なきものになるであらう。遂には堂々たる平々凡々に化しいづれも等質的になり終るであらう」(デブネ、岡野訳『戦争と人』)。

まさにこのことは、日本における士官学校教育の制度と、その後の実際の効果とにあてはまる適切な表現である。以後、大正昭和に至るまで、現役将校の進級と異動は、士官学校卒業序列にのみ左右されていたことは周知のとおりである。軍人としての生涯の運命を決する卒業序列を争うために、生徒は士官学校教育の要求する規格と形式に、いかに適合するかにのみ努力し、もっとも画一化された者が勝者となった。それはまた彼らによって構成される軍部全体に、規格本位の形式主義をおしつけた。このような画一性は、日本軍国主義のきわだって濃い性格である。

改革への批判

このような兵制改革の方向にたいして、反対は部内から起こった。曽我祐準、三浦梧楼、谷干城、鳥尾小弥太各少将ら、月曜会による部内不平派の批判がそれであった。もちろん彼らは、山県、大山ら陸軍を壟断した薩長藩閥にたいするたんなる部内反対派閥で、人事や感情の対立にもとづく不平分子にすぎなかった。しかし、この兵制改革のもつ矛盾をつき、その方向がもたらす危険を指摘するかぎり、彼らの批判は、天皇制軍隊の内部矛盾のあらわれであり、国民の不満のある意味での反映であったといえよう。月曜会は、一八八〇年、長岡外史ら尉官級の将校が部内に組織した「内外の兵書を講究する」（『公爵桂太郎伝』）ための兵学研究団体で、新知識を得ようとする部内将校のほとんどがこれに参加していたが、八四、五年ごろより前記少将がその牛耳をとるにいたり、陸軍の主流に対立する陰然たる不平派の集団となった。彼らは山県、大山の庇護のもとに、桂、川上らによって推進される兵制改革の方向にたいして、ことごとに反対した。

その主要なる論点は、一に軍備の拡張が国防の目的を超えた対外侵略のためであること、二に人事行政に関する改革が薩長藩閥の強化をはかっていることにあった。曽我は軍備の目的をつぎのように述べている。「余は実に云ふ。軍備なる者は国防、即ち邦土防衛を以て第一先要と為すべき者なりと。他国に侵略せられず、外邦に征服せられず、如何なる強大の敵兵が襲ひ来ることあるも、対抗撃退し、其邦国を守防して敢て掠奪の志慾を遂げざらしむるを以て第一の至幹と為さざる可からずと」、「論者或は云はん、世未だ進取の力無くして、能く防禦の目的を達したるもの非ず防禦を全ふせんとせば必ず先づ進取の力を養はざる可からずと。是れ何等の妄説ぞや」、「試に思へ、その進取の力なければ防禦を全ふする能はずとは是只戦場に於ける戦術上の論のみ、陣地に於ける防禦戦の謂のみ。先主余禦は兵家の忌む所、余豈に之を知らざらんや。然れども之を以て直に一国の軍備に適用せんとするに至りては過も亦甚しからずや」（曽我祐準「談近代正誤」『国民之友』一〇二号)。

すなわち軍備の拡張が、国防の目的を逸脱して対外侵略の目的をもっているという天皇制軍隊の本質を、専門家の立場から指摘しているのである。さらに曽我、三浦らは、八五、八六年の財政整理の問題とからんで、軍備拡張に反対し、井上馨らと提携して軍事費削減の運動を起こした。彼らの軍部主流にたいする反対、すなわち月曜会と陸軍省との対立は、「其表面より観れは、学派の競争の如く、独逸派、仏蘭西派と二派に分れたる如き気味あり。又其二派分立の状を来したる原因は、前に云ふ如く、学理の進歩を謀んか為に、独仏の兵書を得るに任せて翻訳せしめ、原書の何物たるを玩索せす、主義の如何を問はす、雑然として純駁を混淆したり」(「桂太郎自伝」『公爵桂太郎伝』)と、当事者によって評価されたように、たんなる派閥対立ではなく、兵制におけるフランス主義とプロシア主義との対立であり、絶対主義的軍隊か国民的軍隊かの対立でもあった。月曜会派の思想には、「此兵ヲ徴スルヤ啻ニ容貌ヲ強兵ニ模擬シ隊伍ニ編シ銃砲ヲ採リ敵前ニ進マシムル而已ヲ以テ本務トスヘカラス、人民一般ノ知識敵兵ニ超越スルヲ以テ最要トス」(「山田顕義建白書」『明治文化全集』軍事交通篇)とする考え方、すなわちフランス流の国民軍の思想が流れていた。

彼らの軍部主流への批判がたんなる派閥争いを超えて、軍備の本質をつき、天皇制軍隊の性格を問題にするに至っては、これに対する処置は厳重なものとならざるをえなかった。八六年七月、陸軍検閲条例と陸軍進級条例の改正に反対して、曽我、三浦両名がその職を去ったあと、月曜会による反対運動はいよいよ猛烈となったが、八九年二月、陸軍省の命令で月曜会を強制的に解散させ、偕行社を強化して、これを唯一の部内研究団体とすることになった。

フランス派の敗北

このような強硬処置はこれにとどまらなかった。部内における反対派の根を永久に絶つため、月曜会以外にも多く存在していた砲工共同会などの諸学会を全部解散させ、官製団体偕行社以外のいっさいの部内団体を禁止した。こうした処置は、天皇制軍隊のもつ矛盾を、内外に露呈させないために避けられない対策であった。しかし、このことによって、以後部内での自主的な軍事科学研究は、芽を出すことができなかった。日本において、独自の軍事理論家や戦略思想家が、まったく生まれなかったことの一つの原因は、軍部がこのようにして言論思想の自由、研究の自由を部内からも奪い去ったことの当然のむくいであった。

このような部内統一のうえに、兵術思想のプロシア主義への転換が行われた(1)。それは兵役制度や編制装備の改革を仕上げする、上部構造の改革であった。九〇年には従来のフランス陣中軌典に代わって、プロシア陸軍の制に学んだ「野外要務令」（のちの「作戦要務令」第一部にあたる）が制定公布され、翌年には、前記のようにフランス式操典を一擲して、一八八四年のドイツ歩兵操典にならった「新歩兵操典」を改定公布した。これによって、陣中勤務と戦闘の原則はまったく転換がなったが、一方では八三年開校した陸軍大学校に、八五年着任したメッケルの指導により、また桂、川上、田村らプロシア留学生の帰国により、戦略の分野がはじめて拓かれた。それまで、フランスの戦術に学んで、戦闘単位以下の戦術は研究されてきたが、近代戦における戦略については、その必要もないため、全然手がつけられていなかったのである。したがって戦略に関するかぎり、転換ではなく新輸入であり開拓であった。そのさい、なんらの予備知識なしに、普墺、普仏両戦争勝利の経験によって、いっそうその絶対主義的特質を濃化させていたプロシアの戦略を直接学んだことが、日本軍隊の戦略思想を規定する大きな特殊条件となった。しかも、その新知識を受け容れる母体は、内乱の経験しかない封建的軍隊のそれであった。

（1）この転換の前提になったのは、一八八四年（明治一七年）に一年間にわたって行われた大山巌らのヨーロッパの兵制視察である。一行は大山陸軍卿を欽差とし、以下随員として中将三浦梧楼、少将野津道貫、歩兵大佐川上操六、同桂太郎、会計監督小池正文、軍医監橋本綱常、歩兵少佐志水直、同小坂千尋、砲兵少佐村井長寛、工兵少佐矢吹秀一、歩兵中尉野島丹蔵、砲兵中尉伊知地幸介、歩兵少尉原田輝太郎、会計三等軍吏保賀致正の一五名であった。一行は二月横浜を発し、フランス、ドイツ、オーストリア、イタリーなどを視察し、アメリカを経て翌八五年一月帰国した（『明治十七年大山陸軍卿欧州巡視日録』）。

第四章　日清戦争

一　海軍力の整備と戦争準備

海軍の創設

明治政府の軍事力創設にあたって、海軍ははじめは陸軍にたいする付随的意味しかもたなかった。対外防衛という意味からは、海軍の重要性はつとに明らかであったが、維新当初は各藩の兵力に対抗する中央武力の整備、廃藩置県後は内乱にたいする準備が主要な問題となったため、まず対内的武力としての陸軍の整備に重点がおかれたのである。

一八六八年（明治元年）八月、旧幕府の海軍副総裁榎本武揚が、八隻の軍艦を率いて品川沖から脱走、函館五稜郭に拠り、これにたいし新政府側は、薩摩、佐賀などの諸藩の軍艦を主力に、翌六九年五月、函館に迫り榎本軍と交戦した。榎本以下の降伏によって、その軍艦を収め、各藩献上のものとあわせて、新政府の海軍が発足したのであるが、戊辰戦終了時におけるその勢力は、各藩所有艦をあわせ、軍務官所管下のものは左のように旧式小型艦一六隻にすぎなかった。

軍務官直轄──和泉、河内、摂津、甲鉄、富士山、観光、千代田形

各藩　佐賀藩──電流、延年、皐月　薩摩藩──春日、乾行　長州藩──第一丁卯、第二丁卯　熊本藩──万里　秋田藩──陽春

ただ海軍の場合は、中央への武力の統一について、陸軍のような困難はおこらなかった。各藩は、藩の実力を保持するためには海軍を維持する必要はさしてなく、またそのための経費の負担にも堪えられなかったのである。旧幕時代も、幕府海軍は諸藩の海軍にくらべて圧倒的に優勢であり、これを引きついだ新政府の海軍は、はじめから小さいながらも統一海軍たりうる条件を備えていたのである。廃藩置県にさいして、各藩の海軍はすべて中央に集中されることになったが、それにも大きな障害はおこらなかった。

海軍力の中央への統一は比較的スムーズに行われたとはいえ、その勢力は陸軍にくらべてはなはだしく劣っていた。それは、西南戦争前後のころまでは、陸軍武力整備の急務なのにくらべて海軍の必要はそれほど切実ではなかったこと、また技術的、財政的にその能力が乏しかったことによった。したがって軍制上の海軍の地位も、陸軍にたいして従属的であった。一八七二年（明治五年）、兵部省の廃止により、海軍省は陸軍と分かれて独立したが、軍令事項に関しては、一八八六年（明治一九年）の参謀本部条例の改正にさいして、海軍大臣を離れて参謀本部長の管掌下に入れられた（松下芳男『明治軍制史論』上巻）。八九年（明治二二年）、再び条例の改正によって

海軍参謀部は海軍大臣の管轄下にもどったが、陸軍将官である参謀総長の下位に置かれていた。海軍軍令部の設立により、軍令機関が独立し、かつ陸軍と同格の地位にまで向上したのは、日清戦争を控えた一八九三年（明治二六年）のことであった。

海軍力の整備

兵力の整備についても、海軍は陸軍より遅れていた。佐賀の乱および征台の役にさいして、軍艦の必要を感じ、一八七五年（明治八年）、甲鉄艦一隻（扶桑）、鉄骨木皮艦二隻（金剛、比叡）をイギリスに注文し、七八年竣工したのが、新鋭艦建造のはじめという程度で、大きな整備は行われなかったのである。

西南戦争後、ようやく内乱鎮圧を終えた明治政府の眼は大陸へ向かった。八二、八四年の京城事変は、清国との対立を決定的にした。それとともに、対外戦争に備えて、海軍力の整備がはじめて本格的にとり上げられるようになったのである。

八三年（明治一六年）より、最初の大規模な建艦計画が開始された。これは前章で述べた陸軍軍備拡張計画と対応する、対清国戦争を予想した最初の海軍の整備計画であったといえる。この計画は、大艦六隻（うち五隻新造）、中艦一二隻（うち八隻新造）、小艦一二隻（うち七隻新造）、水雷砲艦一二隻、計四二隻（うち新造三二隻）を八カ年計画で整備しようとするもので、八三、八四、八五の三カ年間に、浪速、高千穂、畝傍の大艦、葛城、高雄、大和、武蔵、筑紫の中艦、愛宕、鳥海、摩耶の小艦、水雷艇小鷹の一二隻が購入または建造に着手された（伊豆公夫・松下芳男『日本軍事発達史』）。ようやく明治政府の財政が、こうした建艦を可能にするようになったといえるが、しかしその負担はなお重大な問題であった。普通歳入ではとうていこの建艦費をまかなうことができず、八六年度には海軍公債一七〇〇万円を起こし、また既定の計画を変更せざるをえなかった。

対清海軍力の急成

この間、日清の対立はすすみ、とくに清国海軍の増強は見るべきものがあり、これに対抗する新鋭艦の整備が問題となった。八八年（明治二一年）、西郷海相は第二期拡張案を提出し、五カ年計画で四六隻の建艦をはかったが、この案は財政上いれられず、秋津洲、大島の二艦建造にとどまった。九〇年（明治二三年）、樺山海相はこの西郷案を継承し、軍艦七万トンの新造計画をたて、結局、吉野、須磨、竜田の三艦建造をふくむ五三〇万円の案が、第一議会で承認された。ついで翌九一年、さらに軍艦二隻の建造案を第二議会に提出、議会解散後第三議会に再提出して否決された。政府と民党との対立の頂点が、この建艦案となったことは周知のとおりである。第四議会に仁礼海相は、甲鉄艦二隻以下の建造案を提出、いったん否決ののち、詔勅降下により、富士、八島の二艦建造がようやく決まった。初期議会を震憾させた建艦問題も、結局は新鋭艦の整備が、いかに国力にたいして負担であったかという問題につきるといえよう。

こうして日清戦争開始前の海軍は、富士、八島の甲鉄艦はまだ竣工せず、松島、厳島、橋立、吉野、扶桑、浪速、高千穂の三〇〇〇ないし四〇〇〇トン級の軍艦を主力とするものであった。これらはいずれもイギリスなどから購入したもので、甲鉄製新鋭軍艦を建造する工業能力はまだ備わっていなかったのである。清国の定遠、鎮遠の二巨艦に対抗するために、松島以下の三艦は三二センチ砲一門ずつをとくに搭載するなどの苦肉の策をとらざるをえない状態であったが、この程度の建艦すら、国民生活を犠牲にし、陸軍軍備との均衡を破ってまで強行しなければ不可能だったのである。

二　戦争の経過と決算

戦争の挑発

一八九四年（明治二七年）三月二七日、外相陸奥宗光はロンドン駐在の青木周蔵公使に手紙を送って、「国内の形勢日一日と切迫し、政府において何か人目を驚かす程の事業をなすに非ざれば、此騒々しき人心を鎮静すべからず、さりとて故なき戦争を起す訳にも不参候事故、唯一の目的は条約改正の一事なり」（清沢洌『外交史』）と述べた。このとき国内では、藩閥政府と民党との抗争が頂点に達し、重大な政治的危機が生まれていた。この国内危機を外にそらすには、戦争は絶好の手段であった。しかも八二年以来一二年間、対清国戦争を目標に整備されてきた陸海軍備はいちおう完成し、戦争の準備はととのっていた。このうえはただ、「故なき戦争」として内外から指弾されないため、開戦の口実を探すだけだった。陸奥外相の書簡は、藩閥政府当局者のいだくこうした考慮を、はしなくも表明したものであった。

日清戦争のきっかけとなったのは、朝鮮における東学党の反乱であった。東学は、西学、キリスト教にたいする言葉で、一八六〇年に崔済愚によって創始された儒教、仏教、道教を折衷した宗教団体である。農民を苦しめる李朝の封建支配と、外国帝国主義の侵入に反対する農民の反乱として、一八九四年はじめに蜂起した。朝鮮政府はこれを鎮圧できず、宗主国である清国に出兵を求めた。これは日本に絶好の口実となり、日本も急拠出兵を決めた。東学党そのものは、外国の武力干渉を防ぐため朝鮮政府と和議を結び、朝鮮政府は日清両国に撤兵を求めた。しかし、いったん出兵した日本は、なんとしても対清国戦争を起こしたかった。この口実として朝鮮の内政改革を要求し、開戦の口実を探し求めた。

六月一日、衆議院は内閣弾劾の上奏案を可決し、翌二日の閣議は議会解散を決めたが、同じ席上朝鮮への出兵が決定し、伊藤首相は両件をたずさえて参内、解散と出兵が同時に行われた。あとはいかにして開戦の名目を得るかにあった。「日清両国が各々其軍隊を派出する以上は何時衝突交争の端を開くやも計り難く若し斯る事変に際会せば我国は全力を尽して当初の目的を貫くべきは論を待たずと雖も成るべく平和を破らずして国家の栄誉を保全し日清両国の権力平均を維持すべし、又我は成る丈け被動者たるの位置を執り毎に清国をして主動者たらしむべし」（陸奥宗光『蹇蹇録』）という陸奥外相の言葉は、真珠湾を前にしたアメリカ政府首脳部のそれと似て、戦備成った自信に溢れていた。つづく二カ月余、韓国内政改革をめぐる交渉は、開戦へのお膳立てにすぎなかった。

両軍の兵力と作戦計画

日本軍が、対清国戦争にたいして当初決定した作戦計画はつぎのようなものであった。

「我軍ノ目的ハ軍ノ首力ヲ渤海湾頭ニ輸シ清国ト雌雄ヲ決スルニ在リ而シテ此目的ヲ達成シ得ルト否トハ一ニ海戦ノ勝敗ニ因ル随テ我軍作戦ノ経過ハ之ヲ左ノ二期ニ別ツ

第一期ニハ先ツ第五師団ヲ朝鮮ニ出シテ此ニ清軍ヲ牽制シ内国ニ在ル陸海軍ヲシテ要地ヲ守備シ出征ヲ準備セシメ此間我艦隊ヲ進メテ敵ノ水師ヲ掃蕩シ黄海及渤海ニ於ケル制海権ノ獲得ニ勉メシム

第二期作戦ハ第一期ニ於ケル海戦ノ結果ニ応シテ進歩セシム可キモノニシテ我能ク制海権ヲ獲得シ得ルトキ（甲ノ場合）ハ逐次陸軍ノ首力ヲ渤海湾頭ニ輸送シ直隷平野ニ於テ大決戦ヲ遂行ス然レトモ清国四水師ノ艦艇ハ其隻数及噸数ニ於テ共ニ夐ニ我海軍ヲ凌駕スルノミナラス北洋水師ノ如キハ実ニ我ニ優ルノ堅艦ヲ有シ勝敗ノ数未タ遽ニ逆睹シ難キモノ有リ故ニ若シ両国艦隊交綏

シ我レ渤海ヲ制スルコト能ハサルモ尚ホ敵ヲシテ我近海ヲ制スルコト能ハサラシムルヲ得ルトキ（乙ノ場合）ハ我ハ陸続我陸軍ヲ朝鮮ニ進メテ敵兵ヲ撃退シ以テ韓国ノ独立ヲ扶殖スルノ目的ヲ達スルコトニ勉ム而シテ海戦若シ我ニ不利ニシテ制海権全ク敵ニ帰スルトキ（丙ノ場合）ハ我ハ為シ得ル限リ第五師団ヲ援ケ内国ニ在テハ防備ヲ完整シ敵ノ来襲ヲ撃退スルノ途ニ出テサル可カラス」（参謀本部『明治廿七八年日清戦史』第一巻）

これにたいし清国軍の作戦計画は、

「一、海軍ハ首力ヲ北部黄海ニ集メ以テ渤海ノ湾口ヲ扼シ併セテ陸軍ノ海路輸送ヲ掩護シ且ツ在韓ノ陸軍ト策応ス

二、陸軍ハ先ツ平壌附近ニ集中シ後チ進テ在韓ノ日本軍ヲ撃攘ス」（参謀本部、前掲書）

というものであった。清国の作戦計画が、日本のそれにくらべて消極かつ部分的であるのは、彼我の戦争にたいする気構えの差であった。これにたいし日本側は、最初の本格的対外戦争にさいし、いわば国家の運命をかけるほどの強い気構えを示していた。直隷平野に決戦を求めるという雄大な構想を立てる一方、海軍力の差から本土専守防御の事態をも予想している点にそれがあらわれている。そして彼我の戦力については、正確な予測が立てがたかったのであった。

開戦にあたっての日清両国の軍事力は、その外見と内容実質においては、大きな差異があった。清国軍は、巨大な陸軍と、新鋭巨艦を中心とする海軍を有していたが、その実質においては大きな弱点をもっていた。陸軍は、清朝創始以来の八旗、緑営が格式を誇っていたが、軍事的価値

はほとんどなくなっていた。これにたいし勇軍、練軍の二種は、太平天国の乱の平定にさいし新設された新編成の軍隊で、一応の戦力をもっていた。勇、練両軍は歩兵、騎兵の二兵種より成り、砲兵は歩兵の中に含まれていた。編成の基礎単位は営（大隊にあたる）で、定員五〇〇人とされているが欠員が多かった。開戦時の兵力は、歩兵八六二営、騎兵一九二営、総兵力三五万、開戦後の募集兵を加えて六〇万の兵力をもったというが、新募未熟の兵が多く、戦場に使用したものはその一部であった。これらの陸軍兵は、編成はまちまち、指揮系統は不統一で、近代陸軍としての編制には程遠いものであった。

陸軍の兵器は、ほとんど旧式のものであり、新式兵器は欧米諸国よりの輸入にたよっていたが、購入にさいしての競争や不正がはなはだしく、種類もまちまちで、一営内の小銃すら雑多なものが混在しているというありさまであった。新式小銃の大きな部分はモーゼル銃が占めていたが、弾薬補給については難点があった。そのほかスナイドル、レミントン、グラーなどの小銃がまじっていた。刀や槍や旗、幟も装備の大きな部分を占めていた。

海軍は、北洋、南洋、福建、広東の四水師があったが、そのうち外洋での戦力たりうるのは北洋水師であって、軍艦二二隻を有し、その中には定遠、鎮遠の二甲鉄巨艦をもち、そのほかに広東水師の広甲、広乙、広丙の三艦が戦争に参加した。この艦隊は、隻数、トン数ともわずかに日本艦隊を凌駕し、またその中級艦の大きさ、砲の大きさもまさったが、艦隊全隊としての平均がとれず、速力においても日本艦隊に劣っていた。

日本陸軍の開戦時の兵力は、近衛および第一ないし第六師団で、西洋式の野戦師団の編成に統一されていたことは前述のとおりである(1)。動員兵力は一二万で、すべて訓練された兵であった。装備兵器は、主として村田銃をもっていた。この小銃は、一八八四年（明治一七年）、村田經芳砲兵中佐によって改良されたもので、日本人の体格に適するよう軽快なものとし、口径一一ミリ、最大射程二四〇〇メートルであった。このほかに、近衛、第四両師団は、開戦の年から装備された新式の村田式連発銃をもっていた。砲兵はいぜん旧式の青銅砲を主体としていたが、その点では清国軍も同様であった。

海軍は、前節にみるように戦争に備えて鋭意補強したもので、隻数、トン数において劣るとはいえ、均整のとれた艦隊編成をとっていた。二八隻の軍艦で五万七六〇〇トン、ほかに水雷艇二四隻を有し、速力において清国海軍にまさり、大艦巨砲に乏しいとはいえ、新式の速射砲を装備(2)(3)していた。

日清戦争直前の日本国軍艦表（『明治卅七八年日露戦史』第一巻付録）

艦名	所管	艦種	船材質	計画 排水量噸	計画 実馬力	計画 速力節	搭載兵器 砲種	搭載兵器 員数	搭載兵器 砲種	搭載兵器 員数	搭載兵器 発射管数	乗組 定員	進水年月
浪速	横須賀鎮守府	巡洋	鋼	三七〇九	七六〇四	一八	二六拇克砲 一五拇克砲	二 六	六斤速射砲 機砲	六 六	四	三六一	明治一八年三月
橋立		海防	鋼	四二七八	五四〇〇	一六	三二拇加砲 一二拇速射砲	一 一一	四七密速射砲 機砲	一八 一	四	一七九	同二四年三月
扶桑		甲鉄コーヴェット	鉄	三七七七	三六五〇	一三	二四拇克砲 一七拇克砲	四 二	一二拇速射砲 四七密速射砲 機砲	四 一一 四	三	三四五	同一一年四月
高雄		巡洋	鋼骨鉄皮	一七七八	二三三二	一五	一五拇克砲 一二拇克砲 七拇五克砲	四 一 一	四七密速射砲 三七密速射砲 機砲	二 二 六	二	二二六	同二一年一〇月
武蔵		スループ	鉄骨木皮	一五〇二	一六二二	一三	一七拇克砲 一二拇克砲	二 五	七拇五克砲 機砲	一 六		二三〇	同一九年三月
八重山		報知	鋼	一六〇九	五四〇〇	二〇	一二拇速射砲	三	四七密速射砲	八	二	一二六	同二二年三月
筑波		コーヴェット	木	一九七八	五二六	八	前装 一六拇克砲	八	四斤砲 機砲	三 二		二五一	進水年不明明治四年七月購買入
天城		スループ	木	九二六	七二〇	一一	一二拇克砲	六	四七密速射砲 機砲	四 二		一四八	明治一〇年四月
愛宕		砲艦	鋼骨鉄皮	六二二	九六三	一〇・五	二一拇克砲	一	一二拇克砲 機砲	一 二		一〇三	同二〇年六月
厳島	呉鎮守府	海防	鋼	四二七八	五四〇〇	一六	三二拇加砲 一二拇速射砲	一 一一	四七密速射砲 三七密速射砲	一九 二	四	三五二	同二二年七月
金剛		鉄甲帯コーヴェット	鉄骨木皮	二二八四	二五三五	一三・二	一七拇克砲 一五拇克砲	三 六	四七密速射砲 七拇五克砲 機砲	二 二 六	二	三二一	同一〇年四月
比叡		鉄甲帯コーヴェット	鉄骨木皮	二二八四	二五三五	一三・二	一七拇克砲 一五拇克砲	三 六	四七密速射砲 七拇五克砲 機砲	二 二 六	二	三〇〇	同一〇年六月
天竜		スループ	木	一五四七	一二六七	一二	一七拇克砲 一五拇克砲	一 一	一二拇克砲 七拇五克砲 機砲	四 一 五		二〇八	同一六年八月

大和		スループ	鉄骨木皮	一五〇二	一六二二	一三	一七拇克砲 二 一二拇克砲 五	七拇五克砲 一 機砲 六		二二九	同一八年五月
筑紫		巡洋	鋼	一三七二	二四三三	一六	一〇尹安砲 二 四〇斤安砲 四	四七密速射砲 二 七拇五克砲 一 機砲 二		一七七	同一三年
摩耶		砲艦	鉄	六二二	九六三	一四・二五	一五拇克砲 二	四七密速射砲 二 機砲 二		六〇	同一九年八月
赤城		砲艦	鋼	六二二	九六三	一〇・二五	一二拇比砲 四	四七密速射砲 六		一二六	同二一年八月
鳳翔		砲艦	木	三二一	二一七	七・五	八拇克砲 二	四〇斤瓦砲 一 二〇斤瓦砲 二		九六	進水年不明
千代田		鋼甲帯巡洋	鋼	二四三九	五六七八	一九	一二拇速射砲 一〇	四七密速射砲 一五 機砲 二	三	三〇六	明治二三年六月
吉野		巡洋	鋼	四二二五	一五九六七	二二・五	一五拇速射砲 四	一二拇速射砲 八 四七密速射砲 二四	五	二〇四	同二五年一二月
高千穂	佐世保鎮守府	巡洋	鋼	三七〇九	七六〇四	一八	二六拇克砲 二 一五拇克砲 六	四七密速射砲 六 機砲 六	四	三三七	同一八年四月
松島		海防	鋼	四二七八	五四〇〇	一六	三二拇加砲 一 一二拇速射砲 一二	四七密速射砲 一五 三七密速射砲 二	四	四〇一	同二三年一月
葛城		スループ	鉄骨木皮	一五〇二	一六二二	一二	一七拇克砲 一 一二拇克砲 五 七拇五克砲 一	四七密速射砲 二 六斤速射砲 二 機砲 六		一一四	同八年三月
海門		スループ	木	一三六七	一二六七	一二	一七拇克砲 一 一二拇克砲 六	七拇五克砲 一 機砲 五		一八一	同一五年八月
磐城		砲艦	木	六六七	六五九	一〇	一五拇克砲 一 一二拇克砲 一	八拇克砲 二 機砲 二		一〇九	同一一年七月
鳥海		砲艦	鉄	六二二	九六三	一〇・二五	二一拇克砲 一	一二拇克砲 一 機砲 二		八九	同二〇年八月
秋津洲		巡洋	鋼	三一七二	八五七六	一九	一五拇速射砲 四 一二拇速射砲 六	四七密速射砲 一〇 機砲 四	四	三三二	同二五年七月
大島		砲艦	鋼	六四〇	一二一七	一三	一二拇比砲 四	四七密速射砲 五 機砲 一		一三〇	同二四年一〇月

戦闘の経過と勝敗の原因

七月二五日、戦端はまず宣戦布告に先だつ奇襲によって、日本海軍から開かれた。同日豊島沖で清国海軍の一部を破り、ついで同二七日、成歓、牙山で先遣の大島混成旅団が、ほぼ同数三〇〇〇の清国軍を破って陸戦の火ぶたを切った。大本営はまず第五師団、ついで第三師団を朝鮮に輸送した。これにたいし清国軍も兵力を朝鮮にすすめた。

九月一五日、平壌において両陸軍の戦闘、ついで九月一七日、黄海において両海軍の海戦が行われ、いずれも日本軍の圧勝に終わった。この平壌および黄海の戦いは、日清両軍のはじめての本格的な衝突であると同時に、両軍戦力の差をはっきりあらわし、戦争の運命をも決定した。欧米諸国もこの戦闘によって、はじめて両軍の差異、ひいては絶対主義日本と封建清国との価値の差を認識したのであった。

平壌の戦闘は、三方から進撃した日本軍一師団強が、ほぼ同数の清国陸軍を平壌に包囲し、わずか一日の戦闘でこれを破ったものである。この勝敗をわけた諸原因は、ひいてはその後の戦闘にも通じるものであった。

第一に編制装備において、日本軍は格段に近代戦闘に適した整然としたものをもっていた。清国軍は平壌にある部隊の内部ですら指揮の統一を欠き、各隊各個の戦闘におちいり、将領相互で意見が対立し、あるものは戦わずして退却するというありさまだったのにひきかえ、日本軍は一貫した指揮系統をもっていた。部隊編制においても平均のとれた実戦的な日本軍にたいし、清国

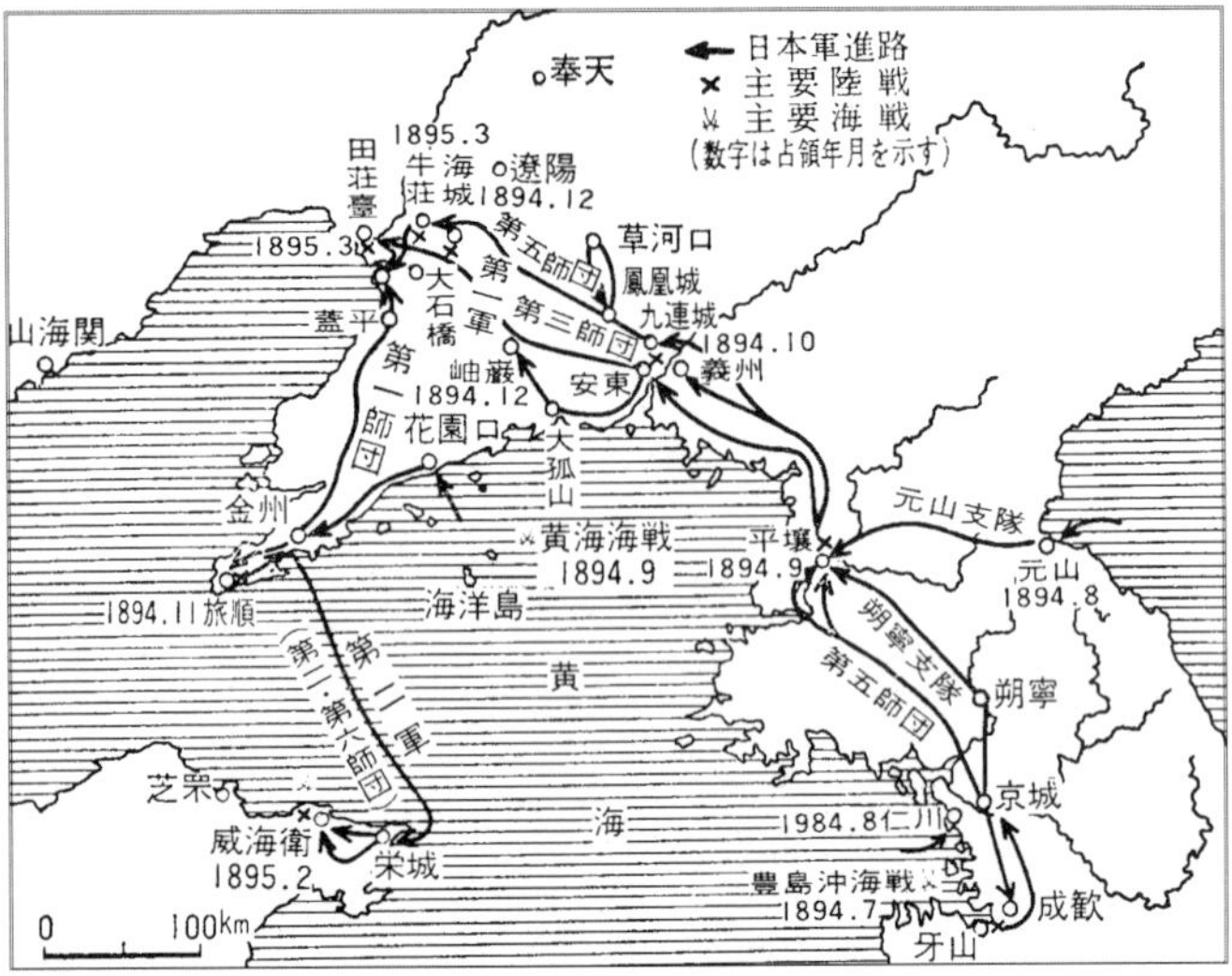

日清戦争戦闘経過図

軍は雑然とした不統一なそれであった。もっとも決定的なのは装備の差であった。この時期の戦闘は歩兵がいぜん主体であり、散兵線をしいた歩兵第一線のいっせい射撃の火力が、戦闘の決め手になった。軽快な村田銃に統一され、よく訓練された日本軍歩兵のいっせい射撃は、雑然とした銃で、弾薬補給にも混乱をきたし、また射撃訓練にも劣る清国軍にたいし、火力において圧倒的な優勢を示したのであった。

また両軍の士気の差も大きかった。創設以来二〇年余、国民教育までをあげて強兵の練成にあたり、また開戦への国論の統一にも成功した日本軍の士気と、封建的清国でいわば李鴻章ら北洋軍閥の私戦として戦われた清国軍の士気とでは、大きな差があった。

黄海海戦の勝利も、同様の理由でもた

らされた。定遠、鎮遠の大艦を擁し、大口径砲を備えた清国海軍の方が、一応優勢を予想されていた。しかしこの時期の海戦は、ネルソン時代の舷々あい摩す近接戦闘と、のちの日本海海戦以後に世界的となった遠距離からの砲戦との過渡期であった。定遠、鎮遠の主砲に対抗するため、松島以下の三景艦は、三二センチの主砲を一門ずつ無理して搭載していたが、この砲は一発発射すると艦が傾き、ほとんど役だたなかったといわれている。それよりも実際に奏功した戦法は、敵艦に近接してその甲板上を掃射し兵員を殺傷するという方法であった。この点、速力が速く、小口径で発射速度の速い砲を積んだ日本艦隊の方が有利であった。また速度のまちまちな清国艦隊よりも、平均のとれた日本艦隊の方が艦隊運動においても有利であった。さらに日本軍では、その使用火薬が威力の大きい下瀬火薬であったことも有効に作用した。ここでも陸軍と同じように均整のとれ、一応近代軍事工業のうしろだてのある日本軍の方が、新旧雑多で不統一な清国軍を圧倒したのであった。

戦争の決算

平壌と黄海の勝利は、戦争の勝敗をも決定した。制海権をにぎった日本軍は、当初の作戦計画を変更し、一〇月下旬、遼東半島に大山巌の第二軍を上陸させ、旅順を一日で陥落させた。朝鮮から前進した山県有朋の第一軍は、その一部を海城にすすめ、翌九五年二月、牛荘、営口を占領した。一方、山東半島の威海衛にたいする第二軍と海軍との攻撃も成功、二月威海衛を占領、北洋水師を降伏させた。もはや戦闘の勝敗は問題にならず、直隷平野の決戦に先だって清国は講和を提議したのである。

この戦争の勝利は、日本軍の戦力を自他ともに再認識させた。軍部ははじめて、日本軍の実力にたいする自信をもちえたといってもよい。しかし勝敗を分けた原因は、先述のように日本軍の利点よりも清国軍の欠点であった。日本軍自体にも大きな問題があった。この戦争で、のちの台湾占領をふくめ、日本軍の損害は死者一万七〇四一人、そのうちじつに一万一八九四人が病死であった。後方とくに補給、衛生などの施設において、日本軍の欠陥は非常に大きかった。また軍隊の訓練と士気、統制において、清国軍にこそまさってはいたが、なお多くの問題を残していた。

（1）この他に、戦争末期の一八九五年はじめに北海道屯田兵を基幹に臨時第七師団を編成し、四〇〇〇の兵力を戦地に送ろうとして東京まで来たが、講和の成立によって取りやめとなった。翌九六年これが第七師団となり、屯田兵は廃止された。屯田兵は、東北諸藩の失業武士の救済、北海道の開拓、ロシアにたいする防衛などの目的で設けられたものである。一八七四年（明治七年）六月二三日、陸軍中将兼開拓次官黒田清隆が北海道屯田憲兵事務総理に任命され、屯田憲兵創設の準備をはじめ、同年一〇月三〇日屯田憲兵条例が定められ、翌七五年五月はじめて屯田憲兵が札幌近郊の琴似に入植した。その一部は西南戦争にも出征したが、八五年屯田兵条例が定められ、屯田兵本部が設けられて、屯田兵は陸軍兵の一部で建制は歩兵隊に基くものとされた（『法規分類大全兵制門　陸海軍官制　陸軍三』）。八九年には屯田兵本部が屯田兵司令部となり、翌年には歩兵の他に騎兵、砲兵、工兵も設けられた。屯田兵は志願兵であって、土地家屋を与えられ、農業をいとなみつつ軍務に服し、有事には戦列に加わるという特殊な部隊であった。

（2）両国軍の編成装備は、参謀本部『明治廿七八年日清戦史』第一巻による。

（3）開戦時、日本海軍に所属していた軍艦は前掲の表のとおりである。この中、国内の造船所で建造した軍艦は、橋立、高雄、武蔵、八重山、天城、愛宕、天竜、大和、摩耶、赤城、葛城、海門、磐城などで、橋立を除いてはいずれも小型艦であった。戦力の主体である松島、厳島はフランス、高千穂、浪速、扶桑などはイギリス製であった。

三 軍事技術の発展

兵器生産の進歩

前節にみたように、日清戦争の勝敗を分けたもののうちの第一が、両国軍の軍事技術の差であった。日清戦争前後の時期を通じて、軍事技術の発展はめざましいものがあり、これによって陸海軍とも一応の近代的軍隊の水準に達しえたのであった。その点を、兵器生産と戦略戦術の両面についてみてみよう。

明治維新以後も、陸軍兵器の中心は小銃であった。近代陸軍としての資格をまず充足するためには、小銃の制式の統一と国産化が課題であった。もちろん小銃と弾薬の、すべての原料と完成品を国産化するには、近代的鉄工業、化学工業の確立をまたねばならないが、ともかくも国産の制式銃を保有できるということが第一条件であった。この点で官営軍事工場とくに東京砲兵工廠が大きな役割を果たした。

前述のように村田經芳がイギリスより製鉄機械を購入し、一三年式村田銃を完成したのは一八八〇年（明治一三年）で、以後これを制式銃として、スナイドル、スペンセルなどの輸入銃に逐次代えていったが、当初は製造能力の点からも、その交換はすすまなかった。この村田銃は、フランスのグラー銃にならったもので、口径一一ミリ、長さや重量の点では日本人に適合しなかった。八五年（明治一八年）、これを改良した一八年式村田銃が採用され、重量で一割を軽減した。同時に東京砲兵工廠の生産能力も飛躍的に向上し、年産三万挺に達し、はじめて陸軍から輸入銃を駆逐しえたのであった。日清戦争にさいして主要な役割を演じたのがこの銃であった。しかしこの一八年式は単発銃であった。一発発射すれば、つぎの弾丸を装塡するまで相当の時間がかかり、濃密な火線の構成は困難であった。すでに欧米各国では、普仏戦争以来連発銃の時代に入っていたので、日本においても連発銃の生産が新しい課題となってきた。

ところで、連発銃の国産のためにはいくつかの前提が必要であった。その一つは火薬の進歩である。それまでの黒色火薬では、一発発射するごとに黒煙がもうもうとして、煙のはれるまでつぎの照準ができないので、連発の意味がない。すなわち無煙火薬の生産が必要だということである。また弾倉部分の精巧さが要求され、精密な機械工業の発達も必要であった。八九年（明治二二年）、ようやくこれらの課題を克服して、二二年式の連発銃が制定されたが、この連発銃はなお技術的に不備で、大量生産もできず、日清戦争には前述のように近衛、第四の二個師団のみにしか装備できなかった。

日清戦後の九七年（明治三〇年）、砲兵大佐有坂成章が村田銃を改良して、三〇年式小銃を作った。この小銃は口径六・五ミリ、五連発であった。口径が従来のものにくらべてはるかに小さいことは、小銃としては革命的な変化であった。すなわち、重量を著しく軽減し運動軽快となったこと、弾薬が小さくてすみ、携行弾薬数を大幅に増加できること、それによって連発可能なこととともに、火線を濃密にできたのである。この銃の制定当初は、あまりに口径が小さいので、殺人効果がないとの非難があったが、銃創は一時敵兵の戦闘力を奪えば足り、携行弾薬の多いのが有利だとの意見が勝ちを占めた（伊豆公夫・松下芳男『日本軍事発達史』）。その後陸軍の小銃は、この型式を踏襲している。

小銃とともに陸軍兵器の主力である火砲については、その国産化には、より以上の問題があった。それは、鉄鋼の国内生産が遅れていたという点であった。七六年（明治九年）、陸軍は普仏戦争の経験にかんがみ、口径七センチ五ミリのクルップ式野砲二四門を購入し、これを旧式青銅砲に代えて西南戦争に使用し、大いに効果をあげた。しかし火砲の国産化が課題となったとき、国内で良質の鉄鋼を得がたいという理由で、青銅七センチ野砲、同山砲を八五年（明治一八年）

以来制式とし、大阪砲兵工廠でこれを生産し、八七年以降全国の砲兵をこれに統一し、日清戦争もこの青銅砲で戦った。海岸要塞据付の大口径砲も、八七年以降青銅製一二センチ、一五センチ、二四センチ、二八センチなどのものを国産した。これらは当時なお青銅砲を使用していたイタリアにならい、イタリア人教師を雇用して生産したのである。国産鋼鉄製砲を生産するためには、鉄鋼業の確立する大正期をまたねばならなかった。

造船業の発達

国内工業の発展段階の制約を受けることは、海軍の艦船、兵器の方がより大きかった。明治政府は幕府の石川島や横須賀の造船所を引きつぎ、軍艦の国産に力を入れ、一八七五年（明治八年）、横須賀で最初の国産軍艦清輝を竣工させたが、もとよりその技術は欧米諸国に遅れ、木造艦のみで、鋼鉄製大艦の建造にはとうてい及ばなかった。木造艦から鉄製艦への転換は、明治二〇年代に入ってからである。八七年（明治二〇年）以前の国産軍艦は、最大限一七〇〇トンにすぎず、主力軍艦はすべて外国造船業に依託していたのである。明治二〇年代に入って、ようやく最初の大艦として、四二七八トンの巡洋艦橋立を横須賀で建造したが、その他の日清戦争の主要艦は、いぜんすべてが外国製であった。このさい決定的なことは、製鉄、製鋼業の未発達であった。

軍艦搭載の大砲については、これよりやや進歩し、二〇年代に入って鋼製砲の製作に成功した。

ここでとくに重要な結果を生んだのは、アームストロング速射砲の採用であった。駐退砲架の改良によって、著しく発射速度を速めた艦載の中口径速射砲が、無煙火薬の採用とともに世界的趨勢となっていたとき、八九年（明治二二年）、日本海軍でも新造艦にはこれを採用するに決した。最初の国産巡洋艦橋立には一二センチ速射砲、開戦直前竣工の吉野には一二センチおよび一五センチ速射砲を搭載したが、この中口径速射砲の発射速度と精度こそ、清国海軍の巨砲を圧倒した海戦の勝利の原因であった。

日本の軍事工業は、産業革命の先頭を切ってすすんだ。明治二〇年代には、こうしてともかくも兵器の規格化と国産化にある程度成功した。すべてを雑多な輸入品にたよった清国との差が、戦争の決にもなったのであった。だが、決定的には重工業の未発達から、なお外国依存から脱却しきれず、政府、軍部の主要な関心は、その点におかれていた。軍事工業を中心とする重工業の育成には、絶大な努力が払われていくのである。そしてその中心となったのが、軍直轄の工廠であった。明治二〇年代におけるその発達は、そのまま産業革命の中枢をなすものといえる(1)。

さらに軍艦や銃砲の材料である鉄鋼の自給をめざし、日清戦争直後に官営の製鉄所を建設した。すなわち一八九六年（明治二九年）三月に官制を公布し、翌九七年六月に設立された福岡県八幡の製鉄所である。ここに国家資金を集中的に投下し、機械設備を欧米から輸入し、鉄鉱石や燃料のコークスを朝鮮や中国に求めながら、ともかくも軍艦や兵器の完全な国産化をめざした。しかし日露戦争までには、鋼材も軍艦もまだほとんど自給はできなかった。

戦術の変化と操典の改正

兵器の発達とともに戦術にも進歩があらわれた。一八七〇年（明治三年）、陸軍の兵式をフランス式と定めて以来、歩兵戦術はフランス操典にならっていた。これはナポレオン以来の発射速度の遅い前装銃に対応したもので、横広に散開した数線の隊形で、第一線の散兵が小銃を射撃し、後方部隊はこれにつづいて進み、近距離に迫ればいっせいに銃剣突撃を行うもので、戦闘の決を白兵戦に求めていた。前装銃が後装銃に改良され、発射速度が増すと、火戦の効果が大きくなった。兵器の進歩に、戦術はつねに遅れ、実戦の経験ではじめて修正されるのが例である。普仏戦争がこうしたきっかけとなったのだが、日本の場合、西南戦争まで旧式の戦術によっていた。植木、田原坂の遭遇戦の場合でも、短時間の火戦ののち、抜刀突撃が勝敗を決していた。しかし、このときの政府軍の後装銃の発射速度の速さは、薩軍のそれを圧し、弾薬の豊富なこととあいまって、火戦の長さを延長し、それによって薩軍に大きな損害を与え、結局は最後の勝利を得たのであった。

普仏戦争に敗れたフランスは、一八七四年に操典を改正したが、日本陸軍でもそれにならって一八七七年（明治一〇年）、「歩兵操典」を制定したが、これは第三章に述べたようにほとんどフランス操典の直訳であり、さらに一八八四年のフランスの操典改正にならって、一八八七年（明治二〇年）、日本でも「歩兵操典」を改正した。この両操典における歩兵戦術は、さきの前装銃時代のものよりは進歩して、単発後装銃に対応するものであった。火戦の威力はある程度認められているが、いぜん戦闘の方式は前装銃時代と大差なく、第一線の散兵による射撃ののち、白兵突撃にうつるというものであった。そして訓練の重点は、隊形運動におかれ、練兵場における部隊教練を重視したもので、はなはだしく実戦とかけはなれていた。なぜならこの時期は、ヨーロッパはじめ各国では、すでに連発銃が一般的に採用されていたからである。連発銃の一般化は、戦術を革命的に変える要因であった。これによって発射速度は速くなり、使用弾薬の量は膨大となり、火戦の威力は著しく増大した。このため死傷者の増加、戦場の拡大、補給の重要性などの大きな変化がおこり、戦術そのものにも、決定的な変化がおこるはずであった。しかしそれが戦闘法の変化として認識されるのは、連発銃による最初の大規模な戦争、すなわちのちの日露戦争をまたねばならなかったのである。

兵式のフランス式からプロシア式への転換にともなって、一八九一年（明治二四年）、「歩兵操典」はプロシアのそれにならって改定されたが、これは連発銃の採用を織りこみながらも、その決定的変化を認識したものではなかった。しかも日本では、まだ連発銃を採用せず日清戦争を迎えたのである。

日清戦争の日本軍の勝利は、小銃火力の勝利だったことは前に述べた。戦後の九七年（明治三〇年）、三〇年式連発銃の採用があり、それに応じて翌九八年（明治三一年）、再び操典を改正した。しかし戦争の経験、火戦の威力の認識はここでもそれほど徹底していなかった。この改正操典でも、単発銃時代から戦術にはいぜん大きな変化はおこらず、まず第一線の火戦、ついで白兵白兵突撃という戦術を踏襲し、そのための隊形運動の訓練が中心とされていた。戦争の経験を無視したこの戦術は、のちに日露戦争における膨大な死傷者をもって報いられるのである。

（1）明治二〇年代の陸海軍工廠の発展はつぎのようなものであった（小山弘健『近代日本軍事発達史』）。

○陸軍工廠

年次	東京砲兵工廠			大阪砲兵工廠			その他共合計		
	機関数	馬力数	職工数	機関数	馬力数	職工数	機関数	馬力数	職工数
一八八九年	一五	三二二	一、五七五	一〇	二四一	九六八	二五	五六三	二、五四三
一八九一年	一四	四六二	二、〇九一	一五	二五五	一、〇三八	三三	八七五	三、七四三
一八九三年	一九	六二八	二、八三一	一二	三二六	一、〇〇一	三六	一、一二五	四、三八二
一八九五年	一六	五七七	四、〇一〇	二〇	七一一	一、八四七	七二	一、九九七	七、三九五

○海軍工廠

年次	横須賀工廠			呉工廠			海軍造兵廠			その他共合計		
	機関数	馬力数	職工数	機関数	馬力数	職工数	機関数	馬力数	職工数	機関数	馬力数	職工数
一八八九年	二六	二九五	二、二二五	一一	一一三	七三三	一三	三六一	一、三五三	五〇	七六九	四、三〇一
一八九一年	二九	四五七	三、〇七〇	一七	二三七	一、四三二	一四	三六七	一、三二二	六〇	一、〇六一	五、八二七
一八九三年	二六	三六四	二、八七六	二三	二九七	一、七一二	一四	三八九	一、一一七	六三	一、〇八〇	五、七五〇
一八九五年	二八	三八四	四、一二一	二三	二九六	三、三一〇	九	三三八	一、三六七	六四	一、〇八六	九、四〇八

第五章　日露戦争

一　戦争準備

臥薪嘗胆

一八九五年四月一七日に調印された日清講和条約は、遼東半島、台湾、澎湖諸島の割譲、償金二億両など、清国にとっては過大な条件であった。李鴻章の北洋軍閥が、清国内におけるその権力を維持するために、戦争の終結を急いで、屈辱的な条件を呑んだのである。しかしこの条約は、露、独、仏の三国干渉によって変更させられ、同盟国イギリスも日本を支持してくれなかった。五月四日、日本は遼東半島放棄を決定、「臥薪嘗胆《がしんしょうたん》」は、国民的なスローガンとなった。

日露戦争をめざしての軍備拡張が国策の中心となり、国民にたいしても苦難な生活を強いて、軍備拡張費を絞り出したのである。その結果、日清戦争から日露戦争に至る一〇年間の陸海軍備の充実はめざましいものがあった。この間の拡張で、日本軍は、はじめて本格的な近代軍隊としての外観と内容とを備えたといっても過言ではない。

陸軍の拡張

つぎの対ロシアの戦争をめざす軍備の充実計画は、すでに日清戦争中から練られていた。一八九五年（明治二八年）四月一五日、監軍兼陸相山県有朋は、「兵備ヲ設クルニ付テノ奏議」（『秘書類纂兵政関係資料』）を上奏し、「抑モ従来ノ軍備ハ専ラ主権線ノ維持ヲ以テ本トシタトモノナリ、然レドモ今回ノ戦勝ヲシテ其効ヲ空フセシメズ、進ンデ東洋ノ盟主トナラント欲セバ必ラズヤ又利益線ノ開張ヲ計ラザル可カラザルナリ」として、兵制改革の概案を述べた。その案は、現存する七師団の内容を充実して、実質上二倍の勢力としようとするものであった。その一個師団の増強案はつぎのようなものである。

歩兵

現編制	九六〇〇人	（近衛　六四〇〇）
改正案	一万八〇〇〇人	（同一万二〇〇〇）
増加	八四〇〇人	（同　五六〇〇）

騎兵

現編制	三〇三人	（近衛　三〇五）
改正案	五二〇人	（同　三九〇）

増加	二一七人	（同　八五）
砲兵		
現編制	三六門	（近衛　二四）
改正案	五四門	（同　三六）
増加	一八門	（同　一二）
工兵		
現編制	四〇〇人	（近衛　二〇〇）
改正案	五〇〇人	（同　二五〇）
増加	一〇〇人	（同　五〇）

　これは一八七三年（明治六年）、六鎮台設置以来、明治政府、軍部の理想としてきたもので、六鎮台をしだいに充実し、これを軍団にしようとしたもので、このさい二個師団の軍団とするか、または兵力を増加していぜん師団とするかは、まだ確案がなかったわけである。しかし、大陸における野戦を考慮し、軽快な師団の数の多いのを有利とするという配慮が、のちの増強計画にあらわれたのであった。

　戦争直後の第九議会（一八九五年一一月から九六年三月）で、一八九六年（明治二九年）度から、陸海軍とも、対露戦争に備えた大規模な軍備拡張計画を実施することが可決された。陸軍では、第七から第一二までの六個師団および騎兵二旅団、砲兵二旅団を新設する計画であった。これは先の山県案とは異なり、師団数を増加することで大陸作戦に備えようとするものであった。このうち第七師団は北海道屯田兵の改編であり、第八ないし第一二師団はまったくの新設で、これによって陸軍の平時編制は、歩兵二旅団（四連隊）、砲兵一連隊を基幹とする師団一三個となった。

新設師団は、九七年から三カ年間にほぼ設置を終えた（山県有朋『陸軍省沿革史』）。他の騎兵、砲兵各二旅団、鉄道一大隊もととのい、日露戦前の一九〇三年（明治三六年）には、全兵力として歩兵一五六大隊、騎兵五四中隊、野戦砲兵一〇六中隊（一中隊六門）、工兵三八中隊が整備された。

これらの各部隊の装備も、格段の進歩をみた。歩兵および工兵は、三〇年式歩兵銃を、騎兵および輜重兵は三〇年式騎銃を統一して装備し、戦時動員する後備兵には、村田式連発銃を装備することとした。また砲兵は駐退砲架の速射砲である三一年式野砲および山砲に統一された。

海軍の拡張

海軍の場合も、戦後はじめて世界一線級の軍艦を備えようとする大規模な拡張計画をたてた。日清戦争の勝利で、清国軍艦鎮遠以下一一隻を手に入れ、このほか戦時中に購入した富士、八島の二戦艦があったが、これではとうてい西欧一流海軍に伍しているロシア艦隊との均衡がとれないので、日清戦争後の一八九六年（明治二九年）度から、大小艦艇三九隻を建造しようとする第一期拡張計画をたて、陸軍拡張案と同じく第九議会で可決された。
さらにつづく第一〇議会では、この拡張案とさらに修正増加した第二期拡張案が可決された。この建艦計画は、九六年から一九〇五年（明治三八年）にわたる一〇年間で、甲鉄戦艦四隻（朝日、敷島、初瀬、三笠）、一等巡洋艦六隻（八雲、吾妻、浅間、常磐、出雲、磐手）、二等巡洋艦三隻（笠置、千歳、高砂）、そのほか三等巡洋艦二隻、水雷砲艦三隻、水雷母艦兼工作船一隻、駆逐艦一二隻、一等水雷艇一六隻、二等水雷艇三七隻、三等水雷艇一〇隻、合計七四隻、ほかに雑船五八四隻を建造しようとするものであった。この経費総額二億一三一〇万円は、日清戦争の全戦費に匹敵する巨額であった（海軍省『海軍軍備沿革』）。この計画は、対露情勢の緊迫とともに早められ、予定より早く一九〇二年（明治三五年）にはほぼ全部の竣工を終えた。実際に建造されたものは最初の計画とはやや異なり、戦艦、一等、二等巡洋艦は計画どおり、三等巡洋艦は新高、対馬、音羽の三隻、水雷砲艦は千早の一隻、水雷母艦はつくらず、駆逐艦は二倍の二三隻、結局合計一〇六隻を建造した。

義和団事件

一九〇〇年の中国での義和団事件にさいし、日本はこれに干渉した八カ国の連合軍に、陸軍の主力部隊を提供した。これは日本が帝国主義陣営の一翼に加わったことを意味するものであり、日本陸軍が欧米列強の陸軍に並ぶまでに成長したことを示す事件であった。

義和団の運動そのものは、未熟な民族主義の運動が排外主義の形をとってあらわれたものであったが、外国人宣教師やドイツ公使を殺したことから、帝国主義諸列強の共同介入を招いた。日本は地理的条件上、救援部隊派遣に便利であって、義和団が一九〇〇年華北に入ると、五月二八日、列国公使団が護衛部隊派遣要請を決議し、五月三一日、太沽の艦隊から三〇〇人の軍隊が北京に入り、公使館区域で二カ月半の籠城をつづけることになった。六月一〇日、英艦隊司令長官シーモア中将の率いる陸戦隊二〇〇〇名が天津より北京に向ったが、義和団に阻止され苦戦に陥った。

この段階で日本はいち早く出兵を決意し、六月一五日、山県内閣は閣議で、陸軍の福島安正中佐の指揮する臨時派遣隊の編成派遣を決定し、これをイギリスに通告した。イギリスからは二度にわたり日本の出兵を促す覚書が日本に出されており、七月六日、さらに混成一個師団（山口素臣中将の指揮する第五師団基幹）の派遣を決定、日本軍の総兵力は二万二〇〇〇に達し、四万七〇〇〇の連合国軍の主力となった。連合軍は八月一五日、北京を占領、清朝政権を屈服させ、翌年義和団議定書を調印させ、償金と華北への駐兵権を獲得した。

この出兵は、イギリスの要請と列強との協調の下に行われ、指揮官は独元帥ワルデルゼーであったが、日本軍は実質的に主力部隊となった。このことは、日本が列強帝国主義の極東における民族運動抑圧の憲兵の役割を担うものとなったことを意味している。またこのときロシア軍が満州を占領したことが、日露戦争の原因となっているが、ロシアの満州独占にたいし、イギリス、アメリカが日本を先頭にたてて反発し、日露戦争の原因をつくることになったのである。

義和団事件への干渉戦争に大きな軍事的役割を果した日本は、経済的にはまだ後進国でありながら、アジアに位置するという地理的条件と、いち早く近代化した軍事力の優位を認められて、イギリスの代理人としてロシアに対抗するという役割を与えられることになり、一九〇二年一月、日英同盟を結び日露戦争を準備することになる。

二　戦争の経過

開戦時機の選定

三国干渉後、旅順、大連を租借したロシアの満州への兵力派遣は活潑で、とくに一九〇〇年の義和団事件に乗じて大兵を増派し、その占領を確実にして以後、参謀本部も真剣に対露作戦を研究しはじめた。一九〇〇年の参謀本部の計算では、極東駐屯のロシア軍兵力はなお歩兵四八大隊を中心とするものにすぎず、モスクワよりハルビンまで一軍団を輸送するには七七日を要し、また鉄道、水路および地方物資でロシアが極東で給養しうる兵力は二〇ないし二四万人にすぎないというものであった（沼田多稼蔵『日露陸戦新史』）。一九〇一年には東清鉄道はほぼ完成し、全線

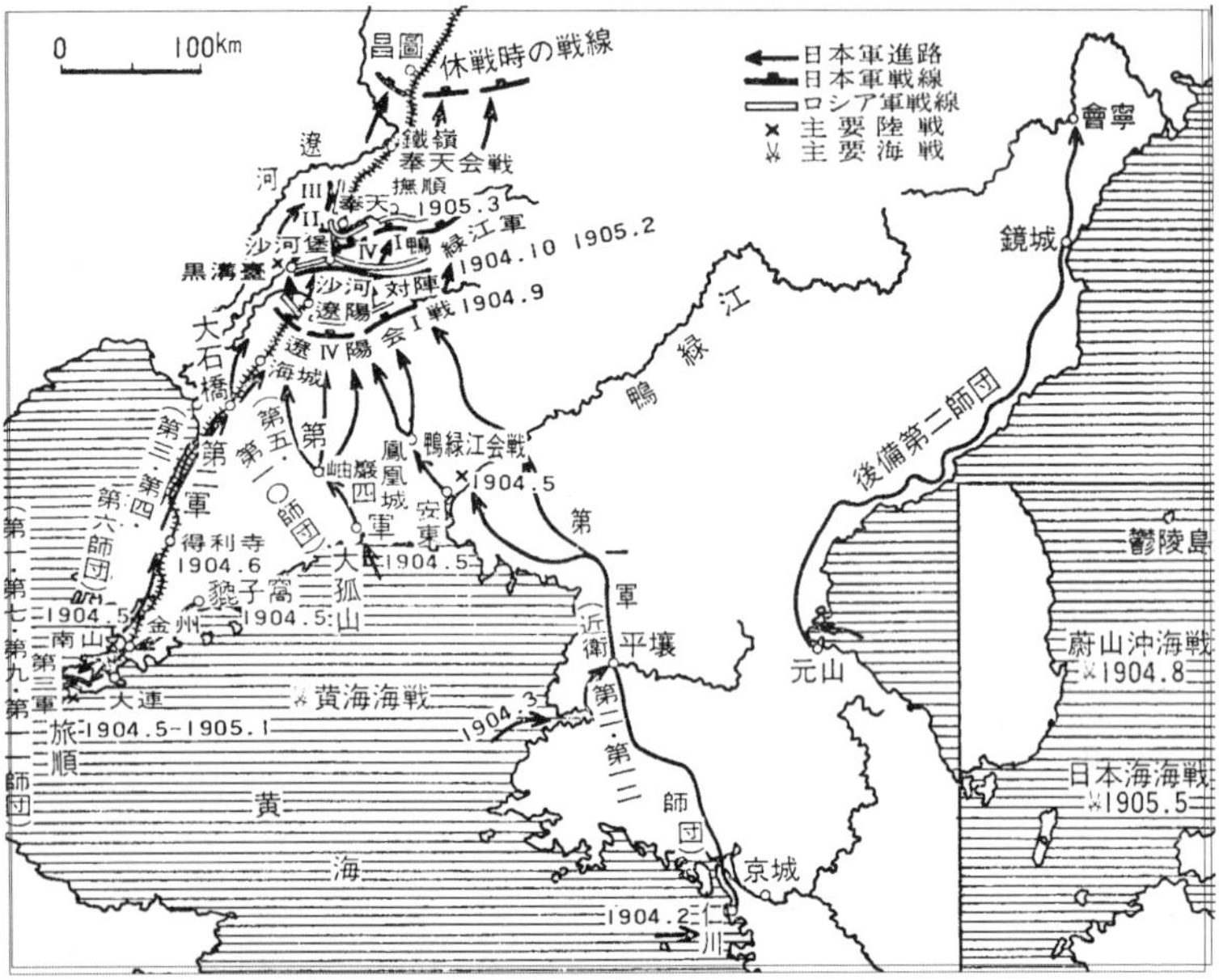

日露戦争戦闘経過図

の完成は一九〇三年ごろと予想されるに至り、彼我の戦略関係に大きな変化を生じようとしていた。また満州駐屯のロシア軍の兵力もしだいに増強される形勢にあり、一方日本軍の兵力は、一九〇〇年にいちおう日清戦争後の拡張計画を達成し、その後は大きな変化がなかった。

そこで軍部としては、戦略上の見地に立てば、開戦の期日は早いほうがよいという立場をとるようになった。

一九〇三年（明治三六年）四月、ロシアは満州撤兵第二期の約を踏まず、その極東政策は急に強硬に転じ、鴨緑江畔への軍隊の活動も活発となるなどの情勢が生まれた。一方日英の関係の接近により、政治外交上の対露戦争への布石もようやくととのっていった。

この年五月一二日、参謀総長大山巖は「今後に於ける露国の行動は、その慣用手段たる脅喝を以て帝国を威喝し、その態度の硬軟を見て多少の利を占めんとするか、若しくは飽く迄も兵力に訴へ勝敗を決せんとするにあるべく、目下の戦略関係は我に有利なるも、年月を累ぬるに従ひ彼此その状勢を転ずるに至るべく、且つ韓国にして彼の勢力下に置かるるに至らば、帝国の国防また安全ならざるべし。宜しく速に帝国軍備の充実整頓を図るべし」との上奏文を呈し、ついで六月二二日には左の意見書を内閣に提出した。

〔朝鮮問題解決に関する意見書〕

我日本帝国の朝鮮半島を以て我独立の保障地と為すは、開国以来一定の国是にして、現今及将来に亘り復た動かすべからざる所なり。

蓋し、帝国は瀛海中に卓立し八面皆波濤なるを以て、古来天府と称せしも、運輸交通機関発達し、今日に於ては天涯比隣波濤坦途となり、国防の難易正に昔日と相反し、且全国の形状蜿蜒南北に延長せるを以て、守備を要する地点甚だ多く、極めて国防に不利なり。独り幸とする所は、西に朝鮮海峡あり、東西の航路を扼し隠然国防の鎖鑰を成す故に、朝鮮をして能く常に我に親附し在らしむるときは、日本海の門戸茲に固く、大に国防に有利なり、若し之に反し、大国をして朝鮮を領せしめんか、其位置は恰も帝国の脇肋に対し、其距離は僅に数時間の渡航を要するのみ。是れ所謂臥榻の側他人の鼾睡を容るものにして、帝国の危害焉れより甚しきは無く、啻に国防に困難なるのみならず百事に圧制箝束を受け、遂に独立を保つに苦しむに至らん。是を以て、大政維新の初め夙に朝鮮を誘掖し、且百方苦辛して其清国との関係を薄くし、清国の尚之を属邦視するや、遂に数万人の生命を屠し数千万の国帑を擲ちて二十七八年戦役を興し、纔に我保障地を維持し得たり。

然るに詎ぞ料らん、此戦役の結果に於て清国の弱点世界に暴露するや、露国の勢力俄に東漸し、金州半島を占領し東清鉄道を収めて満洲の実権を握り、其膨脹の迅速なる実に予想の外に在り。帝国若し之を傍観して其為す儘に放任せば、朝鮮半島の彼の領有に帰せんこと必ず三、四年を出でざるべし。斯くの如くんば遂に我は唯一の保障を失ふなり。西海の門戸破壊するなり。僅に一葦帯水を隔てて直ちに虎狼の強大国に接するなり。利刃を脇肋に擬せらるるなり。我帝国臣民の寒心憂慮豈之に過ぐるものあらんや。

由是観是、我帝国は須らく今に迨びて露国と交渉し、速に朝鮮問題を解決せざるべからず。今日に於て之を交渉せば、或は必ずしも兵力に訴へず容易に解決を見るを得べく、若し不幸にして開戦に至るも、彼の軍備今日は尚ほ欠点あり。我軍備未だ充実せずと雖も、彼我の兵力未だ平均を失はず、方さに抗衡するに足る。故に国家百年の長計の為、朝鮮問題を解決するは唯此時を然りとす。

或は因循して此好機を逸せんか、戦略上に於ける彼が今日の欠点は三、四年を出でずして消除し尽すのみならず、更に強固なる根拠地を占め、威力を以て圧迫し、縦ひ我軍備更に充実拡張するも到底彼と相平均するの程度に追及する能はず、算数上勝敗既に明白にして、樽俎折衝亦望みなきに至らん。形勢此の如くに至らば臍を噬むも及ぶなく、遂に恨を呑んで屈辱を受くるあらんのみ。故に云ふ。朝鮮問題を解決する唯此時を然りとす。（後略）

すなわち彼我の兵力関係、輸送状況などから、開戦の時機は早いのを得とするという軍部の意見を表明したものであった。

軍の作戦計画

一九〇三年（明治三六年）一二月、参謀本部は、第一期（鴨緑江以南の作戦にして、韓国の軍事的占領をまったくするをもって限度とす）、第二期（鴨緑江以北満州の作戦）に区分した対露作戦計画を立案した。翌一九〇四年（明治三七年）二月、開戦にあたっての日本軍の作戦計画は、この案を踏襲し、ロシア軍に関する情況判断をさらに加えて、第二期以後の作戦についても予定したものであって、大要はつぎのようなものであった（参謀本部『明治卅七八年日露戦史』第一巻）。

「夫レ露国陸軍ノ全兵力ハ戦時殆ト我ニ七倍スト雖モ其極東ニ使用シ得ヘキモノハ必スシモ甚タ優勢ナルコト能ハサルヘシ」というのが基本的な判断であった。すなわち、欧露や属領に備えて総兵力の七分の五をさかねばならず、日本にたいして使用できるのは総兵力の七分の二であろう。それも満州の現地給養力、単線のシベリア鉄道の輸送力を考えれば、満州において三〇万以上の兵力を給養できないであろう。したがって実際の使用戦闘員は二五万内外であろうから、「之ニ対シ我ノ海外ニ使用シ得ヘキ戦闘員ト殆ト相等シ乃チ少クトモ終始対等ノ兵力ヲ以テ戦ヲ交フルノ望アリ」というのが敵陸軍兵力の計算であった。また極東にあるロシア艦隊にたいして、日本海軍は優勢を持しているけれども、三月なかば到着予定の増加艦隊が到着すれば、彼我の勢力関係は逆転すると判断した。

このため、日本軍の作戦計画は、まず海軍はロシアの太平洋艦隊を求めて、これを撃破し制海権を獲得する。陸軍は第一期において、三師団よりなる第一軍を韓国にすすめてこれを占領し、鴨緑江畔にすすむ。ついで三師団強よりなる第二軍を遼東半島に上陸させ、第一軍と呼応し遼陽に向かい作戦し、これを占領する。旅順要塞はこれを監視するか攻略するかは状況によって決める。別にウスリー方面を支作戦とし、一師団をこれにあてる、というものであった。

これにたいしロシア軍は、開戦当初の日本軍はほとんど二倍の優勢を示し、かならずすすんで攻勢をとるであろうから、決戦を避けてその前進を遅滞させ、これを北方に誘致し、この間ヨーロッパから増強する兵力を合わせて遼陽付近で決戦を行う。もし状況が有利にすすまなければ、さらにハルビン付近で一大決戦を行おうとするものであった。

この情況判断と作戦計画で、日本軍は、ロシア軍の兵力集中について大きな誤算をおかした。

すなわち、現地の給養力は予想以上に大きく、またシベリア鉄道の輸送力も非常手段により増強され、実際にロシアが満州に集中した兵力は、予想の三倍にも達したし、日本軍の補給力、とくに陸上のそれが不備で、遠く北方への前進には大きな困難があったのである。

戦況の推移

戦争の経過は、日清戦争とはくらべものにならない苦戦の連続であった。

当初の韓国にたいする作戦は、ロシア軍がまじめな抵抗を放棄したため順調にすすんだ。二月九日、宣戦布告に先立って仁川沖で海軍がロシア軍艦二隻を沈め、また八日以来旅順軍港にたいする強行閉塞をくりかえし、閉塞そのものは失敗したが、ロシア艦隊を港内に釘付けにして、一応の制海権をにぎった。この間韓国に上陸した第一軍は、五月一日、鴨緑江畔の軽戦にロシア軍東部支隊を破って九連城、安東一帯を占領した。ついで第二軍は、五月五日、塩大澳に上陸し、金州半島の咽喉部にあたる南山のロシア軍陣地にたいする正面攻撃を行った。兵力において三倍、海上よりの援護砲撃をもってしてもこの戦闘ははなはだしい苦戦で、わずか一日の戦闘で四三〇〇の死傷者を出し、ともかくも南山を占領、旅順を孤立させた。日清戦争の全死傷者に匹敵する損害を、わずか一日一地点の戦闘で出したことは、日本軍を愕然とさせたのであった。

ついで第一、第二軍の中間大孤山に独立第一〇師団を上陸させ、六月六日第三軍を編成して旅順要塞の攻囲にあたらせ、第二軍は北進して得利寺の遭遇戦に勝った。七月中旬、大山巖総司令官、児玉源太郎参謀長の満州軍総司令部が戦地に到着し、独立第一〇師団を増強して第四軍を編成、八月末より遼陽のロシア軍陣地にたいする攻撃を開始した。激戦一週間、ロシア軍の指揮の混乱、第一軍の側背進出からロシア軍は退却したが、日本軍も死傷多大、砲弾欠乏から戦場に停止して追撃ができなかった。この戦闘の戦闘兵力、日本軍一三万五〇〇〇、ロシア軍二二万、死傷は日本軍二万三〇〇〇、ロシア軍二万であった。

この直後八月一〇日、旅順を脱出しようとしたロシア艦隊と東郷平八郎の連合艦隊とは黄海の海戦を戦い、ロシア艦隊は多くの損傷をうけて旅順に遁入、以後出撃しなかった。ついで八月一四日、上村彦之丞の第二艦隊は、蔚山沖でウラジオストックにあったロシアの少数艦隊と戦ってこれを破り、制海権は完全に日本海軍のものとなった。

遼陽会戦後、両軍は沙河の線をはさんで停止し、ロシア軍が新鋭兵力を加えて攻勢に転じた沙河の会戦を、結局勝敗がつかず、以後沙河の滞陣のまま冬営に入った。

この間、旅順要塞の攻囲をめざした第三軍は、八月、第一回の総攻撃を行って失敗した。以後も、ヨーロッパより回航のロシア艦隊にたいする顧慮から要塞の早期占領を望んだ海軍、大本営の意向により、強襲をくりかえし失敗を重ねたが、一二月五日、二〇三高地の占領によってようやく港内を俯瞰し砲撃しうるにいたり、翌一九〇五年（明治三八年）一月一日、これを降伏させた。半年間の攻城に、参加兵員一三万、じつに五万九〇〇〇の死傷を出した。

冬営中の北方戦線で、ロシア軍は、第三軍の増加に先だち日本軍の機先を制しようと、一月末その第二軍一〇万をもって日本軍の左翼に向かって猛烈な攻勢に転じ、黒溝台の会戦となった。雪中の激戦五日間、ロシア軍一部の単独攻勢は失敗したが、これにたいした日本軍は当初は第八師団のみで、九〇〇〇の死傷者を出した。一師団一戦場の死傷者としては、空前の損害であった。

黒溝台の会戦後、日本軍は第三軍を北進させ、また新たに鴨緑江軍を編成、一師団をのぞくその全兵力を満州に集中し、三月奉天を攻撃した。日本軍戦闘員二四万、ロシア軍三二万、戦争中最大の激戦となったが、一週間の戦闘ののちロシア軍は退却した。戦争中はじめて、日本軍の包囲作戦が成功するかにみえたが、兵力の不足からこれを逸した。死傷は日本軍七万、ロシア軍は捕虜をふくめて九万に達した。この作戦は日本軍の攻勢の終末点でもあり、以後戦線は昌図、開原の線で停止した。

ロシアは、この間バルチック艦隊を太平洋に回航し、制海権を一挙に回復しようとはかった。一九〇四年一一月、リバウ軍港を発した艦隊は半年を経て五月末、対馬水道にかかり、旅順陥落後整備と訓練を重ねて待ちうけた日本艦隊と、日本海の海戦を戦った。五月二七、二八日の二昼夜の戦闘で、ロシア艦隊は完全に壊滅、事実上戦争の決着をつけた。

三　戦争の勝敗の原因

兵器と装備

日清戦争における日本の勝利、とくに戦闘の勝敗の原因は、明らかに両国軍隊の近代化の度合の違いによっていた。しかし日露戦争において、そのような劃然とした差があったであろうか。

日露戦争は、例を陸戦にとっても、従来の世界の軍事常識をこえた様相を呈した。それは、火器の威力の増大、損害の異常な多出であった。普仏戦争、クリミア戦争時代とくらべて、火器の威力は非常に進歩していた。歩兵火器の主力は、いぜん連発銃であったが、発射速度、命中精度、有効射程のいずれもが格段に進歩し、殺傷能力は非常に大きくなっていた。また新たな歩兵火器として、機関砲が出現していた。野山砲も、発射速度、精度、射程とも飛躍的に向上し、その威力は増加していた。このため、密集部隊の突撃は火力に妨げられて、もはや不可能となる段階に入っていた。また発射速度の向上は、使用弾薬量を飛躍的に増大させ、このため弾薬補給の能力が大きな問題となってきた。こうした事情は、戦術にも大きな変化を及ぼさずにはおかない。

この戦争において、日露両軍の兵器、装備、補給能力には、決定的な差はなく、むしろロシア軍のほうが、若干まさっていた。ロシア軍は戦争の当初より二輪砲架口径七・六ミリのマキシム式機関砲（機関銃）を装備し、戦争の途中さらに駄載式およびマセドン式の両機関銃を併用したが、日本軍はついにこれを実用化できなかった。またその砲兵は、主体である速射野砲中隊は一九〇〇年式プチロフ速射砲八門をもち、毎門弾薬二二〇発、遊動弾薬廠に二三〇発、軍弾薬廠に二三〇発の予備弾薬を有していた（参謀本部『明治卅七八年日露戦史』第一巻）。日本軍砲兵中隊より、砲数、弾数においてはるかにまさっていた。したがって、同兵力の日露両軍の対戦の場合、火力においてはロシア軍がややまさっているのが実情であった。この戦争の陸戦では、日本軍が終始攻勢をとった。このため、準備した陣地に向かい、火力をおかして正面攻撃を行う場合が多かった。旅順の攻城戦はもとより、南山の戦闘、遼陽、奉天の両会戦ともそうである。このため日本軍の戦闘における死傷は莫大で、死傷率二、三〇パーセントはめずらしくなく、黒溝台の会戦のように五〇パーセントを超えた場合すらあった。

こうした火器の威力の増加と死傷の増大とは、戦闘の性質を複雑で靭強なものとした。従来の戦術の教えるように一回の火戦、一回の突撃で戦闘の決がついたのは、戦争初期の鴨緑江の会戦ぐらいのもので、一つの陣地の争奪にしても、死傷者続出のため頓挫した突撃を、予備隊を加えて再興し、戦闘は数日に及ぶのを例とした。至近距離で対峙することも多く、地形地物を利用し、散開し、兵各個に射撃するなど、操典に教えない戦闘が必要となっていた。事実そうしたねばりづよい戦闘に堪えたものが、戦場の勝者となったのであった。

軍隊の素質と士気

こうした戦闘の様相の複雑化、靭強化にたいして、よく堪えたものが日本軍であった。それは日本軍とロシア軍との、将校と兵士の素質と士気の差であったといってもよい。

ロシア軍の将校は、貴族出身の特権階級であったことはよく知られている。門閥によって高級の地位に上った高級指揮官には、軍事能力においては劣弱なものが多かった。また将校一般も、戦闘員であるよりは貴族であり、またその教育は、近代戦に適応するにはあまりにも遅れた、一九世紀前半のフランス流形式主義におちいっていた。とくに問題にしなければならないのは、兵士の素質であった。その給源は、人口の大部分を占める封建的農奴であった。ロシア兵の忠実が世界に喧伝されていたが、それは農奴の忠実であり、一片の自発性をもたないものであった。

ロシア軍兵士の七割までは文盲であるとされ、その兵器取り扱いや射撃能力の拙劣さには定評があった。ロシア軍のいっせい射撃は、多くが頭上を飛びこえるだけだったとは、戦争参加者の体験談が語るところである。戦闘が長びき戦線が混乱した場合、自発性のない兵士の集団はただ壊乱するのみであった。また彼らには、戦争目的について一片の理解もなかった。戦争は皇帝と一部高級軍人の野心のためのものであり、ロシア国民とくに農民を納得させるひとかけらの目標もなかったのであるから、一九〇五年革命の起こる条件は、またロシア軍隊の敗因にも通じるものであった。

これにたいし日本軍のそれは、数等まさっていたといってよい。将校の教育は、軍隊創設以来もっとも重視されてきたところであった。元来士族階級出身者の多かった将校団には、明治三〇年代以後、しだいにそれ以外の出身者の比率が上がってきたとはいえ、エリート意識の養成には特別の配慮が払われてきた。一八九八年（明治三一年）、監軍部を廃して教育総監部を置き、その統一した指導のもとに、幼年学校、中央幼年学校、士官学校、陸軍大学校を通じ、ドイツ陸軍にならって、将校の素質と能力を向上させるため、大きな努力が払われていた。外国観戦武官も、日本軍将校の軍事能力が、ロシア軍にくらべて意外に高いのに驚いていた。

とくに日本軍について有利であったのは、兵士の素質であった。明治維新以来三十数年間、政府がもっとも力を注いだ義務教育制度の目標は、忠良なる天皇の兵士を養成することにあった。戦争直前の壮丁の無教育者の比率は二〇パーセント台であり、そのうちまったく読み書き算術をなしえない者はまたその半分にすぎなかった（小山弘健『近代日本軍事発達史』所収の資料による）。またその士気も、日清戦争以来の国民的戦意高揚手段の成功で、比較的上がっていた。この兵士の素質と士気が、損害続出の戦況にもかかわらず、なお攻撃を続行しうる条件となっていたのであった。

海軍についても同様のことがいえる。高級指揮官の戦意の失墜と無能力、士官の軍事技術の劣悪、水兵の訓練と能力の不足は、ロシア海軍に一般的であった。とくに遠路回航してきたバルチック艦隊が、その間にまったく士気退廃に陥っていた事実は、周知のとおりである。

日本軍の勝因

こうした軍隊の素質と士気の差が、個々の戦闘の局面に大きくあらわれたといってよいが、そのほかにも戦争の勝敗を分けた原因はあった。その一つは、地理的な条件である。国力において、また軍事力において、日本とロシアとではくらべものにならないほどの差があったが、戦場は、終始日本本土の近くであった。補給、輸送の距離の差は、当初の日本側の算定ほどでなかったにせよ、日本にとって有利に作用した。また日本がその国運をかけて全兵力を戦場に投じたのに、ロシアは、最有力の部隊は本国にとどめ、素質不良の部隊の一部を戦場に送ったにすぎなかったのも、極東という遠い地域での戦争だったからであった。また兵器、装備についても、日本軍は一応画一化に成功しており、その点ロシア軍は不統一な弱点をもっていた。とくに海軍においては、日本艦隊の主力が、ことごとく日清戦争以後の一〇年間において建造されたものであり、速力においてまさり、砲力においても均整のとれた装備をしていたのに、ロシア艦隊は艦齢の古い老朽艦を多くまじえ、速力も不ぞろいで、艦隊行動においては日本海軍にひけをとっていた。さらに火薬の威力においても、日本がまさっていた。

日露戦争における海戦は、世界の海戦史に画期となったものであった。四〇〇〇～五〇〇〇メートルの遠距離から主砲の砲撃の応酬で戦闘を決する。それも、艦隊の砲力を、つぎつぎに目標の敵艦に集中してその戦闘力を奪うという戦法が、はじめて実際に効果をあげたのである。この点で、高級指揮官の能力、訓練、素質、さらに軍艦の性能、火力において均整のとれた日本艦隊が、艦隊運動を有効に活用して有利であった。これ以後各国海軍は、大艦巨砲による有力艦隊の編成と訓練をきそうことになるのであるが、日本海軍は期せずしてこうした新時代の幕を拓いたのであった。

以上にあげた戦闘の勝敗の原因は、だがそのまま戦争の勝敗の原因に結びつくわけではない。海戦の勝利はともかくとして、主戦場となった満州平野には、日本陸軍は可能なかぎりの兵力と資材を注ぎ込んで余力がなかったのに、ロシアはその大陸軍の一部しか使用していなかったのは周知のとおりである。奉天戦後、日本軍の戦力は尽きたのに、ロシア軍の増強はますますさかんで、彼我の力関係は逆転しつつあった。日本軍が戦闘の勝利を収めたこの時期に、ともかくも戦争を終結させたのは、ロシア国内に起こった革命と、極東をめぐる帝国主義強国間の利害関係とにほかならなかった。

日本軍の苦戦とその矛盾

例を兵器弾薬の補給にとってみても、日本の戦争遂行能力はすでに限界をこえていた。火器の威力の増大、弾薬消費の激増は、戦闘の様相をまったく変えたが、それにたいする準備が全然ないままに、戦争に突入したのが実情であった。開戦前の弾薬消費量の計算の基礎は日清戦争以前の過去の戦争を例にしていたが、事実はその数十倍の弾薬が必要であり、国内軍事工業の能力では、それを急速に拡張してもとうていまかないきれなかったのである。戦争の初期の南山の戦闘は、わずか一日で莫大な死傷者を出して軍当局を驚かせたが、それ以上に弾薬の消費量の多大なことが問題であった。この戦闘で、第二軍の消耗弾薬は、小銃弾二二二万発、野山砲弾三万四〇〇〇発に達し、午後一時にはすでに各隊は砲弾欠乏を訴えていた（『明治卅七八年日露戦史』第一巻）。最初の大会戦である遼陽の戦闘では、弾薬の欠乏、補給難ははなはだしく、せっかく敵陣地を突破しながら追撃不可能となって、戦場に停止したことはよく知られている。

開戦第一年の後半には、すでに弾薬ことに砲弾の不足は重大な問題となっていた。砲兵工廠は、諸隊の出征がほとんど終わったので、火砲、車両の製造をやめて全力を砲弾の製造に注いだが、それでも欠乏は避けられなかった。沙河会戦中、満州軍は大本営に、目下焦眉の急に応ずるため、内地に待機中の第七師団の所有全弾薬を戦線に転用することを要求し、また旅順攻囲軍の重砲弾不足のため、内地要塞の警備弾薬までふりむけるという状態であった。沙河会戦後、満州軍総参謀長は参謀総長にたいし、砲弾不足のため前進不可能の旨を電報したのにたいし、参謀総長は次のように返電している。

「砲弾の一事、種々方法を講じ、製造力を増し、また外国に註文する等、実に全力を注ぎつつあるも、ただ今日に於て豊かなる補給を為す能はざるは千載の恨事なり。過日総理邸に於て軍のためにする補給品調辨に金銭を惜むべからざるを主張し、閣員のこれに反対せしものなかりしも、如何せむ、比年消極計画の結果今日俄かに拡張し能はず、動もすれば戦機を失せんとするの虞あるは返す返すも遺憾なり」（沼田多嫁蔵『日露陸戦新史』）。

製造能力を拡張できないだけでなく、その製品も不良で、不発弾がきわめて多かった。それは精密工業の無力による信管の不良からであった。日本の工業と技術の底の浅さが、近代戦争に適応できないことを、砲弾の欠乏は暴露したのである。しかし、それでも戦争には勝った。そして戦勝の栄光は、こうした事実への正しい認識を妨げた。

戦闘の勝敗についても、同じように戦勝の誇りが批判の余地をなくさせていた。日露両軍の士気と素質の差は、両国の国家機構や社会構成の差にもとづいていたといってよい。将校と兵士が、貴族と農奴というはっきりした階級差をもっていたロシア軍と、たとえ形式的にせよ、徴兵令の度々の改正によっていちおう国民皆兵の外観を備え、また戦争そのものをともかくも国民戦争のベールでつつむことのできた明治日本との違いが、ここにあらわれたのだともいえる。したがって士気も素質も、一見きわめて形而上の問題に似てはいるが、実はここにあらわれたものは、もっとも物質的なまた社会的な条件の差であった。しかしこの差異は、日本の軍部によって、正当に評価されてはいなかった。

たとえば『偕行社記事』は、その三三七号で将校一般に「日露戦役ニ於ケル勝敗ノ原因ヲ論ス」という懸賞論文を募集し、三五一号（一九〇六年一一月）でMU生および陸軍騎兵少佐吉橋徳三郎の二編の入選を発表している。両編ともいくつかの要素をあげてはいるが、結論としては「勝敗最大ノ原因ハ之ヲ彼我軍人精神ノ優劣ニ帰セサルヲ得ス」（吉橋論文）という点で一致している。そしてこのため、軍隊教育における精神教育の必要、将校に武士道を鼓吹する必要を力説している。これは前記入選論文のみならず、軍部の公式見解でもあった。公刊の『日露戦史』をはじめとする諸書が、ことごとく戦争の勝利を天皇の聖徳と将士の忠勇に帰して、日本軍の精神的要素の優越を説いている。そして戦後の軍隊教育をはじめとする軍事的施策は、もっぱらこの点の強化に努力を集中したのであった。こうして、精神主義の強調によってすべての批判をおおいかくし戦勝の栄光と誇りにおぼれて、破局への道を歩みはじめたのである。

朝鮮併合戦争

日露戦争の勝利の最大の獲物として、日本は朝鮮を植民地とした。しかし朝鮮併合は、はげしい民族的抵抗に直面し、四年間に及ぶ軍事行動をともなうものとなった。平和的に合併が行われたという建て前をとるために、この植民地戦争は秘密にされ、その軍事作戦の記録である『朝鮮暴徒討伐誌』も秘密扱いとなっているが、これはまがうことなき植民地化のための戦争であった。

戦争の当初、先ず陸軍の臨時派遣隊が宣戦布告に先立って朝鮮に上陸し、ついで第一軍が朝鮮に送られ、この圧力の下に、一九〇四年二月二三日に日韓議定書を結んで、日本は軍事上必要な地点を臨機収用する権利を得て、朝鮮を事実上の軍事占領下に置いた。そして第一軍の満州への前進にともない、韓国駐劄軍を置き、その一部を咸鏡道方面に作戦させた。(1) 一九〇四年八月二二日、第一次日韓協約で、韓国政府に日本政府推薦の外交財政顧問を置くことにしたが、戦後の一九〇五年一一月二七日、第二次日韓協約を結び、韓国の外交権を奪った上、京城に統監を置いた。一九〇六年八月一日、韓国駐劄軍司令部条例を公布し、その司令官は天皇に直隷するが、統監の命令で兵力を使用することとした。

一九〇七年六月、オランダのハーグで開かれた万国平和会議に、韓国皇帝が朝鮮の独立の保障を希望する密使を送った事件が発覚すると、日本はこれを口実に一挙に植民地化をすすめようとし、七月一二日、対韓処理方針を決定した。伊藤博文統監は、皇帝の責任を追及して七月一九日、皇太子に譲位させた。これに反対した朝鮮の民衆が各地で反日暴動をおこすと、伊藤統監は駐劄軍一個師団に加えてさらに一個旅団の兵力増派を要求し、その圧力の下に七月二四日、第三次日韓協約を強制し、外交のみならず内政までも統監の監督下に置き、韓国軍隊を解散させることとした。八月一日、日本軍の包囲の中で京城で軍隊解散式が行われたが、悲憤のあまり自殺する軍人まであらわれた。また京城をはじめ各地の軍隊は解散に抵抗し、武器をもって反乱をおこし、これに呼応して朝鮮全土に一斉蜂起がおこった。日本軍はさらに内地から臨時派遣騎兵四中隊を派遣し、はげしい鎮圧作戦を展開した。この武装抵抗は「義兵」と呼ばれたが、兵士のみでなく広汎な大衆が参加し、圧倒的に優勢な武力をもつ日本軍にたいして、小部隊によるゲリラ戦で戦った。

義兵と日本軍との戦闘は、一九〇七年八月から一九一一年六月に至る間に、日本側の資料によっても、戦闘回数二八五二回、義兵の戦闘兵力一四万一八一五名と報告されている。このゲリラ戦に対抗するため、日本軍は兵力を分散配置し、義兵の根拠となる山間の小部落を焼き払って、住民を平地の日本軍の支配下にある部落に集団移住させた。これは一九三〇年代の満州における集団部落や、ベトナム戦争でアメリカ軍がとった戦略村の原型となる戦術であった。このため義兵の行動は分散、小規模化していったが、執拗に抵抗がつづいた。

義兵運動弾圧に最終的に効果を発揮したのは憲兵であった。韓国駐箚憲兵隊は一九〇七年に二〇〇〇名に増強されたが、さらに朝鮮人補助憲兵制度をつくり、一九〇九年に補助憲兵を加えて六七〇〇名の兵力に増加し、これを朝鮮全土に四五三の分隊、分遣所を置いて、すべての部落に憲兵が配備されるという徹底的な分散配置制度を採用した。

一九一〇年八月、義兵運動をほぼ鎮圧した上でようやく日韓併合を行ったのである。しかし一部の義兵は、国境を越えて満州に逃れ、ここでゲリラ戦を継続した。

併合にともなって一九一〇年九月一二日、朝鮮駐箚憲兵条例を公布し、韓国駐箚憲兵を朝鮮駐箚憲兵と改め、その任務を「治安維持に関する警察および軍事警察」とし、憲兵政治による支配の形態をととのえた。同年九月三〇日、朝鮮総督府官制を公布し、総督は陸海軍大将とし、総督に駐箚師団の指揮権を与えた。(2) こうして軍事力による植民地統治の体制がつくられたのである。初代総督には、陸軍大臣を兼ねた陸軍大将寺内正毅が任命された。陸軍が朝鮮統治を直接担当したことは、国内においても陸軍の政治的役割を高め、その発言権を強化することになった。

(1) 開戦直後陸軍は一個大隊を朝鮮の元山に派遣し、元山守備隊としていたが、ロシアのウラジオストック部隊に元山港を襲われ、金州丸を沈められ多くの捕虜を出した。その後韓国東北部のロシア軍を攻撃するため後備第二師団を韓国駐劄軍に増加し、一九〇五年五月から咸鏡道を北進させた。戦闘は〇五年九月に及んだが、韓国の領土を完全に支配する前に休戦となった（参謀本部編『明治卅七八年日露戦史』第十巻）。

（2）日露戦争にさいし編成された韓国駐劄軍は、朝鮮総督府の成立にともない朝鮮駐劄軍と改称された。その兵力は、内地から交代で派遣される駐劄師団が主体であった。しかし陸軍では、朝鮮支配のためにも、大陸作戦の前衛部隊を強化するためにも、常駐の二個師団を置く要求が強かった。一九一二年（大正元年）、朝鮮二個師団増設要求を容れられず上原陸相が単独辞職して第二次西園寺内閣を倒したのも、この植民地支配兵力増強の要求からであった。

第六章　帝国主義軍隊への変化

一　日露戦争後の典範令改正とその意義

日本軍の独自性

日露戦争後を画期として、陸軍の典範令は、全部にわたって根本的な改訂を加えられている。一九〇八年（明治四一年）の「軍隊内務書」の改正をはじめとし、翌一九〇九年「歩兵操典」、一九一〇年「砲兵操典」および「輜重兵操典」、一九一二年「騎兵操典」がそれぞれ改正され、一九一三年には「軍隊教育令」、一九一四年には「陣中要務令」が制定されている。

元来典範令類は、兵器、技術の進歩や戦法、思想の変化にともなって、たえず改訂されており、多いものは明治以来十数回の改訂を加えられている。しかし明治初年の典範令は、ほとんどフランス陸軍典範令の直訳であったし、明治二〇年代初頭にほぼそれらをドイツ陸軍の典範令にならって改正し、以後も小改訂を加えているが、いぜん外国模倣の色彩が強いものであった。日本軍隊独特のモラルやイデオロギーが、そこに体系的にあらわれてくるのは、日露戦争後のこのときの大改正によってであった。

この改正によってはじめて日本軍隊の戦法、訓練、思想が体系化したとされている。試みに「改正歩兵操典」と、改正前の一八九八年（明治三一年）の操典、「改正内務書」と改正前一八九四年（明治二七年）の内務書を比較すると、体裁や字句ばかりでなく、内容にも質的な差異を見ることができる。そして以後数回の小改訂を経て第二次大戦の時期まで、日本軍隊によって採用された典範令の原型は、このときはじめて確立されたということができるのである。そこで、このとき改正された典範令について、簡単な分析をこころみてみよう。

この改正の前後を比較して、新しい典範令にみられる重要な第一の特徴は、精神主義があらゆる個所で強調されていることである。新操典には、「攻撃精神」「必勝ノ信念」「軍紀」などの有名な綱領が採用されているのをはじめとし、戦闘にあたっての攻撃精神の強調、その基礎として「忠君愛国、至誠」「身命ヲ君国ニ献ゲ至誠上長ニ服従」（いずれも「歩兵操典」綱領）する天性が要求され、教育訓練はこの目的のため、とくに「精神教育」を重視すべきことが謳われている。

元来軍部がこの大改訂を企てたのは、日露戦争の勝利によってかちえた自信と大国意識とから、外国模倣の典範令を改めて、独自の戦法と教育訓練を採用しようとしたからであった。しかし、改訂された操典は、この精神主義強調を除いては、具体的な戦術戦法や教育訓練方式では、いぜん従来のドイツ式操典と変わったものを採用することができなかった。この改正操典を論評したドイツ軍事記者からも、献身的攻撃精神が強調されているほかは、わが国の操典と変わりがないと断定されている（『ライプチヒ新報』および『ドイツ軍事週報』論説〔『偕行社記事』四一〇、四一一号、明治四三年〕）。日本陸軍の貧困な軍事思想からは、独自の戦略戦術体系を生み出せるはずがなく、外国模倣を脱却しようと意気込んだ典範令改正も、戦法訓練のうえでは、ひたすら精神的要素を強調する以外の独自性を発揮できなかったのである。

精神主義の強調

しかしこの改正で、忽然として、典範令全体を埋めつくすほどの大きな比重をもって、精神的要素が強調されたのには理由がある。それは、日露戦争の経験であった。火器の威力の増加、なかんずく機関銃の出現によって、戦闘の様相は世界の軍事史上に特記されるような、非常な変化をみせた。日清戦争の戦死者（病死を除く）一六〇〇人にたいして、日露戦争のそれは一〇万人に達している。日清戦争の主要会戦、平壌、旅順、威海衛、牛荘、田庄台の戦闘が、いずれも一日で決したのにくらべて、日露戦争の会戦は、遼陽会戦二週間、沙河一二日、奉天一六日、旅順の攻城は半年を要している。

このように、火力の進歩による損害の増加、戦闘の複雑靭強化は、必然的に密集戦法から散開戦法への変化をうながし、戦場の指揮、部隊の統制を困難にした。参謀本部編纂の『明治卅七八年日露戦史』をひもとけば、損害続出のさいの突撃発起、幹部の統制が欠けたときの戦線の維持、いったん動揺した戦線の収拾が、いかに困難であったかの実例は、枚挙にいとまがない。こうした条件のもとでの戦闘では、兵士個々人の自発的戦闘意志、愛国心を基礎にした士気と攻撃精神とが、いかに不可欠の要素であるかが痛感されたのである。新操典が「一兵ニ至ル迄」精神的諸要素を要求したのは、この痛切な体験からであった。

しかし、天皇制機構の中核として組織された日本の軍隊には、本来近代的な意味での愛国心は無縁であった。いうまでもなく近代的な愛国の観念には、国民の自由と民主主義とが不可欠に結びついている。国民の自由を圧殺し、民主主義の芽を踏みにじることによって成立した天皇制が、その権力の最大の支柱とした軍隊には、はじめからこのような愛国心を期待していなかった。天皇制軍隊が、兵士の自主的な愛国心に替えてたよりとしたのは、ただ厳格な軍紀であった。いっさいの自主性をうばう奴隷的な軍紀によって、兵士を抑圧し、拘束し、むちと叱咤によって前進させることしか考えられていなかったのである（井上清「天皇制軍隊の成立」『日本の軍国主義Ⅰ』）。しかし戦争の体験は、軍紀だけでしばった軍隊は、複雑靱強な新しい戦闘様式に堪えるものでないことを明らかにしたのである。

攻撃精神と生命軽視

しかし新操典をはじめ改正された典範令が、「忠君愛国」を基礎とした「攻撃精神」を軍隊にもっとも必要な資質として要求したとき、それがこのような自主と民主主義に結びついた近代的愛国心を期待できなかったのも当然である。そこで説くものは、自由や民主主義と切りはなされ、忠君と結びついた愛国であり、つねに「忠君愛国」あるいは「君国」と、表現すら一体となったものであった。それは、天皇絶対主義と排外主義に歪曲された愛国であり、ひとかけらの現実的な国民的利益とも結びついたものではなかった。だから、どんなに抽象的な言辞をならべて操典が「攻撃精神」を強調しても、それからは兵士の自発性にもとづく戦闘意志を喚起することができない。

「兵卒カ悉ク死ヲ視ルコト帰スルカ如ク自動的ニ旺盛ナル攻撃精神ヲ保有スルコトハ我国ノ美風ナリト雖モ是教育上ノ理想タルヲ免レスシテ其程度以上ハ兵卒ヲシテ軍紀ニ従ハシムルヲ要ス、換言スレハ其程度ノ威圧ヲ要スルナリ」（「軍隊ノ攻撃精神ヲ旺盛ナラシムル諸手段」『偕行社記事』三八〇号論説、明治四一年）とし、あるいは「之（攻撃精神）ヲ口ニ唱ルハ易ク之ヲ事実上ニ現出シテ戦闘ノ要求ヲ完全ニ充足セシメントスルハ蓋シ難中ノ至難タルヲ疑ハス、世ノ文明ト共ニ物質的進歩ニ傾キ人心ハ軽薄ト為リ利己主義ニ趨リ黄金日ニ貴ク義ノ為ニハ犠牲ト為ルモ敢テ厭ハサル武士的精神ニ欠如セルハ事実ナリ、此ノ時ニ当リ斯ル社会ヨリ来ル所ノ壮丁ヲ二乃至三年ノ間ニ於テ軍隊ノ要求スル攻撃精神ヲ養成シ寡ヲ以テ衆ヲ破ルノ軍隊ヲ練成スルハ容易ノ業ニアラス」（荻原吉五郎「攻撃精神ノ養成方策」『偕行社記事』四二三号論説、明治四四年）とする悲観的な意見が、部内からすらでてくるのは当然であった。

こうした非現実性にもかかわらず、操典が声を大にして攻撃精神を説くとき、それが非合理かつ独善的な精神主義におちいることも当然の帰結であった。かくて「無形ノ要素」が「物質的威力ヲ凌駕」（「歩兵操典」綱領）するという極端な精神主義が生まれてくるのである。

このように改正操典は、精神主義を強調し、兵士の愛国心を基礎とした攻撃精神こそ戦勝の要訣であると説いても、兵士の自発性を喚起するなんらの条件を示すことができず、その実効が期待できないという矛盾を暴露していた。ことに日露戦争を画期として帝国主義の段階に突入し、社会的矛盾がどんな方法をもっても隠蔽しえないほど尖鋭となってきたことは、自由とはなれ忠君と結びついた愛国の欺瞞性をますます明らかにした。ことに軍紀風紀の名をもってする兵士抑圧の基本的な態度にいささかも変化がなかったから、こうした奴隷的束縛のもとでは「身命ヲ君国ニ献ゲ」よという要求も、兵士のモラルとして受けいれられるどころか、かえって感覚的な反発を生む怖れさえあった。新しい戦争の条件に対応して、ある程度の兵士の自発性を喚起しなければならなかった軍当局も、真の自発性を認めることは軍隊存立の基礎と矛盾するというディレンマに直面したのである。そこでこうした矛盾をいくぶんなりとも緩和しようとして、さまざまな対策が生まれた。

家族主義の導入

改正された典範令について、第二の重要な特徴としてあげなければならないのは、家族主義的な思想がはじめてとりいれられ、しかも強調されていることである。改正された「軍隊内務書」

と、その直前まで採用されていた一八九四年制定の「軍隊内務書」第二版を比較すると、体裁内容ともに根本的な変化がみられる。従来の内務書は「旧内務書ハ一ノ規則書ニ過キスシテ営内ノ取締ニ偏重シタルノ観アリ随テ軍隊内ニ於ケル家庭的教育ニ就テハ従来殆ト閑却セラレタルカ如シ」(村田契麟「完全なる軍隊的家庭」『偕行社記事』第四〇七号、明治四三年)と評せられるように、全二八章がまったく形式的な規則書であったが、新内務書は新しく冒頭に綱領をかかげ、三〇章に増えた内容は多くの条項を加えて、兵営内における精神教育、家庭教育が随所で強調されている。軍隊における支配関係を家族関係におきかえ、兵営を家庭に擬するのは、改正「軍隊内務書」ではじめて出現した思想である。

「兵営ハ苦楽ヲ共ニシ死生ヲ同ウスル軍人ノ家庭」(「軍隊内務書」綱領)、「兵営ハ一大家庭ヲ成シ」(「軍隊内務書」綱領)、「和気藹々ノ裡軍隊家庭ノ実ヲ挙クルヲ要ス」(「軍隊内務書」本文)等々、至るところで「軍隊家庭」が強調されているが、改正前の内務書には、このような表現はまったく見られなかった。それとともに上下の関係についても、「上官ハ部下ヲ遇スルニ骨肉ノ情ヲ以テシ」(「軍隊内務書」綱領)とし、中隊長、中隊付特務曹長、下士官などの職務についても、兵卒の愛護が新たに説かれている。

このように軍隊家庭が強調されるのは、ひとつには、「夫れ兵営は軍紀養成の一学舎なるが故に、起居を律するには、至厳の軍紀風紀に慣れしむるを以て主眼とせざるべからず。然れども兵営は又下士以下在営中の一家庭なるが故に、紀律の許す範囲に於て、家庭団欒の趣味を存し、和気藹然たる生活を得せしむるも亦緊要のことに属す」（寺内正毅「軍隊内務書審査委員長に与ふる訓令」〔松下芳男『明治軍制史論集』より引用〕）とする思想からであった。すなわち、軍紀による強圧によって生じる心理的な抵抗を緩和するために、軍隊における支配の関係を家族関係におきかえ、家族的な親愛感を利用して、その抑圧感を幾分なりともやわらげようとしたのである。

兵士の自発性の欠如

しかし、より根本的には、なんらかの形でも兵士の自発性を喚起しないでは、軍隊としての戦力を発揮できないという、前述の新しい戦闘方式からの要求が、「忠君愛国」を下からささえるものとして、家族主義を軍隊に導入することを必要にしたことをあげねばならない。しかしこうして利用された家族主義も、軍隊の場合はまったく観念的な空転に終わっている。日本軍隊における上下の関係は、直接権力につらなる公的な支配と服従の関係であり、それをささえているのは軍紀と懲罰を名とするあからさまな暴力である。そこに家族的モラルをいれうる余地は、まったくなかったのである。

上官にたいして説かれる部下の愛護は、たかだか「兵卒ノ生命及身体ノ保護ニ意ヲ用フルヲ謂フ被服糧食ノ完全軍隊衛生ノ励行及個人衛生ノ監督是ナリ」（染谷銀三郎「軍隊教育ニ就テ」『偕行社記事』第三五六号、明治四〇年）としかうけとられなかった。したがって、強調される家族主義は、ようやくこの時期から問題とされはじめた私的制裁を合理化するための口実として、利用されるくらいの役割しかはたさなかった。

「未来ノ戦闘ニ於テモ吾人ハ到底敵ニ対シテ優勢ノ兵力ヲ向クルコト能ハサルヘシ、兵器、器具、材料亦常ニ敵ニ比シテ精鋭ヲ期スルコト能ハス、何レノ戦場ニ於テモ寡少ノ兵力ト劣等ノ兵器トヲ以テ無理押ニ戦捷ノ光栄ヲ獲得セサルヘカラス、是ヲ吾人平素ノ覚悟トスルニ於テ精神教育ノ必要ナルコト一層ノ深大ヲ加ヘタルコト明ナリ」（『軍隊内務書改正理由書』）として、一応純軍事的な立場から、精神的要素、軍紀と士気とが要求されていた。

しかし、戦争の新しい様相に対応して、兵士のある程度の自発性を喚起しようとした典範令改正も、国民の自由と利益とに結びついた愛国心に訴える根拠を欠いていたがために、抽象的な忠君愛国と攻撃精神を説くにとどまった。しかも一方では、合理的精神にめざめつつある兵士を奴隷の軍紀にしばり、盲目的な服従を強制しなければならないという矛盾が存在した。この天皇制の軍隊にとって本質的な矛盾は、他方では資本主義の発展にともなう農村出身壮丁の相対的な減少によって、さらには寄生地主制の確立と、日露戦争によっての農村の窮乏を原因として、いよいよ拡大した。

こうして自発的な服従を期待しえない軍紀は、いよいよ強圧的な性格を加え、強調する精神主義はますます独善性、非合理性を濃くするばかりであった。それらが遭遇する矛盾がきわめて大きかっただけに、軍隊の秩序と機能を維持する手段としての軍紀や絶対服従の強調が、しだいにそれ自体自己目的と化し、あらゆる他のものに優先してゆく。「真空地帯」を生み出したものは、まさにこのような軍隊モラルの強調であった。

もはやその段階では、たとえ消極的でも兵士の自発性を喚起しようという当初の目的はまったく失われ、兵士のあらゆる自主性をふみにじり、いっさいの自由を奪いさり、苛酷な軍紀に服従させること自体を目的として、強圧と侮辱とが加えられたのである。それをささえるために援用された家族主義にしても、いささかの家族的心情をももちこめないままで形式化し、殴打、拷問などの制裁を合理化するときにだけ、愛のむちという口実として利用されるにすぎなかった。「大隊長はお父さん、中隊長はお母さん」などという標語が、いかに空疎なものでしかなかったかは、周知のことであろう。かくて兵士からいっさいの人間的なものをとりあげ、奴隷にし、道具に化するための工場としての軍隊社会、いわゆる「真空地帯」が形成されるのであった。

二 帝国主義下の軍隊とその矛盾

軍紀の退廃

前節にみたような典範令の根本的な改訂は、たんに、日露戦争の体験からのみ行われたのではない。改訂の動機が、戦争の流血をあがなって得た教訓、とくにその勝利によってかち得た自信にもとづくことはもちろんだが、戦争直後から改訂に着手された「歩兵操典」や「軍隊内務書」が、草案を改めること数回、四年の長きにわたって審議を重ねられたのには、他の理由もあった。すなわちそれは、日本帝国主義の確立とともに激化した、その社会的矛盾の軍隊への反映であった。

戦後の日本軍隊が直面した最大の問題は、軍紀の退廃であった。それは、もっとも特徴的には、軍紀についての犯罪が異常な数に上ったことにあらわれている。戦前一万六七〇〇人であった軍法会議処刑人員は、戦後の一九〇六年二二二二人、七年一九九三人、八年二一三〇人と増加し、この三年間の罪名別内訳では、「逃亡」が六年六〇六、七年五四一、八年五三〇、「結党」が六年七六、七年二三、八年六八、「上官にたいする罪」が六年一六、七年二二、八年三六と累増している（『陸軍省統計年報』第一七〜二〇回、明治三六〜四〇年による）。戦前にくらべると、「逃亡」が五〇〇件以上を占めて軍法犯罪のトップにあることは変わらないが、「対上官犯」や「結党」の増加がいちじるしい。

こうした傾向は、たんなる個人的な逃亡脱営にとどまらず、兵士の集団脱営がたびたび報ぜられている（一九〇七年九月から一九〇八年五月までの『東京日日新聞』『国民新聞』による）。なかでも一九〇八年五月、東京の歩兵第一連隊におこった兵士三十余名の集団脱営、旭川の歩兵第二七連隊の兵士の同盟罷業などの大規模な事件（前掲新聞による）は、軍内部だけでなく、社会全体にも大きな衝撃を与えた。これらは、たんに戦争の影響による軍紀弛緩の一時的現象と考えられたのではなく、戦後激化した社会的矛盾の軍隊への反映として、当局者の深刻な憂慮をひきおこしたのである。

服従の強制

軍紀の崩壊は、天皇制軍隊の存立にとって、とくに致命的な意味をもつものである。典範令改訂には、この軍紀の崩壊をいかにくいとめるか、しかもその配慮と戦法訓練とをいかに調和させるかの、非常な苦慮がはらわれているのも事実であった。内務書が軍紀を強調し服従の天性を重視するのは、まさにそれが危機にひんしているからにほかならない。しかしこの場合でも、日本軍隊に本質的に内在する矛盾、それが国民の軍隊でなく天皇制の抑圧と支配の武器であること、軍紀は兵士のモラル化した自覚によって維持されるのでなく、兵士を強圧し奴隷化することによってのみ維持せねばならないという、その基本的な態度にはいささかの変化もみられなかった。ただ激化する矛盾に対応して、軍紀維持の対策は、一方ではいよいよ凶暴化し、他方では複雑巧妙になっていくのである。

これらの事件は、軍隊にたいする外部からの批判のきっかけをつくった。そのなかでも、「吾輩の見る所を以てするに、近時我軍隊内の不平の空気を発生したるは其原因別に之れあり。何ぞや他なし。(一)教育の普及と共に兵卒の教育程度上進し、個人の権利を尊ぶの観念、軍隊内に盛なるに至れること、其の一なり。(二)兵卒の教育統御に任ずる将校の教育、其割合に進歩せず、兵卒の精神的進化に応じて均しく改善を要する軍隊統御の要素に於て、多少欠くるの憾あること其の二なり」（「軍隊と社会主義」『東洋経済新報』第四四五号社説、明治四一年四月）という批判は、兵士の知識水準の向上が、その合理的批判的精神を成長させ、盲目的服従の強制を拒むようになることを正しく指摘しているものといえよう。

この批判はつづけて、「若し奴隷の軍隊を使役したると同一の筆法を以て文明の軍隊を統率せんと欲せば、恐らく一兵と雖も動かすべからず」と指摘して、兵士の自覚にもとづかない盲目的服従の強制が効果のないことを論じている。しかし、軍部はこのような市民的立場には立てなかった。国民の自覚の向上を、世相の悪化、人心の退廃と断じて、軍紀保持のためのあらゆる努力は、兵士の人間的自覚を押え、合理的批判精神を抑制することに向けられた。

良民と良兵

奴隷的軍紀にしばり、盲目的な絶対服従の精神をうえつけるためには、地主制度のもとで農奴的屈従になれた農村出身の兵士がもっとも適している。明治初年、軍隊建設にあたって徴集された兵士のほとんど全部は、農村出身者であった。資本主義の発展にともなう農村人口の相対的な減少は、しだいに軍隊の中に都市出身の壮丁をまじえていった。この不可避の現実は、奴隷的軍紀維持の要請上、軍部にとって大きな悩みであった。

ことに日露戦争後の階級対立の激化、めざめた労働者階級の出現は、「我カ邦武士的躾漸次廃弛シ新文明制裁未タ洽カラス奢侈、遊惰、道心日ニ微ニシテ動モスレハ同盟罷工ト為リ職工ノ暴動ト為リ社会主義流行ノ兆トナリ社会ノ秩序整正ナラス官威公力モ亦漸ク重キヲ失ハントスル時ニ於テ独リ軍部ニ於テ一般ノ風潮ニ逆行シ軍紀、風紀ヲ益々厳粛ナラシメントスルハ頗ル困難事ナル」（陸軍省『軍隊内務書改正理由書』）ことを、概歎せざるをえなかったのである。これは、地主制と結びついた天皇制軍隊にとって、基本的な矛盾である。しかし軍隊は、農村人口の維持、農民的意識の温存につとめる以外に対策をもたなかった。しかもその農村は、日露戦争前後を機とする寄生地主制の確立によって危機にひんし、「良兵」の基礎たる自作農は動揺していた。

農本主義の出現

そこで注目すべき対策として、軍隊における農業教育の奨励があらわれる。改正内務書では、新たに連隊長の職務として、「営内ニ樹木花卉ヲ植エ」「菜園ヲ設ク」（「軍隊内務書」）ことをあげている。この趣旨にもとづいて寺内陸相は、一九〇九年（明治四二年）、全国連大隊長召集のさい、および翌年全国参謀長会同のさい、営内における農事園芸の奨励について訓示している（陸軍大臣官房「軍隊と農業教育」『偕行社記事』第四一三号、明治四三年）。こうして営内において、演習訓練の余暇に、農業教育を兵士にほどこすことが、突然全軍隊に奨励されだしたのである。

これは「国民大部ノ集団タル軍隊ニ於テ兵卒ヲシテ農業的奨励ニ依リテ自然ノ美及生存競争ノ激甚ニシテ而カモ悪潮流ノ蔓延セル市街ノ職業ニ比シ田園生活ノ高潔ニシテ興味津々タルモノア

ルヲ悟ラシムルアラハ能ク郷国ヲ懐ヒ旧閭ヲ愛スルノ情ヲ起サシメ随テ兵役ヲ終ルノ暁ニ於テハ少クモ農業ニ復シ家郷ニ帰ルノ意向ヲ増加セシムルヲ得ヘシ、由来先進文明国ニ於テハ農業ヲ捨テ頻リニ商工業ニ走ル者多ク所謂農民散逸ノ弊ヲ生シタリ、而シテ其ノ弊タルヤ強健ニシテ勤倹ナル農民ヲ減少シ国家ノ元気ヲ損耗シ延テハ国民衰頽ノ基ヲ為シ夙ニ識者ノ憂慮措ク能ハサル所ノモノナリ、故ニ軍隊内ニ於ケル農業奨励ヲシテ効果アラシムル如クスルハ独リ農事思想ノ発達ヲ注入スルノミナラス又国家的ニシテ且間接ニ軍隊素質ニ良好ナル影響ヲ与フルモノトス」（陸軍大臣官房、前掲誌）るという、遠大な目的からでたものであった。しかし、こうしたいわば戯画的な隊内の農耕奨励は、軍当局の期待したほどの効果をあげるはずもなく、第二次大戦中食糧自給のための農耕が行われるまで、長い間中絶していた。

しかし、こうした農業重視の思想は、合理的批判的精神の成長をなんとか抑制するためにも、また絶対服従を強制しやすい兵士の給源として、またそこに根強く存在する家族主義的な心情と土地への愛着心を、上から注入しようとする忠君愛国思想のささえとして利用するためにも、農村の維持が軍部にとって絶対の要求であったことを示している。

こうした農本主義強調が、兵士の人間的自覚を押え、合理的批判的精神を抑制するうえに、十分な効果をあげえなかったのは当然である。そこで、少しでもこのような市民的気運から兵営を隔離し、軍隊内へのその伝播を妨げようとする努力がこころみられている。「改正内務書」は、「旧内務書」が休日の外出を原則としたのにたいし、休日にはつとめて営内において休息せしめることを求め、外出の度数を減少し、「都市華美ノ生活ニ感染」しないように注意することを要求している。また『偕行社記事』誌上で、全軍の将校から「兵卒ヲシテ在営年間華美ナル都会生活ノ悪風ニ感染セシメザル方法」についての論文を公募するなど、日常生活における兵営と社会との隔離について、にわかに関心を注ぎはじめている。「陸軍軍人軍属著作規則」の制定（一九〇五年）や、「改正内務書」で営内における図書雑誌の所持閲覧を大幅に制限しているのもこのためと考えられる。

しかし、たんなる隔離はその効果がうすいものである。一般社会における階級対立を軍隊の中にもちこまれることを防止し、軍隊があたかも階級対立の圏外にあるかのように、軍隊が政治的に中立の存在であるかのように偽装することが、どうしても必要であった。元来軍隊は、国家権力の最先頭に立つもっとも政治的な組織であり、中立的な軍隊はありえない。事実日本の軍部は、もっとも政治的なものとして機能してきたのである。それが「統帥権の独立」をにわかに強調し、政治的中立を標榜することによって、その階級性を隠蔽しはじめた。現実には、一九一二年の二個師団増設問題にあらわれたように、もっとも政治的な行動が、「統帥権の独立」の名のもとに行われていたのである。

また一方では、どんな社会的身分や地位の者も（皇族を除く）、軍隊の中では一兵卒として平等であることがにわかに強調されはじめた。一九〇九年、徴兵令の改正によって、徴集猶予や延期の制度がさらに縮小され、また三年現役制が二年現役制となり、常備兵力が一二師団から一九師団に大幅に増加したこととあいまって、現役入隊者の範囲が飛躍的にひろがったことも、このために効果があった。それまで、制度上はありえても、実際問題としてあまり入営することのなかった上流階級の子弟が、これ以後ある程度現役兵に混入することになり、これが軍隊の擬似民主性を説く材料になったことも事実である。

三　軍部と政治

軍部の地位の強化

日露戦争後、軍部の独自の政治的地位がしだいにめだってきた。軍部が藩閥機構の完全な一部であった日露戦争までの時期は、政府と軍部との対立が問題となることはほとんどなかった。日清戦争や日露戦争の遂行についても、のちの太平洋戦争期のような、統帥と国務の分裂問題などはおこらなかった。それがようやく日露戦争後になって、官僚機構が整備されるとともに、軍部自体も官僚化し、その独自性を強化するようになる。そして軍部と政府との対立もたびたび表面化し、軍閥という言葉自体もこのころから使われはじめる。

日露戦争の勝利は、陸海軍部の政治的地位の強化につながった。国際関係や地理的条件に助けられたとはいえ、世界の強大国ロシアにたいして軍事的勝利を収めたことは、軍部の権威を高め、その発言権を強める結果となった。

軍部の国家機構内部における独自性を保障していたものは、統帥権独立の慣行と、制度上における軍部大臣の武官現役制であった。そして軍部の政治的地位をいっそう高めることになったのが、一九〇七年（明治四〇年）九月一二日の軍令第一号の制定であった。これは統帥に関する事項について、「勅定を経たる規程」を軍令とし、他の法律や勅令のように総理大臣以下の副署を必要とせず、陸海軍どちらかの大臣のみの副署でよいという規程であった。そしてこの軍令の形式を定める規則を軍令第一号として軍令で公示したのである。つまり軍令という一般の勅令とは違い統帥権にかんする例外的な勅令の形式を、軍令で定めたのである。いわば軍令をもって軍令を誕生させるという異例の措置であり、軍部の地位の強化のあらわれであった。

国防方針の制定

軍令制定に先立って同じ一九〇七年四月、「帝国国防方針」、「国防に要する兵力量」、「帝国軍用兵綱領」が策定された。これは長期的な国防の方針を定め、それにもとづく陸海軍備を整えるべきであるという元帥山県有朋の上奏にもとづいて、参謀総長と海軍軍令部長に一九〇六年一二月二〇日、国防方針の立案が命ぜられた。奥参謀総長と東郷軍令部長は四カ月の商議ののち、「帝国国防方針」、「国防に要する兵力」、「帝国軍用兵綱領」の成果を、一九〇七年二月一日、復奏した。天皇は西園寺首相にこの中の国防方針の審議を命じ、国防に要する兵力については内覧を許した。西園寺は、方針は適当であり、兵力については暫く仮すに時を以てしたいと奉答し、天皇は山県の意見を問うたのち、この三件を四月四日、嘉納し、さらに四月一九日、元帥会議はこれを至当と決議した(『戦史叢書・大本営陸軍部〈1〉』)。こうして決定された国防方針策の内容は、仮想敵国をロシア、アメリカ、フランスの順とし、仮想敵との戦争に必要な兵力を、陸軍は平時二五個師団、戦時五〇個師団、海軍は戦艦八隻巡洋艦八隻よりなる、八・八艦隊を所要兵力としてかかげたものであった。

政治、外交や財政、経済と密接な係わりをもつ国防方針と所要兵力を、政府と無関係に軍の統帥部のみの協議で策定し、首相も簡単にこれに同意したことに、軍部の地位の強化が反映している。この国防方針は、国策の基本方針としてその後の国家の進路を左右する重要な意味をもつものであった。ロシアを敵とする陸軍軍隊の拡張策は、日露戦争後の財政緊縮方針と矛盾し、一九一二年には二個師団増設問題をめぐって上原陸相の単独辞職、第二次西園寺内閣の倒壊を招いて大正政変の端緒となった。またアメリカを仮想敵としたことによって、日米間に熾烈な建艦競争を招き、これがワシントン会議に至るまでの一五年間に国家財政を圧迫する最大の要因となった。

アメリカが仮想敵国として新たに登場したことも、国防方針の特徴であった。日露戦争までの日米関係は円滑であったが、戦争の結果、日本が朝鮮さらに満州に独占的地位を築いたことによって、門戸解放、機会均等を主張するアメリカとの間に帝国主義国間の対立を生じた。国防方針策定中の一九〇七年一月には、カリフォルニア州で排日移民法が成立するなど、日米関係はとくに悪化していた。対米海軍軍備の拡張をめざす海軍は、アメリカを仮想敵国とすることを強く主張したのである。

ロシアを仮想敵国とし、「陸主海従」の国防方針を主張する陸軍と、アメリカを仮想敵国とし、「海主陸従」の国防方針を主張する海軍との対立は、結果として米露双方を仮想敵とし、陸海軍ともに増強をすすめるという妥協となったのである。しかしこれで国防の方針を定めて重点的軍備を行おうとした当初の目的は失われた。強大国ロシアとアメリカを同時に敵とする軍備拡張に乗り出し、国民に過大な負担をおわせることになったのである。またこのことは、陸海軍の対立を深め、その競争の激化が国策を混乱させる原因ともなった。

国民教育への介入

軍部の独自性の強化とともに、軍部が、軍事以外の領域にたいしても発言権をもち、積極的に関与するようになってくる。はじめ、それはもっぱら軍事的配慮からであったが、教育や社会問題についてまで軍部が働きかけるようになったのである。

「忠君愛国」の名のもとに奴隷的軍紀をおしつけ、盲目的な絶対服従を要求する日本軍隊のモラルは、資本主義の発展、寄生地主制の確立にともなう階級的矛盾の激化とともに、その貫徹に大きな困難を感ぜざるをえなくなる。軍隊をいかに社会から隔離し、その中でいかに「精神教育」

を強行しても、わずか二ないし三年の教育でその理想とする兵士をつくり上げることは、望むべくもない。そこで、軍隊教育を国民的規模に拡大し、兵士に要求すべきモラルを、国民教育の中で注入しておこうとする衝動は、軍部にとってさけがたいものとなった。国民教育にたいする軍当局の関心は、この時期にいまだかつてないほど高まってきた。良兵を得るにはまず良兵を養うことが必要とされたのである。

軍隊教育と国民教育との連続性を強調し、軍隊は国民教化の道場であるとする思想が、典範令改正を機として強調されるのも、このためであった。「在営間ノ教養ハ啻ニ全服役間ヲ通シテ軍人ノ本分ヲ完ウスルニ緊要ナ基礎タルノミナラス亦以テ国民道徳ヲ涵養シ終世ノ用ヲ為スヘキ習性ヲ賦与スヘキモノニシテ兵卒ハ帰郷ノ後ト雖永ク此ニ由リテ各自ノ業務ヲ行ヒ淳朴ナル国民ト為リ自ラ克ク郷党ヲ薫染シ以テ国民ノ風尚ヲ昂上セシムルヲ得ヘシ」（「軍隊内務書」綱領）とする考え方は、軍隊教育の体験者をもって国民教育の担当者たらしめようとする、その遠大な希望をものがたるものである。

この点からいってももっとも期待されたのは、師範学校卒業者を全員服役させる短期現役兵の制度であった。「彼等ヲ軍隊ニ入営セシムル趣旨ハ国家有事ノ秋ニ方リ之ヲ駆テ戦争ニ使用スルニアラスシテ彼等ニ軍事思想ノ一般ヲ養成シ軍隊内ノ実情ヲ知ラシメ彼等ノ施行セル教育ノ国民皆兵主義者ノ精神ト相反セシメサルニ在リ、斯クテ軍隊ノ組織上下ノ関係及内部ノ事情ヲ了解シ軍隊ノ大精神ヲ会得シ以テ子弟教育ノ任ニ当ラハ其ノ軍隊教育上ニ及ホス効果ヤ蓋シ推知スルニ難カラス、実ニ国民ニ軍事思想ヲ注入シ軍隊ニ対スル国民ノ興味ト智識トヲ養ハシメンニハ六週間現役兵ヲ利用スルノ最大捷径ニシテ最大効果ヲ奏スルモノナルヤ必セリ、是レ実ニ国民皆兵主義ノ目的ヲ達シ併セテ我カ軍隊ヲ旺盛ナラシムル適切ノ一方法ナラン」（「軍隊教育ト国民教育トノ関係」『偕行社記事』第四三〇号論説、明治四四年）とする絶大な期待を、将来小学教師たるべき彼らにかけていたのである。

こうした在隊者の教育を通じての国民教化から、さらにすすんで、直接国民教育にたいする軍部の関与も、現実の日程にのぼってきた。「一旦緩急あれば義勇公に奉」ずることを求めた教育勅語の主眼が、忠実なる兵士たることを国民に要請したものにほかならないことは、すでに明らかにされているが、「尋常小学校に於ては、初は孝悌、親愛、勤倹、恭敬、信実、義勇等に就き、実践に適切なる近易の事項を授け、漸く進みては国家社会に対する責務の一班に及ぼし、以て品位を高め、志操を固くし、且つ進取の気象を長じ、公徳を尚ばしめ、忠君愛国の志気を養はんことを努むべし」（「小学校令施行規則」）との小学校教育の目標自体が、すでに忠実なる兵たるべき国民の養成にあったのである。修身教育がこのような目的に奉仕していることはもちろんだが、国語や歴史や地理や体操はもとより、音楽教育までが、数多くの軍歌やこれに類したものを教えることによって、「思想未だ熟せざる小学児童をして」「知らず知らずの間軍人精神を鼓吹し得る」（波多野春房『小学校に於ける軍人精神の鼓吹』明治四四年）ものとされていたのである。

在郷軍人会の創立

直接関与することのできるこのような教育部門だけでなく、さらに広範な国民の各層に軍隊のモラル、軍国主義のイデオロギーをおしひろげることも、危機の中で軍紀を維持するために必要であった。しかしこのためには、兵営、学校の教育だけでは不十分であった。軍隊と国民との媒介者として、このような役割をになうものが必要になってくるのである。在郷軍人会や愛国婦人会などの半官半民団体は、こうした役割をになうものとして、この時期に出現したのである。

在郷軍人会は、「軍隊と国民とを結合する最も善良なる連鎖となる」（「田中軍事課長の談話」『田中義一伝』）目的をもって、一九一〇年、実質的には完全な軍部外廓団体として組織された。それは、召集、動員などの技術的な必要よりも、もっぱら国民教化の、すなわち軍人精神を国民的規模にひろげるための媒介者としての任務をもつものであった。愛国婦人会の場合は、一九〇〇年創立の当初は上流婦人の軍事援護事業の団体にすぎなかったのが、日露戦争の結果、一躍会員を五〇万人に増加し、一九〇六年、奥村五百子が引退するにおよんで、実質的には軍部の指導下にある軍国主義鼓吹の機関と化したのであった。

こうして、国民教育の中で軍隊のモラルをおしつけ、いわゆる軍人精神を国民的規模で注入しようとするこの努力も、しょせんその効果は見えすいていた。きわめて独善的で非合理な精神主義では、資本主義が高度化し社会主義が激化しつつあるときに、国民をとらえるなんの魅力もなかったからである。しかし、それにもかかわらず、軍隊のモラルとイデオロギーを国民にひろげようとする配慮が、軍隊自体に内在するその本質的矛盾のゆえに、至上の手段として追求されなければならなかった。そのことから、このような手段自体が、ついに自己目的に化していく。これによってそのもつ独善性と非合理性はいよいよ濃くなり、神秘的狂信的な皇軍観念が形成されていくのであった。

中国への干渉

一九一一年（明治四四年）一〇月、中国の武昌で、清朝にたいして新軍の蜂起がおこり、中国の民族革命＝辛亥革命が開始された。これにたいし日本は、満蒙の利権を確保し、中国への侵略をすすめるために、くりかえし軍事力を用いて干渉を行った。

武漢地区で革命がおこると、海軍陸戦隊が漢口に上陸していたが、一九一二年一月には陸軍一個大隊五〇〇人の漢口派遣隊を編成して陸戦隊と交代し警備にあたらせた。さらに革命が満州に波及すると、一月末には関東都督に一個師団の兵力を増強し、この武力を背景に大島義直都督は清朝軍、革命軍の双方に中立地帯からの撤兵を要求し、これを支配下においた。清朝が滅亡し、三月に中華民国が誕生したあとも干渉をやめず、一方ではロシアと協議して満蒙地区の勢力圏分割をはかった。

すなわち、一九〇七年七月三〇日に結んだ第一回日露協約では、清国の領土保全を約しながら、秘密協約で満州における日露間の鉄道電信利権の境界線を設けて、満州を南北に勢力範囲を分けあった。ついで一九一〇年七月四日の第二回日露協約では、満州の現状維持を約しながら、秘密協約でさきの境界線をもって特殊利益地域を分割することにした。さらに一九一二年七月八日の第三回日露協約は秘密協約のみで、特殊地域境界線を内蒙古に延長し、南満州と東部内蒙古を日本、北満州と西部内蒙古をロシアの勢力範囲とした。日露両国の間で、満州と蒙古を分割する密約を結んだのである。

中華民国成立後、中央政府の実権は、北洋軍閥の武力を背景にして袁世凱の手に帰した。これにたいして一九一三年七月、揚子江以南の諸省が独立を宣言し、討袁軍をおこしたが、袁軍の武力に圧倒されて敗北した（第二革命）。さらに一九一五年一二月、袁が帝制実施を企てたのにたいし、雲南省など西南諸省で反対派が独立を宣言し、帝制を挫折させた（第三革命）。こうした混乱のたびに、軍部が介入を企て、山東省占領や二十一カ条要求とあいまって、中国への干渉を強化した。また一方では、満蒙地区を日本の勢力下に中国から切りはなそうとして、一九一二年一月、蒙古の喀喇沁王や川島浪速の企てた独立運動を支援した。

中国では一九一六年六月、袁世凱が死んだが、帝国主義国の支持を受けた軍閥が各地に割拠して混乱がつづいた。日本は東北の奉天による張作霖を支援し、満蒙の確保をはかった。陸軍は張のもとに軍事顧問を置き、張軍に武器弾薬を供給した。また北京政府で国務総理であった安徽派の段祺瑞をも支援した。しかし一九二〇年七月、英米の支援する直隷派の呉佩孚と安徽派が戦い（安直戦争）、安徽派が敗れて段は辞職した。一九二二年五月、直隷派と奉天派が戦い、奉天派が敗れたが、日本は奉天派を支援して両派の和議にもちこんだ（第一次奉直戦争）。一九二四年九月、直隷派と奉天派が再び戦ったが、直隷派の将領馮玉祥が北京で反乱をおこし、直隷派が敗北し、段が執政として復活した（第二次奉直戦争）。翌一九二五年一一月、奉天派の将領郭松齢が反乱して張の本拠奉天に迫ったが、日本軍が出動して郭の進撃を阻止し、張を助けて郭軍を敗北にみちびいた。いずれも日本軍は満蒙の保持、張作霖支援の立場に立って、中国の内戦に干渉したのである。

このような軍事干渉、とくに満蒙における軍事行動の主体となったのは関東軍であった。日露戦後の一九〇六年八月、関東都督府官制が公布され、陸軍大将または中将の都督のもとに陸軍部を置き、内地から交代派遣される駐劄師団と、満鉄警備のための独立守備隊、旅順要塞などを指揮下に置いた。一九二〇年四月、都督府を廃止し、関東州の行政を関東庁、軍事を関東軍司令部が担任し、天皇直隷の関東軍が置かれた。満蒙確保の第一線をもって任じた関東軍は、しばしば謀略工作や独断的軍事行動に走ったのである。

四　陸海軍備の拡張

日米対立と建艦競争

日露戦争後の日本が、新たに直面した国際情勢は、アメリカとの対立の激化であった。日露戦争までの日本は、イギリス、アメリカとの提携のうえに、ロシアと対抗して大陸政策をすすめていたが、戦後はもはや日本が、イギリス、アメリカの競争者の立場に変わってしまったのである。戦争の結果、南満州が日本の勢力範囲になると、アメリカは強くその門戸開放を要求し、満鉄の中立化を提議するなど、日米の対立が新たな極東の課題となってきた。一九〇七年（明治四〇年）には、日本人移民の米本土移住が禁止され、排日運動がアメリカ各地で激化するなど、満州をめぐっての日米の対立が、さまざまの副次的な対立を生み出していた。日本が帝国主義国としての独自の立場を明らかにするにしたがって、日米の対立は、基本的な国際対立にまで高まっていたのである。

こうした事情は、日本の軍備の基本方針にも大きな変化を及ぼした。明治維新以後日露戦争までの日本の軍備は、漠然とではあるがロシアを想定敵国として整備されてきた。陸軍はもとより海軍も、ロシア海軍を対象とする軍備をととのえていたのである。ところが日露戦争後、陸軍はいぜんロシアとの再戦を目標としたのにたいして、海軍ははじめてアメリカを仮想敵国とし、これに対抗する海軍力を目標とするようになった。

一九〇七年（明治四〇年）の国防方針は、ロシア、アメリカ、清国を想定敵国とするものであった。清国はともかく、ロシアとアメリカの二大国を同時に想定敵国とすることもこれがはじめてであった。ロシアについては、その復讐戦をおそれた陸軍、とくに山県有朋らの強い主張があり（山県有朋「軍備拡張に関する意見書」渡辺幾治郎『皇軍建設史』）、戦後の陸軍の軍備拡張はもっぱら対露再戦準備のものであった。だが海軍軍備は新たにアメリカを目標として、その海軍力と拮抗するため、軍艦五〇万トンの保有が方針として決められたのであった。こうして陸海軍の想定敵国が異なるという方針は、陸軍と海軍とのはげしい対立と予算獲得競争を招く原因になった。また海軍の拡張は、アメリカとの建艦競争を激化させずにはおかなかった。

この方針にもとづく海軍の拡張は、国家財政上の大問題でもあった。日露戦争後の海軍は、ロシアからの捕獲軍艦を加えたとはいえ、旧式戦艦が多く、戦争の教訓をいれて大艦巨砲をとりいれたイギリス、アメリカ海軍からははなはだしく遅れをとっていた。そこで一九〇七年（明治四〇年）度から、大小艦艇三九隻を建艦しようとする補充案が、一九〇六年一二月からの第二三議会に上程可決され、実行に移された。この案によって設計起工されたのが、戦艦河内と摂津とである。この二艦は排水量二万八〇〇〇トン、副砲を極力減らし、主砲として一二インチ砲一二門を搭載し、二〇ノットをこす速力をもった高速戦艦であって、世界ではじめての弩級艦としての設計起工であった。これ以後各国は争って弩級艦の建造に着手し、大艦巨砲の競争時代に入ったのである。

海軍の大拡張

こうした弩級艦の建造がようやく可能になったことの原因に、国内の工業力の発達があった。国内製の大艦としては、日露戦争中に起工し、一九〇七年（明治四〇年）に進水した呉工廠建造の巡洋艦生駒と筑波（ともに一万三七五〇トン）がはじめてであり、ついで横須賀工廠で建造した戦艦薩摩、呉工廠の戦艦安芸（ともに一万九三五〇トン）が一九一〇、一一年にあいついで竣工していた。こうした巨艦の国産が行われたことは、それ自体が国内の重工業発展の大きな支柱になったのであった。

こうした弩級艦競争の時代に入って、先の計画はなお不十分なものとし、一九一〇年（明治四三年）、海軍はさらに一一年度より八カ年間で、大小艦艇五一隻を建造しようとする軍備充実案をたてた。この案は、財政上の理由その他によって修正され、結局以前の計画を繰り上げるとともに、新たに一一年度より六カ年間に二億四八〇〇万円を計上することとなった。ついで一九一一年（明治四四年）、一二年、一三年とつづいて、海軍は軍備充実案を出し、政変ごとに海軍充実案が最大の争点となった。それは、日露戦争後の経済不況、財政の窮迫という条件の中で、海軍の大規模な拡張は堪えがたいほどの負担となっていたことを物語るものである。

こうした建艦計画の難航を吹きとばしたのが、第一次大戦の勃発と、それによる国内経済の異常な活況とであった。一九一四年（大正三年）、海軍は八四艦隊整備の計画をたてた（松下芳男『明治軍制史論』下）。これは一九一一年以来海軍拡張案を提出するごとに海軍が理想とした、八八艦隊案（艦齢八年未満の戦艦、巡洋戦艦各八隻を最低限の兵力とす）実現の第一歩としようとするものであった。八四艦隊建造案は、一九一七年（大正六年）の第三九議会で二億六〇〇〇万円の軍備補充費追加として承認され、さらに同年末からの第四〇議会で、八六艦隊建造のための軍備補充費追加予算として三億五〇〇〇万円が承認された。一九一八年（大正七年）には、さらに八八艦隊実現へ向かうための建艦計画がたてられ、一九二〇年（大正九年）、ついに宿案だった八八艦隊案の予算が承認された（伊豆公夫・松下芳男『日本軍事発達史』）。

これまで、すでに一三年に巡洋戦艦金剛、一四年同比叡、一五年同じく榛名と霧島、戦艦扶桑、一七年戦艦山城と伊勢、一八年に戦艦日向と、三万トンに達する大艦がぞくぞく竣工していたが、さらにこの八八艦隊案によって、すでに船台に上っている世界第一級の超弩級艦長門、陸奥（三万三五〇〇トン）のほか、戦艦六隻（加賀、土佐、紀伊、尾張、一一号、一二号）、巡洋戦艦八隻（天城、赤城、高雄、愛宕、八号、九号、一〇号、一一号）を、一九二〇年より八年間に整備しようとする、膨大な案であった(1)。この巨大な建艦が、政治経済上に及ぼした影響ははかりしれない。ワシントン会議は、こうしたとどまるところを知らない建艦競争にようやく行きづまりを感じた各国の、当然の要求でもあった。

陸軍二個師団の増設問題

陸軍軍備の拡張は、前述のようにロシアにたいする再戦の準備のために行われた。戦争の勝敗が、日露両国の軍事力の真価を決したものでないことは、日本の軍部自身がよく知っていた。ロシアがその極東経営の政策を、軽卒な敗戦で一擲するわけがなく、必ずや準備をととのえて復讐戦を期するだろうという恐怖が、軍部の中にもっとも強かった。山県有朋をはじめとするいわゆる「恐露病患者」の輩出は、決して理由のないことではなかった。このため戦争直後から、大規模な対露戦備が要求されたのである。

日露戦争開始のとき、陸軍は一三個師団を有していた。戦時中兵力の不足から部隊の増設が続き、後備諸隊計約一二個師団分を動員したほか第一三ないし第一六の四個師団を新設した。奉天会戦後陸軍はさらに六個師団の増設を計画したが、結局第一七、第一八の二個師団の新設が戦後に実現した。後備諸隊は復員したので、結局戦後の平時兵力は一九個師団となり、戦前の一倍半に達した。しかし、シベリア鉄道の延長と複線化、ロシアの極東軍備の強化から、これでは不十分だとし、平時二五個師団、戦時五〇個師団を備えることが、国防方針決定以後の対露戦備のための陸軍の目標であった。

植民地の維持のためにも、軍備の拡張は必要であった。戦後朝鮮には、韓国駐剳軍司令部のもとに、一師団ないし一師団半の兵力を置いて、これを内地の各師団から交代に派遣していた。また南満州には、関東都督のもとに一師団を交代して駐屯させていた。一九〇七年七月、韓国の完全な植民地化の準備として、日本軍をもってするクーデターで韓国軍隊を解散させて以来、朝鮮全土に反日武装暴動がひろがったが、この討伐と治安維持のため駐剳軍は寧日《ねいじつ》ない状況にあった。朝鮮も満州も、その駐剳師団は内地からの交代派遣制の上、治安維持のための小部隊の分散配置を余儀なくさせられていることは、教育訓練にも支障があり、これを作戦使用兵力として予定することをも困難にしていた。そこで交代派遣制を廃止し、朝鮮に二個師団を新設常置することが、一九一〇年以来の陸軍の懸案となった。一九一五年の増設実現に至るまで、戦後財政の苦境の中で、この増設問題がいかに大きな政治経済上の問題となったかはいうまでもない。

このような軍備の大拡張は、日露戦争の結果、日本がはじめて帝国主義国家に成長したという事実によって必然となったのである。戦争の勝利によって、日本はあわせて五〇〇〇万の人口をもち、比較的文化水準の高い朝鮮と南満州の支配者となった。そして同時に、欧米帝国主義強国の対等の競争相手として帝国主義時代の舞台に登場した。このことが経済的基礎の脆弱さを無視してまでも、軍備拡張を強行せざるをえないという矛盾を生み出したのであった。

日露戦争後数年間の日本は、かつてない経済的困難の中に呻吟していた。戦争の結果の中でも、もっとも戦後に大きな影響を残したのは、戦時財政の後始末であった。戦前およそ五億五〇〇〇万円であった公債発行高は、戦後一躍二二億円を超え、その金利および償還金だけで財政には大重圧となった。国家財政の収支の均衡は、戦後経営の支出も加わってまったく維持困難になった。戦時の増税に、さらに戦後の増税をつみかさねてもこの状態は改善されなかった。民間経済界は

「金融逼迫シ信用閉塞シ銀行会社ノ破綻相次テ起リ各種ノ事業ハ萎靡不振ノ状態ニ陥リ永ク之ヲ放置スルヲ許ササルノ実況ニ在リ」（大蔵省『明治三十七八年戦役戦後財政整理報告』）という状況がつづいた。戦後の日本が当面した最大の問題が、この戦時財政の整理となったのである。

ところが戦後財政のこうした苦境にもかかわらず、戦争直後から陸海軍備の大拡張をはからねばならなかった。大正政変やシーメンス事件を頂点とする政治危機も、こうした矛盾の産物であったということができる。

（1）大戦中およびその後に竣工した巨艦は左のとおりで、軍縮以後も日本海軍の主力となったことは周知のとおりである。金剛以外はいずれも国内で設計建造された。

戦艦

計画年度	艦名	排水量 トン	速力 ノット	主甲鈑	備砲 主砲	備砲 福砲	魚雷発射管数	建造年月 起工	建造年月 進水	建造年月 竣立	製造所
11年	扶桑	三〇、六〇〇	二二・五	糎	三六糎 一六	一五糎 一六	六	12-3	14-3	15-11	呉工廠
	山城	同	同		同	同	同	13-11	14-11	17-3	横須賀工廠
13年	伊勢	三一、二六〇	二三・〇		同	一四糎 二〇	同	15-5	16-11	17-12	神戸川崎造船所
	日向	同	同		同	同	同	同	17-7	18-4	三菱長崎造船所
16年	長門	三三、八〇〇	同		四〇糎 八	同	八	17-8	19-11	20-11	呉工廠
17年	陸奥	同	同		同	同	同	18-6	20-5	21-10	横須賀工廠

巡洋戦艦

計画年度	艦名	排水量 トン	速力（ノット）	主甲鈑	備砲 主砲	備砲 福砲	魚雷発射管数	建造年月 起工	建造年月 進水	建造年月 竣立	製造所
10年	金剛	二七、五〇〇	二七・五	糎	三六糎 八	一五糎 一六	水中 八	11-1	12-5	13-8	英ヴィッカース社
	比叡	同	同		同	同	同	11-11	12-11	14-8	横須賀工廠
11年	榛名	三〇、五〇〇	二六・〇		同	同	四	12-3	13-12	15-4	神戸川崎造船所
	霧島	二七、五〇〇	二七・五		同	同	八	同	同	同	三菱長崎造船所

五　大戦参加とシベリア出兵

参戦と青島攻略

前節にみたような陸海軍備の拡張計画は、日露戦争後に深刻さを加えている国家財政の危機の中で強行しようとしたものであった。一九一〇年代になってこの軍備と財政の矛盾は、しばしば政治的危機となって表面化した。二個師団増設問題に端を発する大正政変や、海軍拡張問題とからむシーメンス事件はそのあらわれである。

この政治的経済的危機を、一時的にせよ回避する転機となったのが、ヨーロッパにおける第一次世界大戦の勃発であった。大戦への強引な介入によって、日本は交戦国の利益と中立国の利益とあわせて享受することができた。政治的には、アジアとくに中国にたいする優越な地歩を獲得し、国際的発言権を強化した。経済的にはアジア市場を一時ほとんど独占し、未曽有の好況を謳歌し、独占資本主義を一挙に確立した。大戦中の四年間に貿易は出超に転じ、金準備も工業生産指数も数倍の伸びを示した。そして懸案の陸軍の二個師団増設も、海軍の大建設計画も実現の緒についたのである。

大戦の軍事的経過は、日本の関与したかぎりでは簡単であった。開戦とともに、まずドイツの極東経営の根拠地であった青島要塞の攻略にとりかかった。日本の参戦の真のねらいは、列強不在の間に中国にたいする帝国主義的進出を果すことにあったから、ドイツの租借地であり極東経営の根拠地である青島の攻略は、その第一歩だったのである。青島のドイツ守備兵力は、わずかに三七〇〇名であった。これに現地で召集した在郷軍人、軍艦から上陸した海軍兵とあわせても五九〇〇名にすぎなかった。本国と隔絶し、英、仏、露各国と交戦しているため増援を受ける可能性はまったく皆無で、その陥落は時間の問題であった。日本軍がこれに強攻を加え、大きな犠牲をはらってもその攻略を急いだのは、まったく政治的な理由からであった。

青島攻略のために、陸軍は神屋光臣中将の指揮する独立第十八師団を編成した。これは第十八師団を基幹とし、山砲兵一中隊、野戦重砲兵一連隊、攻城重砲兵司令部、攻城重砲兵三個大隊と一中隊、工兵一大隊、航空隊などを加えたものである。さらにイギリスは同盟国として共同作戦を行うという理由で、北支那駐在軍司令官の指揮する歩兵一大隊強の兵力を参加させた。海軍は第二艦隊をもって膠州湾の封鎖にあたった。

すでに運命の決まっている青島のドイツ軍は、面目上いちおうの抗戦を決意していた。これにたいし日本軍は、長期間の攻囲によって開城をまつのではなく、正攻法による攻撃を決定した。九月はじめから山東半島に上陸した陸軍は、青島の外郭を包囲して九月二六日、前進陣地の攻撃を開始し、ついで攻囲陣地を構築した。そして攻城の準備をととのえたのち、一〇月三一日、総攻撃を開始し、一一月一日、第一攻撃陣地、同三日第二攻撃陣地、同六日第三攻撃陣地を占領、同日第一線は突撃にうつり、各堡塁を占領し、七日、守備軍は降伏した。築城は堅固であったが、守備兵力が少なくその戦意も十分とはいい難かったので、攻略は順調にすすんだのである。この攻城戦における日本軍の損害は、戦死三九四、負傷一四五八、これにたいしドイツ軍の損害は戦死二一〇、負傷五五〇であった（参謀本部編『大正三年日独戦史』上巻より集計）。

南洋諸島の占領

青島要塞よりも、膠州湾を根拠地としていたドイツ東洋艦隊の活動のほうが連合国をなやませた。装甲巡洋艦シャルンホルスト、グナイゼナウなどからなる同艦隊の主力は、開戦とともに出航して、日、英、仏三国艦隊の追跡をかわして太平洋を東航し、チリのコロネル沖でイギリスのクラドック艦隊を大いに破った。さらに南アメリカの南を通って一一月下旬、大西洋に出て、フォークランド諸島沖で優勢なイギリス艦隊と戦い全滅した。東洋艦隊の中の二等巡洋艦エムデンは、単独で西太平洋からインド洋にわたる通商破壊戦に従事し、一一月にココス島沖で沈められるまで、商船一七隻約七万トンを撃沈して勇名をはせた。

ドイツ東洋艦隊追跡のため、海軍は巡洋戦艦鞍馬、筑波などからなる第一南遣支隊、戦艦薩摩以下の第二南遣支隊、装甲巡洋艦出雲以下の遣米支隊をあいついで編成派遣した。これらの艦隊は、ドイツ艦隊との交戦はしなかったが、かねてのねらいであったドイツ領の南洋諸島、すなわちサイパン、ポナペ、トラック、パラオなどの各島を占領した。またエムデン追跡のためには巡洋艦伊吹、日進などの特別南遣支隊を編成、インド洋に出動したがこれも交戦の機会がなかった。

一九一七年一月、ドイツが無制限潜水艦作戦を開始すると、連合国はこれへの対応に苦しみ、イギリスは日本軍艦の地中海派遣を要請した。日本は、戦後の連合国内部での発言権を強化するという政略上の理由からこれに応じた。そして商船護衛を目的として、第一特務艦隊をインド洋から南アフリカ方面、第二特務艦隊を地中海に、第三特務艦隊をオーストラリアに派遣した。地中海におもむいた第二特務艦隊は、ドイツ潜水艦との交戦三六回に及び、連合国のための海上護衛にあたった。

以上が大戦中の陸海軍の作戦行動の主なものであった。交戦各国が国の総力をあげて死闘をつづけているなかで、日本の戦争における比重は、使用兵力でも戦闘の規模でも小さなものであった。それは同盟国にたいする連合国の軍事的勝利に寄与したというよりも、中国にたいする領土や利権の拡大、南洋ドイツ領諸島の獲得、戦後の国際的発言権の強化をねらった、もっぱら政略上の出兵だったからである。

シベリア出兵

第一次大戦中の一九一七年一〇月、主要な連合国の一つであるロシアに社会主義革命が起こった。帝政を倒したソビエト政権は平和に関する宣言を発表し、一八年三月、ドイツとブレストリトウスク条約を結んで戦争から離脱した。一九一六年六月に日露同盟を結び、中国の分離支配をはかっていた日本にとって、帝制ロシアの崩壊は大きな衝撃であった。しかも革命の波動は、中国や朝鮮に及んでくることは必至であったから、日本陸軍とくに参謀本部は早くから革命への干渉と、シベリアの領有をめざし、極東のロシア領への出兵を計画していた。

革命直後の一八年一月、海軍は居留民保護の名目でウラジオストックに軍艦朝日、石見を入港させ、四月から陸戦隊を上陸させていた。五月には陸軍の主導のもとに、中国と日華共同防敵軍事協定を結び、対ソ干渉戦争を準備していた。アメリカは日本のシベリアへの野心を警戒し、出兵に反対していた。しかしシベリア鉄道沿線でソビエト政権に反対するチェコスロバキア人捕虜の反乱がおこると、七月アメリカは、この救援のために日本に共同出兵を提案した。日本はこの提案にとびつき、八月、日、米、英のシベリア共同出兵、ロシア革命への極東での干渉戦争が開始された。

連合国の協定では、兵力は日本一万二〇〇〇、アメリカ七〇〇〇、イギリス五八〇〇などとなっていた。陸軍は、連合国の統一指揮のため大谷喜久蔵大将を司令官とする浦塩派遣軍司令部を編成するとともに、第一二師団を沿海州に上陸させた。さらに関東都督の指揮下にあった、満州の第七師団を北満州からザ・バイカル方面に進ませ、九月までにバイカル湖以東のシベリア地方を占領した。そして八月末には第三師団を動員し、協定の兵力をはるかに超えた大軍で東部シベリアの支配をめざしたが、日本軍の侵入に抵抗するロシア人民のゲリラ戦がしだいに活発になり、日本軍は苦戦をつづけた。

一九一八年七月から、英仏軍がヨーロッパ・ロシア反革命軍援助のため介入するなど、連合国の本格的な干渉戦争がすすめられたが、二年間のはげしい戦いののちソビエト政権は反革命軍と外国干渉軍を撃破した。各国は二〇年夏までにほとんど撤兵したが、日本のみは二二年一〇月までの四年間、シベリアへの出兵をつづけた。「その間、戦争目的を変更すること三回、領土は問題外であるが、勢圏的にも、経済的にも、道義的にも殆んど得る所なく、而して忠勇なる将兵は広漠たるシベリアの曠野に、いわゆる過激派軍なるものと戦ひ、しかも兵力不足、戦略不徹底の為め、尼港虐殺事件、田中大隊の全滅、石川大隊の全滅等の惨事を惹起し、外、我が野心を猜疑され、内、国民の不満懐疑を累収、遂に一物を得ずして撤兵したる悲しむべき大事件である」。太平洋戦争開始直後に刊行された伊藤正徳の『国防史』は、この出兵をこのように評している。

この間一九二〇年五月に、ニコラエフスクで日本軍の守備隊と居留民一二二名が殺された事件がおこった。この事件は尼港虐殺事件として大々的に宣伝され、出兵の失敗をかくし国民の敵愾心を煽りたてるために利用された。一九二二年にシベリアからの撤兵を宣言したのちも、尼港事件の損害賠償の保障のためとして、一九二五年五月まで北部サハリンへの駐兵をつづけたから、シベリア出兵の全期間は八年間に及んだ。

出兵の決算

ロシア革命は、長年の仮想敵国である大陸軍国ロシアを一挙に消滅させた。革命直後の混乱と国内戦、列国の干渉という情勢は、対露戦を唯一の目標としてきた陸軍を茫然とさせたが、それとともにまたとない好機とも感じさせた。革命直後は、革命の真の意義はまだ日本の支配階級に理解されなかったし、のちのように赤化の脅威が意識されたわけでもない。当初の出兵の目的は、まったくシベリアを占領しここに緩衝国を作るという戦略上政略上の要求にほかならなかったのである（井上清「社会主義大革命戦争」『日本の軍国主義』Ⅱ所収）。そして干渉戦争がつづき、出兵した諸列強がつぎつぎに撤兵し、内外の世論が不利となってくると、最初の領土的野心の実現をいまさら強行することもできず、ずるずると駐兵をつづけたのであった。最初の出兵以来、公然たる出兵目的さえ三回にわたって変更している。

四年あまりの駐兵、北樺太の場合はさらに三年を加え、常時三個師団を交代派遣し、出征兵員はのべ一〇万人を超え、使った軍費は九億円に達し、数千の人命を犠牲にしたこの干渉戦争は、何ものをももたらさない失敗であった。それは政略上の失敗だっただけでなく、軍事的にも大きな失敗をくりかえしている。

この出兵は、日本にとってははじめての敗北の経験であった。それは帝国主義の軍隊が、民衆に守られたパルチザンと戦い、そして大規模な国土防衛戦争に直面したという点に原因があった。編制、装備の近代化された強力な軍隊も、神出鬼没のゲリラ戦に手を焼くという事態が至るところにあらわれた。田中大隊、石川大隊の全滅という事例は、それをよく示している。日清、日露戦争では経験しなかった民衆を敵とした戦争であったことが、第一の敗因だったといえる。

日本軍自体にも、大きな欠陥があった。戦争目的の不明確、政略の動揺から、軍隊の戦意と士気はあがらなかった。戦争への疑問がひろがり、将校以下が武装解除に甘んずるという、日本軍としてはじめての経験さえもった。また軍隊内部にも、次章にふれるように社会的矛盾が顕在化しつつあった。脱走、逃亡の事例も多く報告されている。シベリアに送られた一人の兵士は、その日記に「兵卒の人格無視！……彼等には何等の自由も、意志の発表も、個人として、一人の人格としての権利も許されてゐない……普選、駄目！　重き租税と生活難！」とその疑問を書きつづっている（黒島伝治『軍隊日記』）。軍隊の素質と士気についての日本軍の自信が、この出兵でぐらつきだしたのである。日本帝国主義の侵略的性格とその矛盾を、あますところなく暴露したのがシベリア出兵であるとすれば、日本軍隊にとっても、その危機の最初のきざしをここにみることができる。

国防方針の改定

第一次大戦は日本をめぐる国際情勢に大きな変動を与え、国防政策もそれにともなって変化せざるを得なくなった。まず第一に、明治維新以来、日本にとってつねに北方の脅威であり、仮想敵国であった帝制ロシアが崩壊したことである。このため陸軍はその最大の目標を失った。しかし一九一五年の対中国二一カ条要求にはじまる中国への帝国主義政策の本格化と、これにたいする中国の抵抗、とくに五・四運動以来の民族運動の発展は、中国侵略戦争を具体的に準備させることになった。一方この時期、中国の市場や南太平洋の覇権をめぐる日米間の帝国主義的対立は激化し、両国海軍は熾烈な建艦競争を展開していた。この中で一九〇七年策定の帝国国防方針、所要兵力、用兵綱領に改定を加えることにより、一九一八年六月、国防方針の補修およびその他の改定が裁可された。

その内容は、仮想敵国としてロシア、アメリカ、中国をあげている。ロシアがいぜん第一の仮想敵国となっているのは、前年の革命で帝制は崩壊したが、日本軍がすでにシベリア出兵を準備しているときだったからである。所要兵力として、陸軍は戦時五〇個師団を四〇個師団に縮小したが、逆に海軍は従来の八八艦隊を改定し、八隻の戦艦隊二と八隻の巡洋艦隊、あわせて八八八艦隊を所要兵力としてかかげた。

この補修改定後、シベリア出兵があり、第一次大戦が終わって世界的に平和軍縮の気運が高まり、一九二二年にはワシントン海軍軍縮条約が結ばれ、陸軍も兵器装備の近代化のために軍縮に踏み切った。こうした情勢の中で、一九二三年二月、帝国国防方針の本格的改定が裁可された。(1)この改定は、仮想敵国をアメリカ、ロシア、中国とした。アメリカを首位としたのは海軍の強い主張によるが、陸軍も譲らず、陸軍では米、露は同列と解釈することにしていた。国防に要する兵力としては、陸軍は四〇個師団と変わらず、海軍は軍縮の結果、主力艦一〇隻、航空母艦四隻、大型巡洋艦一二隻と所要の補助兵力とした。陸軍も二五年の軍縮の結果、実際の動員の準備は三〇個師団内外に縮小した。陸軍はこのとき兵力を縮小しても装備を強化し、さらに軍需工業動員、国家総動員態勢の整備を急務としていたのである。

（1）この国防方針改定によって、はじめてアメリカが仮想敵国の首位となった。海軍は終始アメリカ一国を目標として軍隊を整えていたが、陸軍もこのときから対米作戦を計画することになったのである。一九一八年の国防方針の補修と用兵綱領の改定のさいは、対米戦争の場合は、陸海軍共同してフィリピンを占領することになっていたが、二三年の全面的改定後は開戦劈頭にグアム島をも占領することになった。国防方針、所要兵力、用兵綱領の研究にともない、陸海軍の年度作戦計画も、対米戦争を想定してたてられた。その計画が本格的に具体化したのは、一九二六年度作戦計画からであった。それによれば、日米海軍主力の決戦は「開戦後四十五日前後」と予期し、これに先立ってフィリピンのマニラ、キャビデ軍港などを占領する。そのために陸軍は常設三個師団を使用する。上陸作戦を訓練するため参謀総長から特に第五、第一一、第一二師団に訓令が与えられた（『戦史叢書・大本営陸軍部（1）』）。

海軍の対米作戦計画は、日本本土近海で来航する米艦隊主力を迎撃するというのが終始その基本的方針であった。二三年改定の国防方針にもとづく用兵綱領では、開戦初期に陸海軍共同してルソン島およびグアム島を攻略し、海軍は「敵艦隊の主力東洋方面に来航するに及び、其途に於て逐次に其勢力を減殺するに努め、機を見て我主力艦隊を以て之を撃破す」というものであった（『戦史叢書・大本営海軍部・聯合艦隊（1）』）。来航する米主力艦隊を太平洋の途中で軽快な艦艇や潜水艦で減殺し、最後に本土近海で主力艦隊が迎え撃って撃滅するという考え方であった。この考えは建艦にも影響し、戦艦などの主力艦は、航続距離を犠牲にして武装を強化し、潜水艦や一部の駆逐艦などは大きな航続力をもつように設計されていた。

第七章　総力戦段階とその諸矛盾

一　第一次大戦の影響

戦争の性格の変化

第一次世界大戦は、交戦国の数、参加兵力の大、戦場の広さ、戦闘の激しさ、さらに膨大な戦費と軍需品、戦争被害の甚大さなど、それまでのあらゆる戦争とは比較にならない大規模な戦争であった。そしてたんに量的な増大だけでなく、戦争の様相には、大戦を契機として質的な変化がもたらされた。戦争は、たんなる武力戦にとどまらず、政治、経済、文化などの国家の総力をあげての激烈長期の戦争という形態をとるようになり、国民全体が戦争の主体であるとのたてまえをとらねばならず、国民の政治的思想的団結力と国家の経済力とが、戦争の勝敗を決する重要な要因となるような新しい段階に入ったのである。これを国家総力戦(total　war)と呼ぶことは、ルーデンドルフの一九三五年の同名の著書によって普及したが、すでに大戦直後から総力戦という概念は使われるようになっていた。

またこの段階では、戦闘そのものの形式においても、いくたの革命的な変化が生まれている。巨大な集団軍隊の出現、火器の威力の極端な増大、飛行機、戦車、機関銃などの新兵器の出現、それらにともなう戦術の変化など、それまでの軍事常識をこえた質的な変化がもたらされたのであった。

第一次大戦後の各国の軍備は、大戦の経験の多少によってその差はあるが、きそってこの変化に対応する準備をととのえていた。戦時に巨大な動員兵力を確保するための、在営年限の短縮、既教育予備兵の増加、戦時幹部要員の大量養成、新兵器の研究と装備、それにもとづく新しい戦闘法の採用、軍隊編制の改正、経済、文化などの部門にわたる総力戦体制の整備、そのための諸立法などが、戦後の軍縮時代の中で着々とすすめられていたのである。

総力戦の思想

しかし、これら各国の総力戦準備とその思想には、異なる二つの傾向があった。それは、即決戦戦略と長期戦戦略、精鋭軍思想と大衆軍思想という、二つの相反する考え方の対立である。前者の典型はドイツであり、理論的にはルーデンドルフやゼークトによって代表されている。

ルーデンドルフによれば、戦争の長期化は、国民団結の弛緩や経済的困難などの不利を招くからなるべくこれを避け、開戦劈頭から国民の総力をあげ、訓練精緻、武装完全、編制優秀な国防軍をもって決戦を強要する。そしてこの最初の武力をできるかぎり強大ならしめるために、平時から国家の総力をあげて準備し、開戦当初にそれを集中して使用しようとするのである。このためには、平時から比較的在営期間の長い基幹部隊を備え、迅速な動員によって現役および既教育の予後備からなる精鋭な兵力を開戦のはじめに集中し、短期間に決戦をいどむことを目標とする。彼によれば、総力戦は、政治、経済、思想の重要性は従来より増してはいるが、それはあくまで武力戦に奉仕すべきものとしてであり、戦争はいぜん武力戦が中心をなすのである（間野訳『国家総力戦』）。ゼークトの場合は、さらにこの精鋭主義が徹底し、比較的少数の高度に技術的に装備された専門軍主義である（篠田訳『一軍人の思想』）。

このような総力戦には、戦時における工業動員の余地は少なく、平時から専門的な軍事工業を広範に保持し、軍需物資を大量に貯蔵する必要がある。ドイツにおいてこうした方式がとられたのは、ベルサイユ条約による軍備制限の存在によるとも考えられるが、ゼークト自身、その原則は近代の大陸軍国のもので、たんに条約によるドイツ軍のものでないとことわっているし、ルーデンドルフの場合は、ナチスによる再軍備の進行を前提にしての理論であり、実際のドイツの再軍備や第二次大戦の経過によっても、このことが大きな拘束となったとはいえない。むしろドイツの経済的地位、すなわち重要な物資の多くを輸入に仰がねばならないこと、高度の軍事工業を保有していること、および地理的な条件などに規定されているところが多いであろう。

そしてさらに、こうした戦略を生み出した重要な要因が、ドイツ軍部の国民にたいする不信頼にあることは否定できない。ルーデンドルフは、長期戦下における国民の思想的政治的団結の保障しがたいことを、くりかえし述べている。また大衆軍の戦闘意志と戦闘技術を期待できず、またそれのもつ政治的危険を顧慮しなければならないことは、ドイツ軍部のさけがたい宿命であった。それは、「欧州、アフリカ、アジアを通じて最も統率しにくい兵は、確かにフランス国民だ。元気旺盛なフランス兵は数々の恐るべき、然し正当な要求をもっている」と述べつつ、なおかつ民主主義国の大衆軍に満腔の信頼を示しているフランス軍部の考え方と、まったく対照的である（デブネ、岡野訳『戦争と人』）。

イギリス、アメリカ、ソ連さらにフランスの場合は、多少の違いはあるが、大体後者の傾向に入るとみてよいであろう。これらの諸国において、戦争準備は持久的であり長期的である。総力戦は文字どおり国家と国民の総力をあげての戦争と解され、政治、経済、思想の比重は軍事に劣るものではない。政治は軍事に従属するのではなく、いぜん軍事は政治の手段である。したがって常備軍の精強や動員の速度よりも、大衆軍創出のための政治的経済的条件が問題とされ、平時の専門軍事工業の育成よりも、戦時の工業動員の準備とその可能性が重視される。したがってその戦略は、開戦当初は動員と展開の援護のための守勢であり、持久戦の性格をおびる。リデル・ハートやボソニーの理論は、その典型であった。

反軍国主義の開花

このような戦争の性格の変化は、当然日本陸軍にも影響を与えずにおかなかった。大戦の直接の影響として、兵器、装備、戦法の改革を行おうとする意図は、すでに大戦の経過中の時期からたびたびみられるが、それを決定的にしたのは戦後であり、とくに軍縮が一般的な内外の世論となったさいであった。

さらに日本においては、中国をめぐってアメリカとの帝国主義的対立が烈しくなってきたことから、対米建艦競争の結果生じた海軍費の恐るべき増大が、もはや日本経済の限界を超えているという、いやおうなしの現実があった(1)。

第一次世界大戦後の数年間は、明治以来の軍国日本において、ほかにその例をみないほど軍国主義が力をうしなっていた時代であった。軍備の縮小、軍部の政治的特権の排除を要求する声は、内外からおこっていた。一九二二年の第四五帝国議会は、全院一致で軍縮建議案を可決し、政党はきそって軍縮と軍制改革の試案を発表して、海軍につづいて陸軍の軍縮も必至の情勢となっていた。シベリア出兵や対中国外交における軍部の独善を批判する声はようやく高まり、軍閥横暴を非難する叫びが新聞雑誌紙上にあふれていた。ある比喩によれば、「霜解けがして道が悪くていけない。こりゃ軍閥の罪だ。天気続きで空気が乾燥して咳が出て困る。これも軍閥が不都合なことばかりするからだと、何でもかでも悪いことは軍閥攻撃の種に使はれる」（中尾竜夫『呪はれたる陸軍』一九二二年）ほど軍部は不人気であった。将校の通勤に、軍服を恥じて平服を着たものがあるというのもこのころのことである。それは八・一五以前において、軍部ないし軍隊が、公然と自由な批判の対象となったただ一つの時期でもあった。

このような反軍国主義の開花は、多くの未熟さと不徹底さを含んでいたにせよ、また第一次大戦後の世界の反戦平和の風潮の影響によるところが多かったにせよ、ともかくも大正デモクラシーの到達しえた一つの大きな成果であった。明治以来、天皇制国家のもとで系統的に培養され、日露戦争後、軍部の政治的地位の確立、家族主義的国家観の成立を契機にしてほぼ確立した日本の軍国主義は、ここでいったん分解の危機にひんしていたといえよう。軍縮は、このような内外の批判にたいする防波堤としても必要であった。軍隊の改編、装備の改善が必要となっても、それに必要な多額の経費を要求できない以上、形式的に軍縮の実効のあがる人員整理によって、改革を実現しようとしたのであった。

（1）第一次大戦中の海軍費の増加は、つぎのように急速度で、一九二一年のごときは、国家予算の三割二分に達していた。

一九一四年	八三、二六〇千円	一九一五年	八四、三七六千円
一九一六年	一一六、六二五千円	一九一七年	一六二、四三五千円
一九一八年	二一五、九〇三千円	一九一九年	三一六、四一九千円
一九二〇年	四〇三、二〇一千円	一九二一年	四八三、五八九千円

二　軍縮とその意義

ワシントン会議と海軍軍縮

第一次世界大戦の悲惨な経験から、世界には反戦平和の気運がひろがった。戦後に成立した国際連盟も、その目的を軍縮においていた。とくに海軍については、激化する日米間や英米間の建艦競争が、各国の戦後財政に莫大な負担を強いていたこともあって、一九二一年一一月からワシントンで、日本、イギリス、アメリカ、フランス、イタリアの五カ国による軍縮会議が開かれた。このワシントン会議では、中国問題を討議するために、以上の五カ国の他に中国、オランダ、ベルギー、ポルトガルを加えた九カ国会議も同時に行われた。

アメリカとの止まるところを知らない建艦競争の危険を察している原内閣（一九二一年一一月から高橋内閣）も、海軍の首脳部も、軍縮協定を結ぶことに異議はなく、加藤友三郎海相らの全権団を送った。会議は各国間の比率で対立し、日本は、海軍内には対米七割を主張する強硬論もあったが、対米六割案を受け入れることで妥協が成立した。その結果、主力艦はトン数三万五〇〇〇トン以下、備砲の口径一六インチ以下に制限し、英、米、日、仏、伊の五カ国の保有量は、五、五、三、一・六八、一・六八の比率とすることで条約が調印された。

主力艦の他に、航空母艦についても、トン数は二万七〇〇〇トン以下とし、保有量の比率は日本は対米六割となった。その他の補助艦については、各艦のトン数は一万トン以下とし、備砲の口径は八インチ以下と定めたが、総保有量については制限が設けられなかった。このため各国はそれ以後、一万トン以下の巡洋艦を中心とする建艦の競争を行うようになった。

この会議のさい、日、英、米三国の太平洋防備制限条約が調印された。これは太平洋の各島嶼における要塞や海軍根拠地を、一九二一年末の現状に止め一切の拡張を禁じたもので、日本は台湾、澎湖島、琉球諸島、奄美大島、千島群島、小笠原諸島の、イギリスは香港や太平洋諸島の、アメリカはフィリピン、グアム、アリューシャン、ウェーク、ミッドウェー、サモアの諸島が対照であった。これは西太平洋における守勢作戦をとる日本に有利な制限と考えられ、対米六割を呑むことの代償として約されたものであった。加藤全権は、マニラとグアムを制限させることで日本の脅威は減ずるから、六割でも守勢の最低安全点は保てるとしていた（伊藤正徳『国防史』）。軍縮への合意は、日本のおかれている内外の状況の中で、妥当な選択であったのである。

日本陸軍の立ち遅れ

大戦後の日本陸軍は、総力戦段階の軍隊としてはあまりにも立ち遅れ、急速な改革の必要に迫られていた。帝政ロシアの崩壊によって、当面強大な陸軍を必要とする仮想敵国がなくなったにもかかわらず、三〇万を超す常備軍をもっていることは、戦後の経済的困難の中で非常な財政的負担となり、当然陸軍の軍縮が要求されるようになった。また誰がみても明らかなことは、大戦後の各国の近代化された軍備にくらべて、編制装備の面でまったく立ち遅れていた。飛行機、戦車、機関銃などは、試作品の域を出ないで、いまだ部隊装備とすることができず、日露戦争時代そのままの小銃と野砲を主とする装備にとどまっていた。そのうえ陸軍の在営年限は歩兵を除いてはまだ三年で、常備二一師団の大兵を擁しながら、戦時動員能力は一〇〇万を超えず、第一次大戦にみられたような巨大な大衆軍の創出などは、まったく準備されていなかった。戦術に至っては、火力万能の戦闘群戦術の時代に、いぜんとして白兵突撃万能の散兵戦術をとっていた。総力戦にたいする経済的準備は、全然手がけられていなかった。こうした事情から、軍縮と軍制改革は、衆目の認める必要事であった。

しかし、欠陥はこのような表面の問題にとどまっているのではなかった。以上の立ち遅れは、大戦の戦闘を実際には経験せず、必要に迫られて改革するという機会をもたなかったことや、とくに財政、工業力、技術がともなわないこと、戦術については伝統墨守の保守主義などが原因であったが、そのほかに日本社会や軍隊の本来の性格にもとづく矛盾があった。

それは日本の軍隊が、天皇制の階級的軍隊であって国民的軍隊でないという決定的な条件である。明治のはじめ階級抑圧の武器として創設された軍隊は、警察機構の完備とともに、平常の国内鎮圧の任務をそれにゆずり、もっぱら対外的武力としての役割を果すことで、とくに日清、日露の両戦争を経たことと、徴兵令の改正により国民皆兵制をととのえることで、一応国民的軍隊の外観をもちはじめていた。しかし、一九一八年の米騒動は、一挙にこの外観をうちこわした。騒動によって警察が無力化したとき、全国にわたってこれを弾圧したのは軍隊の出動であった。「三四市五〇町二二村計一〇六個所にたいし、五万八〇〇〇人以上の兵力が出動した。軍隊の銃剣、実弾による死者は三〇名に上った」(松尾尊兊「米騒動と軍隊」『人文学報』第一三号)。

米騒動によってこの階級的本質を暴露した軍隊は、一方では国民に訴えるなんの名分もないシベリア出兵を強行することで、いよいよ国民との遊離を深くした。大戦後の陸軍の極端な不人気は、こうした事情と結びついたものであった。国民の思想的政治的団結を不可欠の基礎とする総力戦の遂行にとって、国民と軍隊との遊離、相互の不信頼は、最大の矛盾であった。

また米騒動は、軍部の大衆軍にたいする不信をますます濃くさせる結果ともなった。各地の騒動に多数の在郷軍人が参加したことは、軍部に大きなショックを与えた。騒動直後の一〇月、在郷軍人会長寺内正毅の名で出された訓示は、「間々軍人ノ本分ヲ忘レテ騒擾ノ渦中ニ投シ検挙ヲ受ケタル者ノ鮮ナカラサルハ本会ノ甚シク遺憾ト為ス所ナリ」として、在郷軍人のこのような行為を固くいましめている。軍隊の発砲で多数の死傷者を出した宇部炭坑の場合も、坑夫中に多数の在郷軍人があり、軍隊との衝突にさいしては、率先群集を指揮し、軍事的訓練の素地を生かして機敏に活動したことが、記録に残っている。

大戦後の社会運動の高揚とともに、軍隊自身もまたその洗礼をうけはじめた。これらの事情は、軍部が大衆軍の政治的危険をいよいよ強く意識するようになる原因となった。そしてこのことも、総力戦の要請と矛盾する傾向にほかならなかった。

改革の必然性

軍縮と軍制改革が必至となるとともに、軍部の内外からも、こうした欠陥と矛盾を指摘するいくつかの案が公けにされている。ただそれらの多くは、あまり具体性のない議論であったり、またほとんど表面的な欠陥を指摘するにとどまって、本質的改革をめざすものは少なかった。一九一二年秋、尾崎行雄らは軍備縮小同志会を結成し、また国民党は、一九二二年度の国会で軍縮決議案を提出して、それにともなう軍縮案として、歩兵の兵数半減、歩兵の兵役一年制、師団の半減を主張した。この案は、大綱だけをならべた抽象論でその裏付けも説明もなく、政友・憲政両政党に先んじて独自の案を公表したという意味しかなかった。

また、政友会所属代議士の個人案として、同年発表された退役陸軍少将津野田国重の陸軍改造案は、軍縮の点では約六個師団の節減を主張しているが、そのほかに編成上の改革をもり込んでいる。すなわち、在営年限の一年四カ月への短縮、一年志願兵および幼年学校の廃止、軍部大臣の文官制、最高国防会議の創設と陸海合同の統帥部の新設、師団の編成改正、すなわち三単位制の採用（旅団司令部の廃止、歩兵一連隊の削減によって師団を三連隊編成とする。連隊以下も同じ）などである。軍縮および編成改正については、この案は合理化に徹底して、当時としては、軍人の考え得たほぼ理想案だったといえる。とくに大臣の文官制や陸海軍統帥の一元化、幼年学校の廃止などは、軍部の封建的性格の制度上の保証をとりのぞこうとする進歩的な意義をもつものであった。

軍部大臣の武官制や統帥権独立を武器とする軍部の政治支配にたいして、かつて大正デモクラシー運動の中で、政党はこれと闘ってきたはずである。しかるに、反軍国主義が世界的に支配し、国内においても軍部批判がさかんになり、軍人自身の中からさえこれらの点についての譲歩をやむなしとする意見が有力となっているとき、したがってこの改革が容易になしとげられそうにみえたとき、政党はこれをかちとる努力をしなかった。この改革の時期に、政党の要求としてこれが影をひそめていた点に、政党の限界が認められるであろう。

これらの改革案にくらべて、総力戦の意義をもっともよく把握していたと思われるのは、陸軍中将佐藤鋼次郎の『国防上の社会問題』（日本社会学院調査部編『現代社会問題研究』第一八巻）という一九二〇年（大正九年）の著書である。

著者は、退役後社会問題に関心をもち、同年の老壮会の創立に堺利彦や北一輝、大川周明らとともにただ一人の軍人として参加した人物である。一一編からなるこの書で、彼はまず総力戦準備の必要を説いている。そして第三編「徴兵制度と社会問題」で、わが国の徴兵制の矛盾と軍隊教育の困難を指摘し、「日本の兵営は一見監獄の如く」「兵営生活が極端に束縛不自由となったのは、我陸軍が画一主義を採り徒らに外形に依り軍紀の厳粛を衒はんとしたる罪でもある」と述べている。そしてこのような見地から、兵営生活の合理化と、国民教育とくに学校教育と社会教育の軍事的価値を論じ、そして戦時の大軍急増の成否が、この点にかかっていることを論じている。

そしてこのような立場から、「国民の軍隊化」「軍隊の社会化」と題する、それぞれ一編を設け、軍隊の社会からの隔絶を非難し、国民の軍事化、軍国主義の国民への注入によって、一種の兵営国家の実現をめざしているようにとれる。

つぎに彼は、戦争を動員した軍隊によって戦われる第一期戦と、持久戦化し、資源、生産力などをあげての国民的戦争となる第二期戦の、二期に区分している。そして軍備は、緒戦すなわち第一期戦の勝利をまずめざすべきであるが、戦争準備全体は第二期戦の勝利をめざして、国家の全部門にわたって行われるべきことを説いている。そして「国家総動員」の編では、このための経済体制が、「皇室中心の社会主義」としての国家社会主義体制となるべきことを主張している。最終編に「艦船兵器の民営」なる一編を設けて、平時の兵器生産を陸海軍の工廠から民営に移すことを論じている。この主張の根拠は、戦時に巨大な兵器、軍艦の需要を満たすことの可能な、民営の軍需工業を育成保持することにあり、前の編とともに国防的産業の国家統制を主張するものである。そして「軍事工芸の民衆化」と称して、総動員準備の促進、経済の軍事化を主張するのである。

これは、半封建的地主制と近代軍隊との矛盾を認め、この克服のために国民教育の軍事化、社会生活の軍国化の必要を主張するとともに、一方では総力戦に対応すべく産業の軍事的再編成と総動員準備の実現、このため一種の国家独占資本主義の必要を論じているもので、多くの改革案の中では、総力戦段階での日本軍隊の矛盾にともかくもふれたものであった。

合理化のための軍縮

一九二二〜二五年の三次にわたる軍縮(1)が、このような立ち遅れを克服するために、軍縮に名をかりた軍の合理化近代化政策として行われたものであることは、すでに常識となっている。第三次軍縮の担当者であった宇垣一成が、「今次の整理の表向の理由は今日まで各方面に述べてあるが、裏面の理由として輿論に先手を打つたのである。国民は山梨の整理案を不徹底、姑息なりとして満足して居らぬ。さらに陸軍軍縮を絶叫するの方向、師団減少を遂行せずんば止まざるの傾向ありしに鑑み之れに先んじて英断を施し其減じたるものを改善に転用する、即ち国民の輿論を国軍の改新に利用し指導したのである」(『宇垣日記』)といっている言葉が、まさに軍部の本意であった。

前後三回にわたる軍縮で、四個師団の部隊、九万の兵員、一万九〇〇〇の馬の大規模な縮小を行いながら、節約した経費わずかに三〇〇〇万円、とくに四師団を減らした第三次では経費をほとんど減らさず、その余は全部装備の改善に注いだ。その結果、新たに飛行隊、戦車隊を新設したのをはじめ、歩兵に軽機関銃、機関銃、曲射砲を装備し、野山砲を減らして重砲を備えるなど、ともかくもこれによって、装備の面ではある程度の近代化をなしとげたのである。

（1）陸軍軍縮は次の三回にわたって行われた。
○第一次軍縮（一九二二年、山梨陸相）
歩兵連隊より各三中隊ずつを欠隊させて機関銃隊を新設。

騎兵連隊より一中隊を欠隊させて機関銃隊を新設。

野砲兵旅団司令部三個、野砲兵連隊六個、山砲兵連隊一個、重砲兵大隊一個を廃止。

野戦重砲兵旅団司令部二個、野戦重砲兵連隊二個、騎砲兵大隊一個、飛行大隊二個を新設。

人員五万九五六四人、馬一万三〇〇〇頭の縮小。
○第二次軍縮（一九二三年、山梨陸相）
鉄道材料廠、軍楽隊二個、独立守備隊二大隊、仙台幼年学校廃止。

要塞司令部二個新設。
○第三次軍縮（一九二五年、宇垣陸相）
師団四個、連隊区司令部一六個、衛戍病院五個、台湾守備隊司令部、幼年学校二個廃止。

戦車隊一個、高射砲連隊一個、飛行連隊二個、台湾山砲兵大隊、通信学校、自動車学校新設。

人員三万三八九四人、馬六〇八九頭の縮小。

三　総力戦体制の整備とその矛盾

この宇垣軍縮を頂点とする一連の軍制改革によって、日本軍隊の近代化合理化は果して達成されたであろうか。

宇垣軍縮の目的

国家総力戦は、いわば高度に発展した資本主義の段階に対応する戦争の形態である。しかるに、未熟な帝国主義国日本において、ぬぐいがたい封建性、脆弱な資本主義の基礎の上に、軍隊のみの近代化をはかることはしょせん不可能であった。

宇垣軍縮の内容は、前述の諸点にとどまるものではない。それは、総力戦段階に対応するためにさまざまの新しい方式を戦法や訓練のうえにも採用し、またこの新しい段階に対応できるように、軍の構成や性格についても、ある程度の改革を加えることが意図されたのであった。とくに、第三次軍縮が軍隊内部の変革について意図したものは、たんに編成や装備だけでなく、思想や性格の近代的な軍隊への変質であった。藩閥にたいする抑制策、たとえば陸軍大学に長州出身者の入学をある期間制限したことや、幼年学校の廃止、近代化に順応できない旧型将校の大量馘首などは、人的な面で幹部の封建性から近代性への脱皮をうながすものであった。

さらに、この時期にあい前後して行われた「軍隊教育令」、「軍隊内務書」、各兵操典などの改正によって、兵営生活や軍隊教育の面に存在していた不合理や形式主義をある程度ぬぐい、近代化、合理化への道をすすもうとしていた。この時期の軍隊生活は、たとえば外出や日課などの面でも、日本軍隊の歴史の中でもっとも自由な時期であった。しかしこうした諸改革も、それが軍隊の本質に及ばない以上、また社会構造の変革をともなわない以上、日本軍隊の本質的な矛盾の解決とはならなかった。かえって矛盾は拡大し、あらたな様相をおびてくる。

大衆軍創出の困難

第一に、巨大な集団軍隊の戦時における合理的な創出は、前述の諸改革にもかかわらずいぜん困難であった。数次にわたる在営年限の短縮と、一九二七年の「徴兵令」を改正した「兵役法」の制定によって、最大限一八〇万の既教育兵と、さらにそれに数倍する未教育補充兵の動員が、計算上は可能となった。しかし、実際上人口の中のどれだけの部分を兵士として動員できるかは、たんなる徴兵技術の問題ではなくて、その国の経済的な発展の程度と深い関係があり、兵士の質の点では、いっそうその社会の政治的経済的文化的状態との関連が深い。

一九二〇年代の毎年徴兵適齢者は、大体五五～六〇万人で、このうち甲種合格者は、受検人員の三〇パーセント前後を示し、そのうち現役兵として徴集される実数は、毎年約一〇万人であった（『陸軍省統計年報』。以下、本節に用いた数字はこの統計による）。この数は、適齢人口の二割強にあたるが、農村ではその比率はさらに増大した。それは徴募単位である連隊区の適齢人口が、鳥取、松江や北海道各区のような六〜七〇〇〇人のところから、東京の麻布、本郷のように二万人以上のところまで、都市と農村でははなはだしい不均等があるうえ、甲種合格者の比率が、農村は都市より二割程度上まわっていたからである。それは軍部の都市出身兵士にたいする極端な不信も影響していたといえよう。つまり兵士の圧倒的部分は、農村を供給源としていたのである。

民兵制をとらないかぎり、一定の常備兵力をもって戦時動員兵力を大ならしめようとすれば、現役兵については在営年限を短くし、同一の年齢から徴集する人員を増やすか、現役徴集者以外のものを一定期間の教育召集によって訓練するかの手段によらなければならない。ところが、日本では、欧米にくらべて国民一般の文化水準の低さから、在営年限の短縮は容易なことではない。また前述のように、最大の兵士供給源たる農村は、極端な貧困の結果、労働力の家計に占める比重がきわめて大で、同一年次の徴集兵を増やすこと、あるいは全適齢者をたびたび教育召集することは、国民生活にたいする非常な圧迫とならざるをえない。しかも一方で、装備の近代化が極端になればなるほど、国民一般の、とくに農民の科学技術の水準の低さとのギャップが大きくなり、短い在営年限で兵士に新兵器の取り扱いに習熟させることはきわめて困難になった。

また火力の発達に対応する極度に疎開した戦闘群戦法は、分隊長たる下士官の自主的な戦闘能力が非常に要求される。そしてこのような戦術を採用するには、下士官の能力や士気についての、十分な確信が必要であるばかりでなく、戦時急増する大部隊に応ずるだけの、多数の能力ある下士官の予備が欠かせない。ところが、下士官の補充難とその素質の低下とは、日本軍隊にとって最大の困難の一つであった。

陸軍の下士官は、主として現役志願兵からとっていたが、その実数は、一二年三八三四、一三年二七二三、二四年三四四九、二五年三二二四、二六年三四六七、二七年三九九二と、ほぼ三〇〇〇人台にとどまり、適齢壮丁のわずか〇・五パーセントにしかならない。しかもその出身はきわめてかたよっており、毎年、東京府、大阪府など人口の多い大都会より、青森、秋田、熊本、大分などの農村県の方が志願が多く、鹿児島、新潟、長野などの各県は東京の二〜三倍に達していた。毎年採用される現役下士官の数は、歩兵科の仙台、豊橋、熊本の三教導学校卒業者の合計で一二〇〇〜一五〇〇人ぐらいであったから、陸軍全体で年に三〇〇〇人程度と推定される。したがって、現役志願者から下士官をとるにしても、素質のすぐれたものを選択する余地は少なかった。全体として下士官志願者を得ることはきわめてむつかしく、いかにして下士官志願者を増やすかが、つねに軍隊の大きな関心事となっていた。

同じような問題は将校についてもいえる。職業的将校以外に、広汎な予備役将校が必要だが、その準備について、各国にみられるような、知識階級からの将校の自由任用制はとれなかった。一九二八年、一年志願兵に代わって幹部候補生制度を採用するが、元来知識階級への不信の強い軍部はそれを十分に信頼できず、せいぜい小隊長要員としてしか予備幹部を養成しなかった。これらすべての条件は、第一次大戦にみられたような、あるいはこののちに予想されるような、人口の一〇～二〇パーセントに達するような巨大な戦時兵員の動員を困難にしていた。事実第二次大戦末期において、陸海軍あわせて七七〇万という人口の一割を超える兵員を動員したとき、国内経済における労働力の不足、とくに農業におけるそれは、破局的な状態となったのである。また素質の点でも、それはもはや戦力として計上できる軍隊ではなかった。

装備近代化の遅れ

第二に、編成装備の近代化も、改革前にくらべれば格段の進歩を示したとはいえ、世界の新しい軍事的な段階にくらべては、質的なへだたりがあった。それはほとんどの兵器生産が、直接軍部の経営のもとにあり、そのため技術的に低いばかりでなく、設備能力の点で急速な更新にもこと欠いたからである。例外は航空機生産で、はじめから民営とされ、一応の水準への生産の急上昇が可能であった。

たとえば歩兵の装備では、ようやく歩兵連隊に一個の機関銃隊、機関銃隊の中に歩兵砲隊をもったにすぎず、軽機関銃も編制上小隊に一軽機分隊をつけていただけであった。その時期のソビエト、あるいはフランスの、歩兵連隊に連隊砲大隊もしくは中隊、大隊に機関銃中隊と歩兵砲中隊もしくは小隊、さらに各分隊が軽機関銃を中心として編成されるというのとは、格段の相違がある。大戦後の各国歩兵は、もはや小銃と銃剣の兵種ではなくなり、機関銃、軽機関銃、自動小銃、迫撃砲、歩兵砲、手榴弾などを主な武器とし、なかんずく軽機関銃を標準武器とし、最小単位たる歩兵分隊は、この軽機を中心に編成されるようになっていたのである。

砲兵についても同じことがいえる。改正後の砲兵兵力の一五八中隊のうち、一一四中隊までが七・五センチの野砲か山砲で、師団砲兵はわずか六中隊、それも全部野山砲で編成されていた。各国の砲兵は、初速よりも弾丸威力を重視し、師団砲兵にも一二センチ榴弾砲を備え、その兵力も膨大なものとなっていた。また、機械化兵団がすでに各国軍で重要な位置を占めているのに、わずか戦車一中隊を試験的にもったにすぎなかった。

要するに、火力と機動力が可能となった時代に、いぜんとして軍の主兵は歩兵であるとして圧倒的な戦力の比重を歩兵にかけ、しかも歩兵の戦闘力の主体は小銃と銃剣にとどまっていたといえよう。しかし、この装備上の欠陥は、軍部自身にも認識され、軍備充実への強い要求の根拠となっていた。

第三に、戦法、戦術も旧態を脱しえなかった。一九二三年「改正歩兵操典草案」を公布したのをはじめ、典範令全般にわたって、時代に適応させる目的で改正が行われた。しかしその内容は、火力の圧倒的威力を軽視し、いぜん白兵万能主義を堅持し、歩兵の戦闘力に中心をおいたものであった。

四　軍隊の性格と構造の変化

速戦即決主義の強化

前節にみたような諸矛盾は、軍部の戦略方針や内外への政策に大きく影響し、軍隊の構造や性格にも変化を与えた。またこのような変化が、のちの軍部による国内の軍国主義化の原動力としての軍部の役割をも決定づけたのだった。

まず、大戦後の改革によっていよいよ独自性を濃くした陸軍の編成や戦術上の性格は、必然的にその総力戦思想を武力戦中心主義に、その戦略を開戦初頭の短期決戦による速戦即決主義へみちびいていった。武力戦を中心とするのは、経済的実力の弱さ、軍事工業がほとんど軍の直営で工業動員の期待できにくいこと、国民の思想的政治的な団結に期待できないことなど、ドイツの条件と似かよっている。そのため、戦争計画そのものでも軍事が政治に優先し、国防方針の策定は政府にほとんど関係なく統帥部の権限で決められる状態であった。したがって、相手国にたいしても、その第一線武力をまず撃破することが戦争目的となり、国家や国民の戦争意志を破砕するという原則からはずれていった。

このことはソ連や中国にたいする短期戦という非常識な戦略を生んだのである。「第一次大戦後、参謀本部は長期戦をもって将来戦の性格と判断した。しかし日本の綜合国力からみて、いわゆる長期作戦は不可能でないまでも至難とされたので、ここから必然的に相手の不意をつく開戦方式と、速戦即決による作戦指導を重視し、短期戦を企画すべきであるとの見解がとられた。そこでこれらの思想は当然作戦計画に織り込まれた。それ以来、攻勢作戦主義、奇襲による開戦方式、速戦即決による作戦指導、これら三つが陸軍の平時作戦計画を貫く根本思想となり、太平洋戦争開始まで続いたのである」（林三郎『太平洋戦争陸戦概史』）。

こうした短期決戦主義は、主力をもって予想戦場を敵国内に求めるのが根本方針で、国土の直接防衛はほとんど顧慮されない。国内の要塞などは軽視され、明治時代そのままの施設と装備に放置され、そのうえ軍縮によって一部の兵力を削られたほどである。したがって陸軍の目標はたえずアジア大陸に注がれ、なかんずく、対ソ、対中国戦の緒戦に優勢を占めるためには、橋頭堡としての満州を確保しておくことが、戦略上の絶対の要請となったのであった。満州占領への軍部の強い衝動は、直接にはこうした戦略上の要求から出たものであった。

青年将校の急進運動

また、総力戦の要請と日本軍隊の本質との矛盾に直面しながら、一方では編制装備の立ち遅れを焦慮し、しかも満州占領の衝動にかられる軍部のあせりは、将校の急進化となってあらわれた。(1)(2)軍部内の急進運動は、ほとんどがこの時期に発足している。一夕会、桜会の系統も、天剣党の一派も、総力戦の把握に違いはあるが、いずれもそれへの国家的対応の不十分さを打開しようとする意図から出発したものであった。

この時期の将校の性格は、軍縮によって明治期と大きく変わってきた。明治時代は、将校の出身はほとんど華族もしくは士族で、精神的にも封建武士団の系譜につらなる面を多く残していた。下士官以下との間には、厳然たる身分的差別が存在していた。大正期に入って士族の占める割合は、明治初期の七、八割、後期の五、六割にくらべて一、二割というふうに激減している。それは、資本主義の発達にともなう士族層の全国的な没落、中等教育の普及による幹部要員の層のひろがり、将校任用制度の改正などによるものであった。そして、将校の出身階層は、中等教育だけで上級学校へすすめない層、資本主義的中間層にひろがった。厳重な階級、身分の支配する軍隊は、また、いったんその階級にとりつけば、最高の地位までだれでも上昇できる可能性をもった社会である。日本社会の矛盾をもっともうけ、没落の危険にさらされているだけの中間下層にとって、この軍隊社会は唯一のはけ口であった。

こうしてこの時期に多数を占めるようになった新しい層の影響によって、将校と下士官以下との距離が接近し、将校団にも大正期からの社会的変動が敏感に反映するようになった。将校の中から社会主義思想のゆえに免職されるもの、共産主義に共鳴し部下をともなって朝鮮国境からソビエトへ脱走するものさえあらわれた（松下芳男『三代反戦運動史』）。こうした将校の質の変化は、軍隊の矛盾にたいする彼らの反応を積極的にした。彼らの地位と身分から、その反応は総力戦準備への強行的移行、国家主義的革新運動へ動いていったのであった。

国民統合への軍の関与

総力戦は国民の政治的思想的団結を絶対の基礎的条件とするものであり、国民全体の自発的積極的な戦争努力が不可欠となるので、この段階における各国の戦争指導は、戦争準備の段階からすでに、あらゆる宣伝啓蒙の手段を通じて、戦争目的への国民の一体化をはかることに努力を集中していた。

ところが日本では、戦争計画そのものが国民と無関係に軍部独自にたてられているうえに、その軍部が国民を信頼することができず、国民の戦時における一体化についての保障を期待できなかったので、それにたいする対応策として、国民にたいする支配と統制をいっそう強化しようとするのは当然であった。

総力戦段階に入るとともに、軍部の国民統合への積極的な努力が行われはじめた。そのあらわれが、宇垣軍縮と同時に行われた、学校教練および青年訓練など一連の新制度の採用である。学校教練制度には、兵力量の増大に対応するための予備役幹部の大量の養成、軍縮にともなう失業将校の救済などの一面もあり、青年訓練制度にしても、軍事知識の普及、それによる入営準備教育という目的も考えられる。しかし、これらの制度を、強い抵抗を押しきって実行しようとした軍部の真意は、軍部を中心とする国民統合の具として利用することであった。これについて宇垣は、つぎのように述べている。

「有事の日に於ては陸軍が是非至尊補翼の中枢として働かねばならぬと数年来深く感得して居る所である。夫れが余をして中等以上の諸学校に現役将校を配属して士風の振興、体力の増進に資し、近く一般的に青少年訓練を実現せしめて健全なる国民を作り、同時にこれ等をして陸軍との密接なる連繫を作らしめんと企図せしめたる所以である」。なぜなら、「平戦両時を通じて真正なる挙国一致の如き七千万同胞を挙げて至尊の下に馳せ参ぜしむべき采配を振る仕事は如何に考ふるも吾々陸軍が進んでこれに任ぜねばならぬ。海軍の如きは社会に対する狭き接触面よりするも其の任でない。二十余万の現役軍人、三百余万の在郷軍人、五六十万の中上級の学生、八十余万の青少年に接触する陸軍にして始めて此の仕事を遂行し得べき適性が存在する」（『宇垣日記』）。

たしかに軍部自身は、学校教練や青年訓練にはたいした軍事的価値を認めず、それを役立てようとはしていなかった。こうした制度に期待したのは、軍部による国民の統制であり、軍国主義への国民の統合であった。

しかし、日本の軍部は、本来天皇制機構の一部であって、直接には国民の組織ではなく、また政治への不関与を名目上のたてまえとしていたから、いかに国家への国民の一元的統合をあせって、学校教練や青年訓練などによって国民との接触面をひろげようとしても、軍部自身が国民統合のための中心組織となることは容易ではなかった。そこで軍部の身がわりとして、国民への軍国主義注入の役割をになったものは、とくに在郷軍人会であった。

すでに一九一〇年の帝国在郷軍人会の創立が、軍事動員組織であるとともに、国民統制組織として天皇制支配を強化する役割をになったものであった。米騒動にさいして、在郷軍人の中から個人的な騒動参加者を多く出したことは前に述べたが、組織としての在郷軍人会は、支配秩序維持のため有効に働いた。全国で地域組織である在郷軍人分会が動員され、直接鎮圧や、波及の予防に動き、「郷閭《きょうりょ》ノ保安ニ努メ能ク良民タルノ実例ヲ示シ」たことについて、とくに陸軍大臣の賞詞を受けた。この事例は、軍部に改めて在郷軍人会の国民統制の役割を認識させたのである。

軍制改革に併行して、一九二五年、在郷軍人会の規約に大改正が加えられ、その組織と任務をより明白にして、直接軍部につながる権力機構としての性格をもつに至った。とくにその組織をはじめの市町村単位に加えて、工場単位にもひろげる努力が試みられている。一九一四年にはゼロだった工場分会は、一九二二年には一七三、一九二五年には二三四に増え、なおその設置についての努力が要請されているが（『帝国在郷軍人会概要』）、居住のみならず職場においても在郷軍人会の活動を組織化する意図のあらわれとして、注目すべき現象である。

この改正を機として、在郷軍人会の活動はさらに多方面にのびたが、軍事知識の普及や会員の親睦訓練といったもののほかに、「家族思想涵養の目的」による諸事業や、「青少年団の指導誘掖」「労働小作争議の調停」「公安の維持」などにも手をのばすなど、軍部の身代わりとして公然たる宣伝活動に任じていた。一九二六年はじめには、機関誌として、『戦友』六万一八〇〇部、『大正公論』六七〇〇部、『我が家』五万五〇〇〇部を発行している盛況であった。のちの天皇機関説問題にさいしての在郷軍人会の活動にみられるように、軍国主義への国民の統合に果したその役割は大きなものがある。

総力戦段階に対応しようとした日本の軍隊は、国民を信頼しえない、したがって兵士の自発性に依拠できないという決定的矛盾のために、いっそう好戦的積極的戦争計画をたてざるをえず、そのためにますますその矛盾を拡大し、軍部の政治支配、国民を上から軍国主義へ統合するために、その特殊な地位と権力をもって狂奔するようになったのであった。

（1）一夕会のもとになったのは、長州閥による人事の独占に反撥し、陸軍部内の革新をめざした陸士一六期生で当時少佐の永田鉄山、小畑敏四郎、岡村寧次の三人が、一九二一年（大正一〇年）にドイツのバーデンバーデンで人事の刷新を話しあったことだとされている（高宮太平『軍国太平記』）。帰国後彼らを中心に月一回の会合が生まれ、一夕会と名づけられた。この会は、それまで国家主義運動を推進したものとは思われない。しかしそのメンバーが、のちの桜会にかかわり、統制派の主要人物となって軍の政治化をすすめた。

桜会は、一九三〇年（昭和五年）九月に、参謀本部ロシア班長の橋本欣五郎中佐らが結成したもので、参謀本部や陸軍省の中佐以下の中堅幹部が中心になり、国家改造を研究する団体とされた。しかしその中心に武力行使による直接行動を目論む急進派があって、翌三一年の三月事件や一〇月事件のクーデターを計画した。

（2）第一次大戦後の日本における社会運動の発展に対する反動として、国家主義運動がおこり、一九一九年（大正八年）には北一輝、大川周明らの猶存社が生まれた。北や大川は、国家主義運動の実力部隊として陸海軍将校への働きかけを行った。北の輩下である退役陸軍騎兵少尉西田税は、後輩の陸軍士官学校生徒に働きかけるなどして次第に青年将校に影響力をひろげ、一九二七年（昭和二年）には土林荘という塾をつくり、さらに国家改造をめざす天剣党の規約をつくって、全国の青年将校にばらまいた。彼が同志として名ざした者の中に、菅波三郎、大岸頼好など、のちの青年将校の国家改造運動の指導者があった。但し天剣党そのものは、実際に結成されたのではないようである。

第八章　満州事変

一　中国侵略への衝動

中国革命と山東出兵

一九三一年九月八日の柳条湖事件にはじまる日本の一四年間にわたる対中国侵略戦争が、日本軍部の主導権の下に推進されたものであることは明らかである。そしてその直接のきっかけとなったのは、日本帝国主義の侵略に抵抗し、民族の自立と国家の独立を守ろうとした中国における民族運動の急速な発展であった。

一九二五年の五・三〇事件、二六年の国民革命軍の北伐開始をきっかけとする中国における国民革命の進展は、日本帝国主義の中国における権益を脅かすものであった。とくに軍部は、日清日露両戦争で先輩の血で購った権益を守ろうとして、中国革命にたいしての敵意を燃やし、対中国侵略戦争への起動力の役割を果すことになるのである。

一九二七年三月二四日、国民革命軍の南京入城にさいし、列国領事館が襲撃をうけ、日本領事館も暴行をうけ、警備の海軍陸戦隊が武装解除されるという事件（南京事件）がおこると、幣原外相の協調外交を国辱的だとする国内の批判が高まったが、それにもっとも憤激したのは陸海軍将校であった。そして対中国軟弱外交への批判が若槻内閣倒壊の原因となり、四月二〇日、田中義一政友会内閣が成立すると、五月二八日、北伐阻止のため関東軍の一部を山東省に出兵させた（第一次山東出兵）。

北伐がいったん中止されたので二七年八月、撤兵したが、翌年北伐が再開されると、二八年四月、第六師団を主体とする兵力を再び山東省に派遣した（第二次山東出兵）。山東省にある日本の利権と居留民の保護が名目だが、革命の発展と中国の統一を妨害するのがねらいであった。日本軍は五月三日、国民軍が済南に入るとこれと衝突し、済南城を占領し、さらに増援のため第三師団を派遣した。国民政府は日本の山東出兵を国際連盟に提訴するとともに、北伐軍は日本軍を避けて北上をつづけた。東北地区から北京までを支配していた、日本に支持されている張作霖軍閥の敗色は濃くなった。日本政府は戦乱が満州に波及した場合には、適当有効な措置をとると中国側に警告し、張作霖にたいしては東三省（満州）への引き揚げを勧告した。

満蒙確保の要求

一九二八年（昭和三年）六月四日、奉天へ引き揚げる途中の張作霖の列車を爆破し、張を爆殺したのは、関東軍高級参謀河本大作大佐の指示によった工兵第二〇連隊の将校以下であった。日本政府と軍部とくに関東軍の首脳部は、国民軍の北伐によって東北軍が連敗しはじめると、張作霖を満州に引き揚げさせ、これを満州で独立させて日本の傀儡《かいらい》としようとしたのであった。しかし河本らは、張の対日態度の変化を憤慨し、こうした上部の方針とは別に、彼を殺して、同時に治安維持のため関東軍を出動させ南満を占領しようとはかったのであった(1)。河本らの計画は、もしそれが実現されていれば、三年早く満州事変がおこったことになるものであったが、このときは出先軍人の独走をとどめるだけの国内的国際的条件があった。だがこの事件は、中央の命令によらず、出先の軍人が事をおこすという重大な統制問題のはじまりであった。のちにこうした下級者の独走を、「関東軍」とか「下剋上」とかいう言葉で評されるようになるが、河本らが重大な軍規違反を犯しながら行政処分にとどめられたことも、こうした風潮に拍車をかけた。

昭和初期、陸軍部内には、中堅将校以下の革新運動、国家改造運動がひろがってくるが、この事件がその一例であるように、それは満州の武力確保という要求と離れがたく結びついていた。むしろそれを達成するための条件として国内革新を求めていたのであった。

陸軍が満蒙の確保を、とくに切実に問題としはじめたのはこの時期からである。その第一の理由は、対ソ作戦上の顧慮からであった。日露戦争後も、対ロシア作戦が陸軍の第一目標であった。しかし帝制ロシアの崩壊によって、この目標は一応消滅した。もちろんその後も対ソ連の作戦計画はたてられていたが、それは帝制ロシアが倒れたから陸軍兵力を減らせという世論を封ずるための政治的含みが多分にあるものであった（林三郎『太平洋戦争陸戦概史』）。参謀本部が本心からソ連を作戦の対象に判断しはじめたのは、一九二八年（昭和三年）を第一年度とするソ連の五カ年計画の発足からであった。この計画でソ連の国防力の強化、シベリアの開発などが行われることを大きな脅威に感じたのである。また翌二九年、ソ中紛争でソ連軍が予想以上に強く、満州里で中国軍を壊滅させたことも、陸軍に強い印象を与えた。このことが、中堅青年将校に敏感に反映したのである。

彼らにとっては、日本の不況をよそに、めざましい進展をみせるソ連の五カ年計画の建設にたいする恐怖が大きかった。境界を接する満州、朝鮮をはじめ、国内の革命運動にたいするその影響を怖れ、とくに対ソ戦争を唯一無二の目標として準備している彼らは、極東の近代兵備の完成を怖れ、五カ年計画完成に先だって一刻も早く対ソ攻撃の拠点としての満州の占領確保をはかろうとしたのである。「赤化思想を前衛とし厖大なる軍隊を本隊とするソ軍はすでに二年の長き行軍を終り残す三年の後には極東へ到着すべき歩みを続けている」（天明生「満蒙の現状」『偕行社記事』一九三二年三月）。五カ年計画二年目の一九三一年三月、陸軍将校の機関誌『偕行社記事』は全号を満蒙問題の特集にあてて満州赤化の危機を訴えた。「ソ連邦を見よ、世界革命を一貫不抜不変の国是となしこれが最後の決を支那に求めしかも東支即ち北満を以て至重なる根拠地となしあり……果して然らば本計画完成の暁即ち国力涵養充実せるの日、此の涵養せられたる国力、此の充実されたる武力を以て彼れの一貫せる国是たる世界革命就中最大の突破国と信ずる支那革命に捲土重来するは明かである」（建樹「ソ連邦と対支特に対満州策」『偕行社記事』一九三一年三月）。だから先手を打って、すぐ満州を占領しなければ問に合わぬ、これが彼らのあせりであった。

中国革命への危機感

つぎに中国の情勢の変化も大きな影響があった。とくに張作霖爆殺の政治的失敗により、張学良が国民党と妥協し青天白日旗を満州にかかげて以来、満州における民族運動の昂揚はめざましいものがあった。また満州をひとつの拠点とする朝鮮革命運動の根強い成長がつづいていた。中国革命が満州に波及し、日本帝国主義の侵略にたいし堅固な防塞を築く日も遠くないと思われた。「革命の旌旗を振りかざした支那の青年は革命外交の名を以て一切の過去の歴史を否認し国権の回収被圧迫民族の解放を理由として我大陸政策の進展を阻止し歩々満蒙に於ける我権益を圧迫して来た」（干城「満蒙問題の変遷」『偕行社記事』一九三一年三月号）。日本の帝国主義利益の回収をめざす中国の民族運動を敵視し、それへの危機感を強めているのである。

一九三〇年九月、閻錫山、馮玉祥らが北京に反蔣介石の北方政府を樹立すると、張学良は和平統一、国民政府擁護の立場を明らかにして、中央軍副司令に任命された。そしてその東北軍の武力で北方政府を崩壊させ、国民政府による中国の統一促進に大きく寄与した。それとともに満州の中央化はいっそうすすみ、民族独立運動もいっそう発展した。満蒙を日本勢力下の特殊地域としようとする日本軍部のあせりは増すばかりであった。

ロンドン条約問題

満蒙問題とともに、軍人の対外危機感を煽ったものに、一九三〇年のロンドン条約問題があった。

ワシントン条約で、主力艦の制限が約されたが、各国は制限が成立しなかった巡洋艦、駆逐艦、潜水艦などの補助艦の競争をはじめた。このため一九二七年六月から、ジュネーブで補助艦制限のための海軍軍縮会議が開かれた。アメリカは主力艦と同じように日本の対米比六割を主張したが、日本は強く七割を主張してアメリカと対立し、英米間の矛盾もあってこの会議は決裂した。

ジュネーブ会議の決裂によって、補助艦の競争は激化した。このため一九三〇年一月からロンドンで、再度の軍縮会議が開かれた。世界恐慌のさなかであり、長い不況でなやむ日本でも、浜口内閣も財部彪海相など全権団も、協定成立を望んでいた。しかし海軍部内には、加藤寛治軍令部長らの、対米七割を主張する強硬論があった。会議では大型巡洋艦で対米六割、全体の比率では七割の妥協案が成立した。浜口内閣はこの妥協案で条約に調印したが、加藤軍令部長らはこれに強く反対した。このため統帥部と内閣が対立し、右翼や軍部の強硬論者は、統帥部の反対する条約を締結したのは天皇の「統帥権の干犯」だと政府を攻撃した。

このロンドン条約をめぐる論争は、右翼抬頭の契機となり、浜口首相暗殺などのテロやクーデターのきっかけをつくった。また海軍部内には、条約をやむなしとする条約派と、これに反対する艦隊派との派閥対立が生まれた。そして満州事変勃発以後の軍国的社会情勢の中で、合理主義的な考え方をもつ条約派が排除され、精神主義的な強硬論者である艦隊派が抬頭し、戦争拡大の条件をつくることとなったのである。

ロンドン条約反対運動の高まる中で満州事変がおこり、日本国内では軍縮の雰囲気はまったくなくなった。海軍の強硬論者を宥めるため、一九三一年度から制限いっぱいの建艦をすすめるとともに、制限外の軍艦をつくる第一次補充計画が発足した。

（1）張作霖爆殺が河本どまりの計画か、あるいはさらに上部の了解ないし黙認があったかわからない。高宮太平『軍国太平記』、宇垣一成『松籟清談』などは前者の、原田熊雄『西園寺公と政局』などは後者の見解をとっている。

二 軍部内の革新運動

対外危機感と青年将校運動

満蒙問題やロンドン条約問題は、軍部の対外危機感を煽った。とりわけ直情な陸海軍の青年将校層に、危機感を抱くものが多く、彼らの中に革新運動、国家改造運動がひろがることになったのである。

さらに、こうした将校の対外危機感の裏付けとなったのは、彼ら自身に迫る身分と生活の脅威であった。彼らは前章にみたような大正後半期の反軍国主義的風潮、三度にわたる軍縮によって、その冷たさをいやというほど身にしみて感ぜさせられた。さらに昭和に入ってからの不況の連続、とくに一九二九、三〇年前後からの恐慌のいっそうの深刻化と、浜口内閣の緊縮政策、協調外交の行き詰まりがあった。これからのぬけ道として日本帝国主義が選びうるのは、戦争以外にはなかったが、とりわけ将校の不満と焦燥をかきたて、戦争を期待させたのは、減俸と軍縮であった。

二九年一〇月の、高等官の一割減俸（将校では中尉以上がこの適用をうけた）が将校にいかに深刻な影響を与えたかは、三二年に永田鉄山が近衛や木戸に、軍部の政党内閣反対の直接の大原因が減俸だと明言したということにもうかがわれる。軍縮は彼らにとって、いっそう深刻な不安をともなうものであった。三〇年のロンドン軍縮条約は、日本にとってなんらの実質的軍縮でなかったにもかかわらず、浜口内閣が内外平和勢力の圧力で軍縮を口にすること自体、彼らにかつての宇垣軍縮による大量失業を想起させた。予算節減のため階級の昇進が遅々とし、「桃栗三年、柿八年、何何大尉は一三年」といった状態があらわれたのもこの時期であった。軍縮は直接彼らの生活にたいする脅威としてうけとられた。ところが、彼らはその生活不安を意識のうえでは国防の不安とすりかえ、それによって彼らの行動を意義づけたのである。

こうした対外危機感が、彼らを満蒙確保の直接行動へかりたてるとともに、クーデターによる国内改造運動をおこさせる原因ともなっていったのである。

陸軍将校の出自

青年将校の国家改造運動の直接の契機を、この時期における農村の窮乏に求める考え方が多くある。「農村は陸軍にとって人的補充の基盤であったからである。将校には中小地主、自作農出身者が多く、下士官、兵の大部分は農村出身者であった。それ故に農村の貧困化は、陸軍特に青年将校をして政治的に急進化させるに与って力があった」（林三郎『太平洋戦争陸戦概史』）とするのが一般的である。

将校の出身も、農村とくに中小地主層が圧倒的だといわれている。たとえば「将校を産み出す中小地主層」（『日本資本主義講座』第一巻）、あるいは「青年将校の多くも農村出身（とくに農業危機により没落した中小地主・自作農上層）」（安藤良雄「日本のファシズム」『思想』一九五二年一月）として、青年将校急進化の客観的な根拠を、農業恐慌による農村中間層の没落に求める場合が多いのである。だが、これはことの一面だけをみているもので、正確な表現とはいえない。

日本の軍隊における将校の出身階層を正確に知ることは困難である。しかし陸軍において唯一の現役将校補充機関であった陸軍士官学校および陸軍幼年学校生徒採用者の家庭職業別から、ある程度の推測ができないことはない。第一次世界大戦直後の一九二〇年から一九三六年までの、陸軍士官学校生徒採用者家庭職業別調は第4表のとおりである。

この表から明らかなことは、農業および武官出身者の比重が高く、会社銀行員などが低いことが、一般の大学、専門学校等にくらべて特徴的である（当時の東京帝国大学学生の父兄職業は、『東

第4表　陸軍士官学校生徒採用者家庭職業別調（%）

	武官	文官及公吏	学校職員	会社銀行員	議員・弁護士・医員・神官・僧侶	農業	商業	工業	交通・運輸・土木・雑業	無職業	計
大正9	15.4	8.5	6.9	4.6	3.1	41.5	10.8	6.2	—	3.1	100
10	11.4	9.5	6.7	4.8	2.8	40.0	14.3	4.8	1.9	3.8	100
10	9.1	9.9	3.6	2.7	3.6	45.5	9.1	7.3	0.9	7.3	100
11	14.2	10.0	1.7	4.1	6.7	42.5	14.2	3.3	1.7	1.7	100
12	19.8	6.2	4.9	6.2	1.2	40.7	7.4	1.2	2.5	9.9	100
13	13.9	8.7	4.3	5.4	3.2	46.2	12.9	2.2	1.1	2.2	100
14	6.0	11.0	6.0	2.0	1.0	40.0	10.0	7.0	6.0	11.0	100
昭和1	6.3	4.2	4.2	4.6	1.1	34.7	15.8	4.2	5.3	12.6	100
2	3.0	11.0	4.0	6.0	1.0	36.0	12.0	5.0	7.0	15.0	100
3	2.8	6.5	7.0	3.7	5.1	38.6	12.6	8.4	6.5	8.8	100
4	1.0	3.5	6.7	4.1	1.9	43.5	13.0	8.6	9.8	7.9	100
5	2.9	7.3	7.6	7.6	1.3	40.0	16.2	4.8	5.7	6.7	100
6	2.5 (10.7)	6.0	10.8	5.1	1.9	39.7	13.7	4.1	5.4	9.8 (6.0)	100
7	3.7 (12.7)	3.6	6.2	5.4	1.8	40.0	8.7	8.7	9.0	13.0 (7.0)	100
8	3.4 (10.6)	6.4	7.5	7.1	2.4	36.8	8.2	5.6	6.2	16.3 (8.3)	100
9	2.1 (12.6)	9.7	9.9	6.0	2.3	32.0	12.5	3.9	4.8	16.8 (9.4)	100
10	4.9 (10.6)	7.3	11.2	10.1	4.6	28.8	7.7	4.1	4.2	17.1 (3.5)	100
11	3.6	11.6	13.3	10.7	5.2	26.2	12.9	2.4	3.6	10.5	100

1.昭和6年度以前の原表には「無職業ノ大部分ハ退役及予備後備役ノ武官トス」との注記がある。昭和7年度以降は、無職業中退役武官の人数が明記してあるので、それを武官の項に入れて修正した数字をかっこで入れた。

2.原表では、文官、公吏、議員、弁護士、医員、神官、および僧侶、交通業および運輸業、土木業、雑業は、それぞれ別項目となっているが、簡単にするため本表のように集計した。

3.制度改正により大正10年は2期分の採用者がある。

4.陸軍大臣官房編『陸軍省統計年報』（自大正9年至昭和12年）より集計。

第5表　陸軍幼年学校生徒採用者家庭職業別調（%）

	武　官	文官及公　吏	学　校職　員	会　社銀行員	議員・弁護士・医員・神官・僧侶	農業	商業	工業	交通・運輸・土木・雑業	無職業	計
大正9	26.0	6.0	6.0	3.3	2.3	31.0	8.3	5.3	3.0	8.0	100
10	36.5	10.0	7.0	5.0	2.5	18.5	6.5	6.0	4.0	4.0	100
11	41.0	7.5	7.5	3.0	2.5	18.0	8.0	6.5	3.5	2.5	100
12	37.3	11.3	8.0	5.3	2.7	15.3	3.3	8.0	1.3	7.3	100
13	43.3	4.7	7.3	3.3	2.0	16.7	12.0	2.0	4.0	4.7	100
14	14.0	10.0	7.3	9.3	3.3	24.0	8.7	5.3	3.3	14.7	100
昭和1	10.0	12.0	8.0	8.0	4.0	18.0	8.0	8.0	2.0	22.0	100
2	16.0	12.0	2.0	12.0	2.0	20.0	18.0	2.0	—	16.0	100
3	16.0	18.0	10.0	8.0	2.0	22.0	10.0	2.0	—	12.0	100
4	34.0	6.0	10.0	2.0	8.0	12.0	8.0	—	6.0	14.0	100
5	28.0	10.0	8.0	4.0	4.0	—	10.0	2.0	12.0	22.0	100
6	26.0 (54.3)	10.0	—	—	—	14.0	12.0	2.0	2.0	34.0 (10.9)	100
7	34.3 (38.7)	10.0	8.6	4.3	1.4	5.7	2.9	—	2.9	30.9 (8.0)	100
8	22.5 (43.6)	4.2	11.7	5.0	5.0	9.2	6.7	5.8	5.8	24.2 (6.3)	100
9	16.6 (53.3)	8.0	6.7	6.0	4.0	8.7	8.7	5.3	2.7	33.3 (5.3)	100
10	39.3 (28.0)	12.7	8.7	7.3	6.0	7.3	4.7	0.7	4.0	19.3 (9.9)	100
11	21.0	11.4	13.7	11.0	5.9	8.7	6.7	3.3	2.0	16.3	100

出所その他は第4表と同じ。

京帝国大学年鑑』によれば、商業が二〇パーセント、農業が一五パーセント内外である）。統計の性質上、農業として一括されているものが果して地主であるか、耕作農民であるかは明らかでない。士官学校がまったく官費であり、多額な学費を要する一般大学にくらべて、比較的現金収入の少ない農村の子弟を吸引したことは事実であろう。しかし士官学校入校のためには少なくとも中学校を卒業していなければならず、毎年二〇～三〇倍の志願者の中から競争試験を突破するためには、僻地の中学よりも都会や県庁所在地の有名校出身者が有利であった関係上、農業といっても比較的限定された階層、地主か富農の子弟が大部分であったことは容易に想像される。おそらく彼らは入学前に農業労働の経験をもたず、農村における富裕階級に属していたであろう。そしてこの農業出身者の比率は、大正年代の四〇パーセント台からしだいに低下し、昭和一〇、一一年には二〇パーセント台となっている。

特権的身分の再生産

武官の子弟の多いことも特徴的である。現役武官および退職武官（第4表の注1参照）の合計数は、およそ一〇パーセントから二〇パーセントの間で、採用人数の増加によって相対的な比率は漸減しているが、一〇パーセントは割っていない。この数字は天皇制官僚としての武官の地位が固定しつつあるのを示している。在職中は将校として十分な社会的地位と身分が保障され、退職後も特権的な恩給制度（軍人恩給は退職時の俸給の六割が支給されたから、佐官以上で退職すれば中流以上の生活を営むことができた）の保護をうける特権的身分は、十分子弟に世襲させる価値のあるものであった。

これらの父兄である武官は、明治期に将校に任官したもので、おそらく大部分は士族か地主の出身であったろう。したがって、前述の農業と武官とを加えた比率、つまり五〇パーセント以上は、半封建的地主制を直接ないし間接のよりどころとしている階層である。武官以外にも同じく天皇制官僚としての身分と恩給をうける官公吏、学校職員があるが、これを武官にふくめると、合計は二〇パーセントから四〇パーセントを占めている。会社銀行員および商工業など都市小ブルジョアと思われる分は、一〇パーセント台からしだいに増えてはいるが、最多のときも二〇パーセント台である。このような傾向は、陸軍幼年学校の場合いっそう顕著である（第5表参照）。

この表でみると、士官学校の場合にくらべて農業の比率が減っているが、武官がいちじるしく増えている。現役ならびに退職武官は三〇パーセントから五〇パーセント、年によっては五〇パーセント以上となっている。これはひとつには幼年学校の受験が地方の中学生にはむずかしく、また武官の子弟採用に優先的顧慮が払われたこと（学費の半額免除――幼年学校は学費が必要であった）によると思われる。

幼年学校出身者は、将校団中でも特権的存在を占め、エリート意識がとくに濃厚であった。一三、四歳より特殊な集団教育を受け、将校任官後も鞏固な団結をもち、軍人至上の排他的意識が強い彼らが、思想的にも将校団の中核となっていた。（1）

革新運動の性格

以上の統計で明らかなように、半封建的地主制を固有の基礎としている天皇制の、最大の支柱であった明治期の軍隊の性格は、将校団に関するかぎり本質的な変化をとげていない。しかし出身別だけで彼らの社会的性格を決めるわけにはいかない。彼らがどの階級の出身かということは、彼らの行動の一つの根拠ではあるが、決定的に彼らの行動を規定したのは、彼らが天皇制軍隊の将校であるという現実の地位であった。数々の特権と鞏固な半封建的身分制に守られた軍隊内における将校の地位によって、彼らは天皇制のもっとも忠実な守り手としての自覚を燃え立たせた。天皇制の盛衰が直接自己の運命にかかわるという客観的な現実から、意識のうえでは逆に、自己の運命にかかわることを国家の運命にかかわるものと感じ、彼らのすべての行動は正当化される。これが、独断による軍事行動も、非合法なクーデターも、国家のため正当だとする考え方を生み出したといってよい。そしてこのような意識は、父子二代にわたる武官としての世襲軍人に、とくに強かったといってもよかろう。(2)

こうした条件のうえに軍部内の将校の革新運動の結社として、一九二七年（昭和二年）のころはやくも隊付青年将校の中に天剣党の結成が企てられ、一九三〇年（昭和五年）秋には、参謀本部、陸軍省の中堅将校の中に桜会が、生まれた。

（1）陸軍において高級幹部への唯一のコースであった陸軍大学校および陸軍砲工学校高等科の卒業者中に、幼年学校出身者の占める比重は、つぎのようにきわめて大きい（松下芳男『明治軍制史論』下より引用）。

①陸軍大学校卒業者——陸士一五期（幼年一期）より二四期（幼年九期）まで

	陸士卒業人員	陸大卒業人員	千分比
幼年学校出身者	二、二〇〇	一八五	八四・〇
中学校出身者	四、二九二	一七一	四九・八

②陸軍砲工学校高等科卒業者——陸士一五期より二七期まで

	陸士卒業人員	高等科卒業人員	千分比
幼年学校出身者	二、九七八	二三一	七七・五
中学校出身者	五、七五七	一八一	三一・四

（2）その一例として、のちの二・二六事件の反乱部隊幹部一五名（死刑一三名、自決二名）について、父の職業を調べると、つぎのとおり判明した者一四名中一一名までが武官で、その多くは退役少将（つまり生涯軍職にあり、恩給で生活を保障されている者）であった（カッコ内は父の職業。『東京朝日新聞』その他の主謀者列伝による）。

香田清貞（退役陸軍特務曹長—鍋島家家令）、安藤輝三（慶応義塾教師）、野中四郎（退役陸軍少将）、河野寿（海軍少将）、栗原安秀（退役陸軍大佐）、丹生誠忠（退役海軍少将）、中橋基明（退役陸軍少将）、坂井直（退役陸軍少将）、対島勝雄（海産物商）、竹莞蔦夫（退役陸軍少将）、中島莞爾（退役陸軍中尉）、林八郎（陸軍少将—戦死）、高橋太郎（東電出張所長）、村中孝次（退役陸軍少将）、磯部浅一（農業）。

三　満州事変

関東軍の満州占領計画

満州事変の発端が、関東軍参謀を中心とする一部軍人の計画的陰謀であったことは、すでに諸種の資料により明らかになっているところである(1)。

だが事件の挑発にひきつづいて綿密に計画されていた満州占領の目的は、南満州における日本の権益の武力確保よりも、対ソ作戦計画の第一歩としての北満への進駐に重点があったという点を注目しなければならない。

対ソ作戦が現実に参謀本部の作戦計画の課題となって以来、その具体的な作戦目標は北満州の争奪戦であった。そして戦場を第二松花江（長春とハルビンの中間）付近からハンビン平地と、洮南付近からチチハル平地に予定していた（林三郎『太平洋戦争陸戦概史』）。関東軍による満州の占領確保、すなわち満州事変は、対ソ戦争に先だって北満州に進駐し、対ソ戦略態勢を初戦から有利な立場におこうとしたことが、真のねらいであった。

満州事変に先だつ二年、一九二九年（昭和四年）七月、関東軍高級参謀板垣征四郎大佐を統裁官とし、作戦課長石原莞爾中佐の計画にもとづいて、北満州を舞台に、北満用兵と対ソ作戦の参謀現地演習が行われた（山口重次『悲劇の将軍石原莞爾』）。もちろん私服で、秘密裡に行われた演習であるが、満州事変の計画はすでにそのころから練られていた。

満州事変にさいしても、石原を中心とする関東軍参謀の間の計画では、ソ連の出兵に先だって、いかに北満州を確保するかに主眼があった。柳条湖の鉄道爆破が計画された陰謀であったことはもちろん、それにつづく満鉄沿線の確保も、予定の行動であった。そしてこの予定は、ほとんど計画どおりに実行された。当初の行き違いといえば、中央部の制約で一九日に予定していた朝鮮軍の越境が一日遅れ、満鉄沿線占領後、関東軍の主力を北上させて即時ハルビンへ進出しようとしていた計画が一時延期されたことぐらいであった。

事変の拡大

その後の満州事変の経過も、まったく関東軍の独走に終始した。関東軍司令官の権限は、関東州および満鉄付属地内の警備にあるので、九月一八日夜から一九日にかけての、奉天、長春、四平街などの占領は、その真相はともかくとして、関東軍の任務の範囲内だと理由づけられないことはない。しかし満鉄沿線を遠くはなれた地域への出動は、その権限外であって、中央の命令なしにはできないはずである。それだから九月二一日の吉林への進撃は、事変拡大のため決定的な意味をもっていたのであった。

日本政府は九月一九日の閣議で、事件の不拡大と局地的解決の方針を決め、その旨を出先機関にそれぞれ指示した。朝鮮軍の越境出動も一時停止を命ぜられた。このとき満鉄沿線を占領した関東軍は、第二師団の主力と独立守備隊の半数を奉天付近に、第二師団の一旅団を長春付近に集中していた。関東軍の満州占領計画は、このあとすぐつづいて北満を占領することであったが、この政府の方針はこれを制約するものでもあった。

こうした政府、軍部中央の不拡大方針は、もっぱら国際的孤立を怖れたためであったが、軍の一部には、北満出兵がソ連を刺激し、その出兵を招くことを怖れるという配慮があったことも事実である。また関東軍にとっては、満鉄と長春以北のソ連の東支鉄道とのゲージの違いも、ハルビン方面への急速な作戦の妨げとなった。そこで石原を中心とする関東軍の参謀たちは、ハルビン作戦を一時あとまわしにして、まず吉林への出動によって、朝鮮軍の増援の実現をはかったのである。つまり事変の拡大を既成事実によってすすめるため、もっとも効果的な手を打ったわけである。

関東軍参謀部が事変当初から一貫してめざしていたのは、北満の確保であった。石原の判断によれば、中央の慎重論と異なって、このときに早期にハルビンに進出しても、ソ連は準備不足で強硬な態度に出られない事情にあるから、対ソ戦略態勢を有利にするためにも一刻も早く北満を確保するのがよい。もし時期を失すると、ソ連が東支鉄道沿線に駐兵することになり、永久に不利な条件となるというのであった（山口重次『悲劇の将軍石原莞爾』）。そのため事変直後からハルビンへの出兵を企図していたが、前述のように中央からの抑制と、長春以北の鉄道ゲージの問題から、ハルビン進撃を一時断念していただけであった。

北満の占領

そこへ新たに発生したのが洮江の鉄道爆破問題であった。洮南とチチハル近傍の昂昂渓をつなぐ洮昂線は、満鉄が担保権をもち、実質上その管理下にある鉄道であったが、チチハルの馬占山と、洮南の張海鵬との軍閥同士の争いで、馬占山軍が洮江の鉄橋を破壊したことが、関東軍に出兵の口実を与えた。一一月上旬、満鉄の鉄橋修理班を護衛するためという名目で、関東軍直轄の浜本連隊を洮江に派遣したが、石原はこの連隊の作戦指導のため直接前線におもむいた。一一月二日、洮江をはさんで浜本連隊と馬占山軍との戦闘が開かれたが、馬占山軍が優勢で浜本連隊は一時危地におちいり、翌日二個大隊の増援を得て、ようやく大興を占領して、馬占山軍と対峙状態に入った。

この戦闘は、事変開始後最大の激戦であり、また馬占山を救国の英雄としたほど日本軍が苦戦した戦いであった。戦場から司令部に帰った石原は、この戦線を突破して一挙チチハルをつくため、徹底的な兵力集中の計画をたてその準備をすすめた。この間にもチチハルの清水領事は奉天に来て、軍がチチハル爆撃さえ行わなければ、治安の心配もなく、居留民の安全も危険を感じないと、チチハル出兵の必要のないことを申し出ていた（森島守人『陰謀・暗殺・軍刀』）。また中央からも、大興以北への独断出兵を押える参謀総長の奉勅命令が出されていた。しかしこうした情勢にもかかわらず、石原の強硬な主張は関東軍を引きずった。

一一月一八日、第二師団全部、朝鮮軍から増援されて第三九旅団、飛行隊、その他関東軍の主力を集中して、大興付近で馬占山軍との戦闘が開かれた。優勢な兵力を集中して関東軍は一撃で馬占山軍を破り、翌一九日には長駆チチハルに入城して、念願の北満占領にふみ出したのであった。そしてソ連は、無用の対日摩擦を避けるため、東支鉄道の権益を放棄し、北満から後退する態度に出たため、その後のハルビンはじめ北満確保も、容易に遂行された。

その後翌三二年一月の錦州占領、二月の待望のハルビン進駐、さらに三月の満州国の成立などは、つねに関東軍の戦略的立場よりする既成事実が、中央を引きずり、政府を引きずってすすめられた。その政治的、外交的影響はきわめて大きかったが、軍事的にもそれは対ソ予想戦場であった北満を事前に日本軍が確保するという意義をもたらした。

満州占領の結果

満州事変の結果、対ソ作戦計画は大きく修正された。北満を放棄したソ連は、日本軍の北上の脅威に対抗するため、一九三三年ごろから満州との国境一帯にトーチカ陣地を構築し、防衛態勢を固めた。また五カ年計画の進行にともなって、シベリアにおける兵力も増加の一途をたどった。これに対抗して日本軍も、ソ満国境に国境陣地を構築しはじめ、また在満州の兵力をしだいに増強し、対ソ作戦計画も北満における会戦の構想をすてて、第一戦を満ソ国境付近に予想するようになった。それとともに対ソ戦争が真剣に考慮されるようになり、国内の軍備充実もその見地からすすめられるようになるのである。

満州事変そのものは、軍事的にみれば関東軍の作戦のあざやかな成功である。当初の日本軍兵力はわずかに一万四〇〇〇人、これにたいし在満の中国側はとにかく三〇万の大兵を擁していた。関東軍は最初の奉天、長春の占領、吉林への進撃、チチハル攻撃、遼西作戦のそのつど、できるかぎりの兵力を一点に集中し、中国側はこれに反し各個に撃破された。石原を中心とする関東軍の作戦にたいする態度は、たとえ雞肉をさくに牛刀をもってしても、一挙に決をつけようとするもので、戦略的にはたしかに成功した。大恐慌の影響で国際情勢が有利に働いたこと、中国が国共分裂のさなかで真剣な抵抗をしなかったこと、ソ連が対日衝突をなるべく避けようとしたこと、などの情勢の有利さもあったが、この成功が以後の軍部の中国にたいする態度を非常な思い上がりにみちびき、日中戦争拡大の一因となったことも事実であった。

上海事変

陸軍の満州での戦争挑発に対抗して、揚子江流域へ強い関心をもっていた海軍も上海で戦端を開いた。満州事変勃発当時、海軍は第一遣外艦隊（司令官塩沢幸一少将）を華中、華南に、第二遣外艦隊（司令官津田静枝少将）を華北に配備していた。事変勃発後に揚子江流域での抗日運動がひろがると、海軍は第一遣外艦隊にたいし、一九三一年一〇月、巡洋艦天竜と敷設艦常磐を増派し、さらに三二年一月に巡洋艦大井、水上機母艦能登呂、呉および佐世保鎮守府特別陸戦隊、巡洋艦夕張を旗艦とする第一水雷戦隊を増派した。中国最大の商工業都市上海では、抗日運動がさかんだったが、日本人居留民も軍の保護をあてにして強硬な出兵論を唱えていた。

こうした中で、戦争挑発のための陰謀が、柳条湖事件と同じように計画された。上海駐在日本公使館付陸軍武官補佐官の田中隆吉少佐は、関東軍参謀から満州国を作るから列国の注目をそらすため上海で事を起こしてくれと依頼され運動資金を受取った。それで中国人のゴロツキを雇い、日本人托鉢僧を装って死傷させ、これをきっかけとして居留民の右翼分子と中国官憲とを衝突させ、事態を拡大させた。そして三二年一月二八日深夜、上海共同租界外の北四川路の警備についていた上海海軍特別陸戦隊と中国軍との間で戦闘が開始された。

この方面の中国軍は、福建省の軍閥軍であった第一九路軍（軍長蔡廷鍇）だったが、内戦で鍛えられて「鉄軍」の異称をもち、抗日の意識も強かったので、その抵抗は激烈で陸戦隊はたちまち苦戦に陥った。このためはじめ乗り気でなかった陸軍も兵力派遣に同意した。

三二年二月二日、陸軍は第九師団（師団長植田謙吉中将）と第一二師団からの混成一個旅団を上海に派遣すること、海軍は新たに第三艦隊（司令長官野村吉三郎中将）を編成し従来の第一遣外艦隊、第一水雷戦隊のほかに、第三戦隊（巡洋艦三隻）、第一航空戦隊（空母加賀、鳳翔）を指揮下に編入した。

黄埔江の揚子江への合流点呉淞付近に上陸した陸軍は、二月二〇日、上海北方の中国軍にたいする総攻撃を開始したが、戦況は進展しなかった。予想外に激しい中国軍の抵抗で、損害が続出し、弾薬も不足し、苦戦がつづいた。この苦境を糊塗するため、爆弾三勇士の美談が創作され、国内向けに大宣伝が行われた。陸軍は戦局打開のため二月二三日、上海派遣軍司令部（司令官白川義則大将）を編成し、新たに第一一、第一四の両師団を増派することを決定した。増援軍の一部は揚子江を遡江して三月一日、中国軍の背後七了口に上陸し、背後を脅かされた中国軍は三月二日、退却した。ようやく面目を保った日本軍は三月三日、戦闘中止を発表した。これは国際的利害のからむ上海で、各国の干渉がきびしく、三月三日から日中間の戦争が国際連盟総会の議題に取り上げられることになっていたからでもあった。この結果、日中両国および関係四カ国代表による停戦交渉が上海で開かれ、上海から日中両軍が撤退するという停戦協定が五月五日に調印された。

上海事変は、満州事変の数倍に上る損害を出しながら、何の得るところもなく撤兵するという、日本軍としては失敗に終わった戦闘であった。その理由は、中国軍の抵抗が予想以上に頑強で、クリークの多い地形と相まって、日本軍の強攻策がすべて不成功に終わったことにある。第九師団歩兵第七連隊の大隊長空閑昇少佐が捕虜となり、送還後自殺するという悲劇がおこったのもそのためであった。また満州とは違って帝国主義列強の権益の集中する上海の戦闘は、各国の干渉を招いた。日本の満州占領は対ソ攻撃の準備だとしてこれを認めた列強も、日本が華中地域で軍事的独占をはかることは認めなかったのである。しかし「満州国」建国のために、列強の注目を上海にそらさせるという関東軍参謀や田中の陰謀そのものは成功したことになる。

熱河作戦と関内作戦

上海の戦闘のさなかの一九三二年三月一日、関東軍の完全な傀儡である新国家「満州国」が成立した。張学良の輩下の軍閥で、満州に残っていたハルビン市の張景恵、吉林省の熙洽、黒龍江省の馬占山などを集め、清朝最後の皇帝であった溥儀を引き出して執政としたものであった。しかし馬占山は四月から反「満」抗日の武力闘争を展開し、四カ月にわたって関東軍に抵抗したのちソ連に亡命して、中国の抗日の英雄になった。また熱河省の湯玉麟は去就を明白にしなかった。

一九三二年八月、関東軍司令官は本庄繁中将から武藤信義大将に代わり、関東軍の幹部も交代し陣容が強化された。新軍司令官は、租借他の関東州長官と、駐満州国全権大使を兼ねた。そして九月武藤大使は満州国の鄭孝胥総理との間で、「日満議定書」(2)に調印し、日本軍の満州永久駐屯を認めさせた。

満州国成立後も満州各地には抗日ゲリラが活動していた。その数は、対馬占山軍の戦闘が終わった三二年九月でもなお二二万を数えていた。このため関東軍の兵力を増加して討伐をすすめ、三三年はじめにようやく東三省内での戦闘が一段落した。しかし東部内蒙古の熱河省には、張学良輩下の湯玉麟が居り、満州国に従わなかったので、討伐戦終了を機に、関東軍は熱河省への進攻作戦を準備した。そして第六、第八師団、混成第一四旅団、騎兵第四旅団その他の兵力で、満州事変開始以来最大の規模の作戦として、三三年二月二三日から熱河省への進攻を開始し、三月上旬までに省内の主要地域を占領した。

熱河省を占領したことは、万里の長城を隔てて華北の中枢である河北省に接することになる。国民政府は張学良を罷免して、何応欽を北平軍事委員会分会長に任じ、中央軍を長城の警備にあたらせた。関東軍は三月上旬に長城線に達し、中央軍と激戦ののち古北口、喜峰口などの長城の関門を占領し、さらに関内に進出する態勢をととのえた。

熱河作戦開始の翌日である三三年二月二四日、国際連盟は日本の満州占領不承認決議を四二対一で採択し、三月二七日に日本は正式に連盟を脱退した。国際的孤立のさなかの関内への進攻は、いっそう国際関係を悪化させる危険があるとして、政府も軍の中央部も、関東軍の関内への進攻をおさえていた。しかし関東軍は、一時関内に進出して敵に打撃を与えるためとして独断で四月一一日、関内作戦を開始し、中央の反対で四月一九日、長城線に帰還した。中央では関東軍の関内進出を政府に認めさせようと努力し、一方戦況上必要な一時的作戦であるとして関東軍の行動を黙認した。このため五月七日、関東軍は大規模な関内進撃を開始し、五月中旬には北平、天津からわずか五〇キロの線に進出した。

北平、天津の脅威を感じた中国側は五月二五日に停戦を申し出た。そして天津の外港である塘沽で、五月三一日に停戦協定が成立した。その内容は、長城線と現に日本軍が進出している延慶、順義、通州、香河、芦台の線の間を非武装地帯にするというものであった。この協定は外交機関ではなく、関東軍と華北の軍事機関である何応欽の代表との間で結ばれたものであった。しかし長城線の南、華北の要地に緩衝地帯としての非武装地帯を設けて、事実上満州国の存在を中国側が認めたという結果になったのである。

塘沽停戦協定の締結は、満州事変開始以来の軍事行動の一応の終結を意味した。一九三三年六月から陸軍の首脳部は国防の基本方針について討議を行い、対ソ戦準備を第一義として戦力の整備を急ぐことを確認した。そしてそのためにも国論を統一し、国内体制を整備するように国策をまとめる必要を感じ、荒木陸相が提議して、九月から国防国策確定のための五相会議（斎藤実首相、広田弘毅外相、高橋是清蔵相、荒木貞夫陸相、大角岑生海相）が開かれた。

しかし対ソ戦準備に国防国策を一本化しようとする陸軍と、そのため対米戦備がおろそかになることを警戒する海軍の主張が対立し、一〇月に妥協的な中間発表を行っただけで国策の決定に至らなかった。

対ソ戦を第一とし、陸軍軍備の拡張を求める陸軍と、対米戦を第一とし、海軍軍備の拡張を求める海軍とがつねに対立し、それを調整し統合することができず、つねに両者を足して二で割り、対ソも対米も同等で、陸軍軍備も海軍軍備もつねに平等に充実するという、重点のない国防政策が展開されたのが日本の通例だったのである。

（1）極東国際軍事裁判でもこのことは明らかにされた（『極東国際軍事裁判速記録』第一巻参照）。森島守人『陰謀・暗殺・軍刀』は、外交官の立場から、花谷正「満州事変はこうしておこされた」（『知性』別冊

「秘められた昭和史」所載）は、直接当事者の立場からそれを明らかにしている。
（２）この議定書を結ぶことで、日本は満州国を正式に承認し、翌三三年三月の国際連盟脱退へとすすむことになる。またこの議定書は、わずか二カ条で、日本の既存の権益の承認と日満共同防衛のための日本軍の駐兵を認めさせたものであった。

四　軍備の拡張と軍隊の矛盾

在満兵力の整備

満州事変の開始は、また軍備拡張のきっかけにもなった。戦争の開始が、軍部の政治的発言権を強化したことはいうまでもない。一〇月事件、犬養内閣の出現、血盟団事件、五・一五事件、国際連盟の脱退という一連の過程を通して、軍国主義化が進行するが、この中でかつての軍縮の気運は雲散霧消してしまった。満州の占領、ソ連の建設の進行によって、陸軍は対ソ戦備を真剣にととのえだした。連盟脱退による国際的孤立、日米の対立の激化、ワシントン条約の廃棄といった一連の過程は、海軍の対米建艦競争を再び激化させた。こうして満州事変から日中戦争に至る過程は、陸海軍の増強、戦争準備の進行の過程ともなったのである。

第６表　在満兵力の増強

	１９３１年	１９３２年	１９３３年	１９３４年	１９３５年
師　団　数	2	4	4	4	4
飛行中隊数	2	9	12	15	18
総　兵　力	64.900	94.100	114.100	144.100	164.100

飛行中隊の実動機数は１０機見当であった。
服部卓四郎『大東亜戦争全史』による。

第７表　軍事費の国家財政上の比重

年　　度	一般会計と臨時軍事費特別会計との純計	直　接　軍　事　費	比　率
１９２７	1.765.723	494.612	28.0
１９２８	1.814.855	517.173	28.5
１９２９	1.736.317	497.516	27.1
１９３０	1.557.864	444.258	28.5
１９３１	1.476.875	461.298	31.2
１９３２	1.950.141	701.539	35.9
１９３３	2.254.662	853.864	37.9
１９３４	2.163.004	951.895	44.0
１９３５	2.206.478	1.042.621	46.1

大蔵省『昭和財政史Ⅳ臨時軍事費』による。

陸軍は、満州事変以来、対ソ戦備のため、在満兵力の増強と装備の近代化に努力した。とくに一九三四年（昭和九年）には、ソ連の沿海州における大型爆撃機の配備を敏感に反映し、対ソ作戦計画は著しく攻勢的なものに転換した。すなわち対ソ作戦には二四個師団をあて、開戦と同時に東部国境に向かって攻勢をとり、また極東ソ連空軍にたいし航空撃滅戦を行う。そしてウラジオストック方面の航空基地と潜水艦基地をまず占領するのを第一段の作戦とし、それに成功したのち、西および北方面に兵力を転用し、さらにバイカル湖方面に向かうという計画となった（林三郎『太平洋戦争陸戦概史』）。このため在満兵力の増強に軍備計画の重点がおかれ、その兵力は第6表のようにしだいに強化された。

このころは、いぜん軍縮以後の平時一七個師団編成であって、戦時動員兵力は三〇個師団とされていたから、その大半を対ソ作戦に指向することとなっていたわけである。それとともに装備の近代化にも意が注がれ、とくに、歩兵火器である軽機関銃、擲弾筒、速射砲、大隊砲などの装備の強化が行われた。このため満州事変前最低になっていた直接軍事費は、大幅に増加しはじめている。

海軍の建艦計画

海軍兵力の拡張も急速にすすめられた。ワシントン会議以後、建艦競争の重点は補助艦に移ったが、ロンドン会議の制限の結果、相対的には日米の海軍力の比重は、時期的に日本がもっとも低下したことになった。すなわち条約量いっぱいを保有している日本にたいし、条約量に余裕を残していたアメリカが、しだいに建艦のピッチを早めてきたからである。そのため無条約時代の現出、対米対立激化を反映して、海軍の建艦計画は再び大規模なものとなっていった。

この補充計画は、しだいに予算化され、一九三七年には〇三計画、三九年には〇四計画となって実施された。

〇三計画（昭和一二年度海軍補充計画）は、一九三七年度から六年間の補充計画で、戦艦大和、武蔵、航空母艦瑞鶴、翔鶴をはじめとする艦艇六六隻の建造、基地航空隊一四隊の増加をはかるものであった。〇四計画（昭和一四年度海軍軍備充実計画）は、一九三九年から六年間に、戦艦二隻、航空母艦一隻などの建造、航空隊七五隊の増加をはかるものであった（『戦史叢書・海軍軍戦備(1)』）。

軍隊内の思想問題

こうした陸海軍備の拡張と近代化が、日本経済そのものを軍事的に再編成するほどの大きな意義をもっていたことはいうまでもない。しかしそれとともに、こうした軍備拡張と装備の近代化にもかかわらず、いぜん軍隊の矛盾もはげしくなっていたことも見のがせない。それが、この時期の軍部のさまざまな動きにも反映していたのである。

昭和初期以来の国内の階級対立の尖鋭化に対応して、軍隊内における革命的危機も深刻な問題

第8表　軍法会議処刑人員（罪名別）一覧表

	総　数	陸軍刑法罪名該当	左のうち対上官犯罪	一般刑法罪名該当	その他の法令罪名該当
1930年	548	123	16	400	25
1931	508	119	15	354	31
1932	434	130	20	280	24
1933	562	148	26	379	35
1934	611	127	23	449	35
1935	528	123	36	378	27
1936	580	144	37	420	16

対上官罪とは、陸軍刑法による処分者のうち、抗命、軍中ニ於テ上官ノ命令ニ反抗ス、上官暴行、上官脅迫、上官侮辱、用兵器上官暴行、用兵器上官脅迫、党与上官暴行、結党などいわゆる軍紀犯の罪名を付された者を集計した。このうち「結党」は多い年で5名である。
陸軍大臣官房編『陸軍省統計年報』（自昭和5年至昭和11年）より集計。

となっていた。「日本軍も現在ではすでに、日露戦争当時とは異っている。この間にすぎた期間を、日本勤労階級の革命化の期間、日本の社会と日本軍隊の腐朽の期間と見なければならぬ」。一九三二年にクーシネンが指摘したこの事実(1)は、軍当局にとって、そして日常身分制度を背景に下士官兵と対立している隊付の下級将校にとって、実際以上に恐るべき問題として映じていた。

この時期に「思想問題」と「要注意兵」対策が、軍当局により神経質なまでに強調されているのは、これらが隊内に及ぼす思想的影響の大きいこと、それを軍当局が何よりも怖れたことを示している。軍隊内部における革命組織は、極端な弾圧の中で各所に芽生えていた。このような事実に対する軍の対策は、一方における徹底的な弾圧とともに、こうした事例を極力隠蔽し、軍紀保持のみせかけを保つとともに伝播と波及を防ぐことであった。しかし極端な秘密主義にもかかわらず、軍紀に関する犯罪の増加は第8表にみられるように認めざるをえなかった。この表で、総数では毎年大して変わりはないが、陸軍刑法罪名該当がしだいに増えていること、その中でも対上官犯が増えつつあることは、この時期としては注目すべきことである。

このような隊内における革命的要因の萌芽こそ、この時期の青年将校激化の根拠となったのである。このことは下級将校の国家改造運動の中心が、第一師団の各部隊であったことにもあらわれている。東京駐屯部隊が、政治情勢をもっとも敏感に反映するのは当然であろうが、同じ在京部隊でも、運動は近衛師団ではなく第一師団にさかんであった。近衛師団は、全国から主として農村青年を村長の推薦により選抜入営させていたのにたいし、第一師団は、東京府および隣接県を徴募区としていた。したがって第一師団は、大阪の第四師団とともに、もっとも都市出身者の比率の高い部隊であり、思想問題のもっとも憂慮されていた部隊の一つであった。その中でも反乱部隊の主力を出した歩兵第三連隊の徴募区は、麻布連隊区（東京山手と埼玉県）であった。

一〇月事件以後もあとをたたぬ青年将校のクーデター計画は、ついに二・二六事件となって爆発し、巨大な影響を国内全般に及ぼすが、その要因の一つにこの問題があったのである。

（1）軍隊内における反軍運動の件数は、一九二九年より次第に増加し、一九三二年には二〇四件が報告されている。また軍隊内における細胞組織も二九年からみられる（藤原彰『天皇制と軍隊』）。日本共産党は、三二年七月中央に軍事部を設け、兵営や軍艦への働きかけを積極的に行った。陸軍の軍隊内工作のためには機関紙『兵士の友』を、三二年九月から三三年一二月まで一二号発行した（藤原彰編『資料日本現代史1軍隊内の反戦運動』）。

第九章　日中戦争

一　ファシズム体制の確立と軍部の役割

軍部の政治化と派閥対立

満州事変の開始以後、日本の国内政治における軍部の発言権はしだいに強化され、軍部を中心とする天皇制官僚の抑圧支配の体制が固まり、戦争への歩みが急テンポにすすめられていく。この時期の支配体制がふつう天皇制ファシズムと呼ばれているのは、国民支配と戦争体制とが、軍部を中心とする天皇制官僚によって推進されたからである。この場合、軍部が支配体制内の政治的へゲモニーをにぎり、ファシズムの直接推進者となっていることも周知のところである。

昭和初期からの中堅幹部や青年将校による革新運動は、ファシズム体制樹立をめざす運動であったとはいえ、それ自体がファシズムのにない手となったのではなく、軍部を中心とする天皇制の上からのファシズム化のための圧力となり、前衛部隊となったにすぎなかった。三月事件、一〇月事件以来くりかえされたクーデター計画は、その最大のもの二・二六事件に至っても、クーデターとして成功することはなかった。ただそのエネルギーと圧力とを、軍部、官僚による上からのファシズム化の進展に利用されたにとどまったのであった。

軍部の政治的進出の契機は、いうまでもなく戦争であった。だがそれとともに、部内の派閥抗争も、結果においては軍部の政治的進出の原因になっていた。

明治以来の軍部には、出身藩である薩長の対立という形で半封建的軍隊固有の根強い派閥抗争が存在した。大正中期にそれは、田中義一の長閥と上原勇作の薩閥で代表された。第一次大戦後純粋な郷土閥の色彩がうすれたが、いぜん人事や情実のからむ系統閥として残り、田中系で軍政部門に多い宇垣閥と、上原系で軍令部門を主とする反宇垣閥に分かれた。宇垣一成が、一九二四年以来七年間陸相の地位を占めて人事行政を一手ににぎり、再度の軍縮を手がけたことによって宇垣閥の勢力は他を圧し、上原系の武藤信義のもとに結集した荒木貞夫、真崎甚三郎など反対派の不平が高まった。ところが、三月事件、満州事変を経て、宇垣の失脚、荒木の陸相が実現すると、荒木は中央部の要職から宇垣系の人物を一掃し、極端な派閥人事を行ってこの対立に油を注いだ。

荒木が病気のため退陣し林銑十郎が陸相になってから、荒木系の派閥化を攻撃する旧宇垣系は中央に復活し、両派はそれぞれ皇道派と統制派に編成されて争うようになった。このアウトラインで示されるように、この対立は、上層部に関するかぎり人事をめぐっての私闘であり、ことに満州事変以後増大した陸軍機密費の奪い合いがからんで、深刻な利害の対立となったのである。事件当時の首相岡田啓介は、「なあに、皇道派とか統制派とか、やかましいことをいっても、本当は陸軍の厖大な機密費の取り合いさ。その頃陸軍の機密費は百万円、海軍は二〇万円ぐらいだったかな。その機密費をどちらが握るかという派閥の争いだよ」（『改造』一九五一年二月号の座談会記事「二・二六事件の謎を解く」）と語っている。

両派はそれぞれすでに、部内の大きな力となっている下級将校の国家改造運動と結びついた。荒木、真崎などの皇道派は、軍令系統出身の精神主義者が多く、単純な下級将校の信望が厚かったし、統制派によって追われた地位を回復する手段として、彼らを煽動し利用した。統制派の場合は反対で、宇垣系の有能な幹部は荒木陸相時代退官させられ、上層部には無能なロボット的人物が多かったから、佐官級の革新派将校がこれと結びついて操縦した。このことによって両派の性格にある程度の色合いの違いがでてきた。統制派は現に軍政部門の要職を占め、戦争遂行の衝にあたっている立場上、経済官僚や資本家の代表たちと軍備拡張や戦争経済について接触し、ある程度の視野と合理性をもっていた。皇道派はいわば在野派で、より性急な国家改造や戦争を考えていた。

しかしこのことは両派の対立を、独占資本的要素と地主的要素との対立とする理由にはならない。統制派の幕僚も、皇道派の下級将校も、同じく国内の戦争体制の確立と大陸進出をめざし、ただそれを順序立ててやるか、急いでやるかの方法の問題を争っていたにすぎなかった。

青年将校の急進化

一九三四年ごろから、満州支配の行きづまりが明らかとなり、華北への進出がはかばかしくすすまず、国内の準戦体制が足ぶみしはじめると、急進派下級将校のあせりがはげしくなった。この焦燥は上層部の派閥対立にまきこまれたことによって、統制派へのはげしい反感になった。もともと地位や金銭の利害がからんだ派閥争いは、個人的感情的であるだけに、反対派にたいする憎悪は根強いものである。真崎、荒木一派は下級将校を扇動して、彼らの時局への焦燥感を統制派への憎悪に結びつけた。村中、磯部が統制派を攻撃して「小官等が林、真崎、荒木三大将の無私誠忠の人格に推服するが故に三大将を口にするに対し、彼等は姻戚関係、金銭関係を疑はしむる南大将、松井大将を推戴する点において、小官等と重大なる一個の対立原因を為すは注目に値す」（村中・磯部『粛軍に関する意見書』）といっているのは、この対立がきわめて感情的であり、矮小化したのを示すものである。

この「意見書」は、一一月事件に関し村中、磯部が統制派の片倉衷、辻政信を誣告で告訴した起訴状で、これを印刷頒布して全国同志にたいする扇動に使ったものだが、そこにはなんの政策や方針についての批判もなく、あるものははげしい感情的反発だけである。村中、磯部が「意見書」頒布を理由に馘首され、さらに「意見書」によって激昂させられた相沢中佐の永田軍務局長刺殺事件がおこって、この感情的対立は極点に達した。二・二六事件は、いわばこうした派閥対立の極点に発生したものであった。したがって事件それ自体に、あまり大きな政治的、社会的な意義づけをすることはできない。ただその影響が甚大だったのである。

二・二六事件の動機と目的

それを示すものとして、青年将校が蹶起したのち、まずその具体的な戦術目標になった「陸軍大臣に対する要望事項」をみてみよう。それはつぎの八項目をあげていた。

一、事態ノ収拾ヲ急速ニ行フト共ニ、本事態ヲ維新回転ノ方向ニ導クコト。決行ノ趣旨ヲ陸相ヲ通ジテ天聴ニ達スルコト

二、警備司令官、近衛、第一師団長及憲兵司令官ヲ招致シ、ソノ活動ヲ統一シテ、皇軍相撃ツコトナカラシムルヨウ急速ノ処置ヲトルコト。

三、兵馬ノ大権ヲ干犯シタル宇垣朝鮮総督、小磯中将、建川中将ノ即時逮捕。

四、軍権ヲ私シタル中心人物、根本博大佐、武藤章中佐、片倉衷少佐ノ即時罷免。

五、蘇国威圧ノタメ荒木大将ヲ関東軍司令官ニ任命スルコト。

六、七、八、（省略）

そこには、青年将校の革新運動が初期にもっていた社会的視野は消滅し、農民や中小商工業者や財閥や特権階級も問題でなくなり、反対派にたいするはげしい感情と、反革命戦争への要求だけが残っていた。三一年ごろ農村疲弊になやむ在営兵の家庭を救うため、青年将校の中心であっ

た菅波三郎や安藤輝三が同志将校に呼びかけ、俸給の一部を拠出する運動をおこし、軍当局に禁止されたというが（新井勲『日本を震撼させた四日間』）、初期にみられたこのわずかな農民への関心さえ、三五年以後の農村情勢の変化に対応し消え去っていた。彼らの運動は矮小化し、目標はせばめられていたわけである。

またこの時点でクーデターを決行させることになった直接の契機の一つは、一九三六年三月に予定されていた第一師団の満州移駐であった。

満州事変以後この時期までの満州における兵力配備には、独立守備隊を除いてはまだ関東軍固有の部隊というものがなく、内地師団が交代で派遣されるのが例となっていた。この交代派遣制は、二個師団設置以前の朝鮮やシベリア出兵のさいも行われたもので、第一師団に順序が回ることも、一応純軍事的配置換えといえないこともなかった。しかし、日露戦争以来三〇年間、近衛、第一両師団は一度も外地へ出たことがなく、東京師団を外地に派遣しないのは、当時の陸軍の内規になっていたといわれる（渡辺茂雄『宇垣一成の歩んだ道』）。したがってこの決定は、軍の内外に異例の措置としてうけとられた。しかも、いうまでもなく、第一師団は皇道派青年将校の拠点として知られていたし、このことが内定した一九三五年末は、一一月事件、教育総監罷免問題につづいて相沢事件が起こり、陸軍部内皇道派と統制派の相剋が絶頂に達していた時期であったから、この決定になんらかの政治的考慮を感じるものがあったとしても当然であった。

したがって、統制派と皇道派の抗争の渦中にまきこまれていた青年将校が、この決定を皇道派弾圧のための統制派の陰謀としてうけとったことは十分に根拠がある。満州派遣という現実は、彼らが五年間それのみを目標として情熱を注いできたクーデターの機会を半永久的に失うことである。三月の渡満以前に事をあげようとする意図はそれのみでも固めうるものであった。事実もっとも積極分子であった村中、磯部、栗原の三名は、三五年一二月ごろから渡満前の決起を目標にして他の同志への働きかけを行いはじめた（「二・二六事件判決理由書」、新井勲『日本を震憾させた四日間』、山口一太郎「嵐はかくして起きた」『時論』一九二四年六月号、など）。

こうして起こった二・二六事件は、それまでのクーデター計画と同じく、国家改造といってもそれにたいするなんらの具体策ももち合わせていず、政財界の指導者の暗殺にとどまるだけで、あとは軍上層部の事態収拾に期待していたのであった。そこに青年将校の革新運動の限界があり、日本のファシズム化の主役が彼らでなく、彼らはたんなる前衛部隊であったことが示されている。主役は軍部全体であり、とくにその中枢部の幹部たちであった。

二・二六事件の結果

二・二六事件後、戒厳令のもとで軍部の政治的制覇が完成していく。それは事件参加将校の死刑という強硬処分と、粛軍の強化とを引きかえにしてかちとられたものであった。

いわゆる「粛軍」は大規模な人事異動であったが、結果において統制派の制覇を意味した。三月六日、軍事参議官たる林、真崎、阿部、荒木の四大将の待命につづいて、関東軍司令官南次郎、侍従武官長本庄繁の両大将も辞職し、現役の六大将は全部予備役となった。七月一〇日には香椎浩平、堀丈夫（第一師団長）、橋本虎之助（近衛師団長）などの事件関係の責任者が全部予備役となった。さらに八月一日の陸軍定期異動では、陸軍空前の三〇〇〇余名に上る将校の異動を発令し、建川美次（統制派）、小畑敏四郎（皇道派）などの注目された人物がすべて予備役となった。

この粛軍人事は、国民の事件にたいするはげしい反感をそらすという意味をもっていた。かつて五・一五事件の裁判長の机上に、二十数万通の減刑嘆願書を積み上げたような反応はまったくないばかりか、逆に首相官邸で殉職した警官にたいする義損金が殺到したことは、戒厳令下にすべての発言を封じられた、国民の無言の抗議の意思表示であったといえよう。この国民の反感を背景に、政党も財界も言論報道機関も、控え目な形での抗議を粛軍の要求としてあらわした。事件が勅令にそむいた反乱という形をとったことは、これを手がかりに軍部を批判する大義名分を与え、粛軍要求の声は日ましに高まった。事件後の特別議会で斎藤隆夫が粛軍演説を行って「国民ハ皆憤慨シテヰルガ今日国民ハコレヲ口ニ出シテ云フ自由ヲ奪ハレテヰル。然シ国民ノ忍耐力ニハ限リガアル。私ハ異日国民ノ忍耐力ノ尽キ果テル時ノ来ラナイコトヲ衷心希望スル」（議会速記録）と叫んで、国民の大きな同感を呼んだことでそれは絶頂に達した。このため陸軍当局も粛軍断行をくりかえして公約せねばならなかった。

しかし国民が軍部に要求した粛軍は軍の政治的進出にたいする反対であったが、それと別の意味で、軍自身も粛軍を必要としていた。反乱が軍秩序による統制を乗りこえ、下級将校が上級幹部の権威を冒瀆したこと、および連れ出された兵士が反乱軍となったことで、命令にたいする絶対服従の原則に軍内外からの疑惑を招いたことは、軍部の権威と秩序を傷つける重大な事態であった。青年将校の運動が軍部によって政治的かけひきに利用されることの限界がきていた。軍部の政治的領土の拡大は、事件の圧力と戒厳令の威力で十分に果すことができた。これ以上の下級者の非合法運動は、ただ国民の批判をうけるというだけでなく、軍隊支配の維持のためにも許しえないことであった。このためにも、粛軍は徹底的に行われなければならなかったのである。そして粛軍は、このような意味から、軍内の野党たる皇道派の弾圧、軍中央部すなわち統制派の軍内支配権の確立をもたらした。

したがって粛軍は、軍部内における非合法急進運動への、はじめての弾圧であった。そのことは、軍部官僚が満州事変以来戦争政策への転換のてことして利用してきた急進ファシズム運動の役割が、客観的に不要となったことを意味している。

しかも以上のような強硬処分と粛軍とは、両刃の刀であった。軍部みずからの必要によって行われたこれらの処置は、軍の権威と圧力をいっそう強化し、外にたいしてはそれと引き換えに大きな代価を要求するものであった。この圧力を背景に反乱鎮圧直後から、軍部の政治的領土は飛躍的に拡大し、粛軍の進行とともにそれはいっそう顕著になるという一見矛盾にみちた現象が生じた。はやくも広田内閣の組閣にあたって、寺内陸相推薦の代償として、「国防の強化」「国体の明徴」「国民生活の安定」「外交の刷新」という異例の強硬な四条件を、事件再発防止のため絶対必要であるとしてつきつけ、さらに閣僚人事に介入して、予定された新内閣閣僚の顔ぶれを一変せしめたとき、すでにクーデターの効果が最大限に利用されていたのである。

このような軍部の政治的進出を背景に、軍部・財閥の抱合体制が強化され、政治経済の軍事化、ファシズム体制の確立がすすむ。このような方向への跳躍台として、このクーデターの意義は大きいものがあった。大恐慌の危機を満州侵略の開始によって打開しようとした日本帝国主義は、その構造的特質のゆえに、新たな危機と侵略の必要を再生産せざるをえなかった。国内における満州ブームの行きづまり、インフレの悪化、労働の激化、社会的不満の高まりに加えて、華北進出の失敗、中国における統一戦線形成の情勢の進展は、新たな侵略――日中戦争の開始を、独占資本にとっても、またそれと癒着しその危機をみずからの支配の危機とするに至った天皇制にとっても、必須の要求とさせることとなった。日中戦争へのコースを直進するために、さらにいっそうの反動支配の強化と戦争準備の努力が必要となっていた。二・二六事件はこのような政策への転換のてこの役割を果したのである。

国防方針の改定

広田内閣は、二・二六事件を圧力として、陸軍が要求する「広義国防」「庶政一新」をすべて受け入れた。戦争準備と軍備増強の上で、二・二六事件は大きな画期となったのである。

広田内閣の強硬路線への転換をあらわすものは、広田首相、有田八郎外相、寺内寿一陸相、永野修身海相、馬場鍈一蔵相の五相会議が、三六年八月七日に決定した「国策の基準」であった。これは陸海軍双方の主張を容れて、大陸における地歩の確立と南方海洋への発展を国策の基準と定め、このために軍備を充実する方針をはじめて「国策」という形で成文化したものである。同日また五相会議のメンバーから蔵相を除いた四相会議で、「帝国外交方針」を決定した。これはさしあたりの外交の重点を「ソ連の東亜に対する侵冦的企図の挫折、特に軍備的脅威の解消、赤化進出の阻止」におくとしたもので、陸軍の主張を容れてソ連との対抗を外交の基本方針としたものである。

国策の基準決定に先立って帝国国防方針も改定された。国防方針の改定は、二・二六事件直前から討議されていたものだが、満州事変後の情勢の変化にともない、一九二三年改定の方針を、全面的に改定することになったのである。その結果一九三六年六月八日、「帝国国防方針」「用兵綱領」の第三次改定が、天皇によって裁可された。この方針は、仮想敵国としてアメリカとソ連を同列の第一位に並べ、次位に中国とイギリスを加えたものである。そして国防所要兵力として、陸軍兵力は対ソ戦の現実化に備えて五〇個師団と航空一四二中隊という兵力を再びかかげた。海軍も無条約時代に備えて、戦艦一二隻、航空母艦一二隻、巡洋艦二八隻、水雷戦隊六隊（駆逐艦九六隻）、潜水戦隊若干（潜水艦七〇隻）、基地航空隊六五隊をかかげている。

この所要兵力を早速実施するために、陸軍は陸軍軍備充実計画（一号軍備）を決定した。これは三七年度から四二年度までの六年間に四一個師団、航空一四二中隊を整備しようとするものである。海軍も直ちに第三次補充計画（〇三計画）を定め、戦艦武蔵、大和など六六隻の軍艦を建造し、基地航空隊一四隊を四年間で整備することに踏み出した。広田内閣の一九三七年度予算は、この陸海軍備の大拡張を盛りこみ、三〇億円を超える大型予算となった。満州事変後、はじめての本格的な軍備の拡張がはじまったのである。

（1）第一師団の満州派遣が発表されたのは、事件直前の一九三六年二月二一日（同日陸軍省より発表、『東京朝日新聞』）であったが、関係部隊にたいしては、三五年末にその旨が内示され、一二月よりはじまる初年兵教育はすでにこのことが含められていた（新井勲『日本を震憾させた四日間』）。

（2）木下半治『日本国家主義運動史』下は、「これは（満州派遣―引用者）、いうまでもなく、皇道派青年将校の巣喰う同師団を満州へ敬遠せんとするものであり、皇道派は、その変更乃至延期または三月異動による自派将校の内地滞留を策謀したが勿論それは成功しなかった。そして一部のものが心秘かに憂えた如く、この満州行き決定が却て皇道派将校の『改造断行』を早める効果をもったのであった」とあり、その他、山本勝之助『日本を亡ぼしたもの』、渡辺茂雄『宇垣一成の歩んだ道』などもこのことを述べている。

二　日中戦争の開始

華北分離工作

塘沽停戦協定以後も、関東軍の目は隣接の華北や内蒙古に注がれていた。それは対ソ戦に備え背後を固めておくという意味と、満州国内の抗日ゲリラが根絶できないので、その支援の拠点であると考えた華北を支配下におきたいという意図にもとづいていた。このため奉天の特務機関長土肥原賢二少将らを通じて華北工作をすすめ、内蒙各地にも特務機関を配置するなど、華北、内蒙を中国政権から切りはなして日本の影響下におく工作をすすめた。

一九三五年六月、河北省から国民党の党機関と軍隊を撤退させるための支那駐屯軍司令官梅津少将、国民政府代表何応欽の間の梅津・何応欽協定を結ばせ、ついで七月、察哈爾省の長城線以北から中国軍を撤退させるという上肥原特務機関長と省首席代理秦徳純との間の土肥原・秦徳純協定を結ばせた。そして三五年一一月には、塘沽停戦協定の非武装地帯の河北省東北部二二県に、親日派の殷汝耕を委員長とする冀東防共自治委員会を成立させ（一二月に冀東防共自治政府と改称）、一二月には察哈爾省の張家口北方の口北六県を、関東軍の指導する蒙古人李守信軍に占領させた。

関東軍は華北五省（河北、山東、山西、察哈爾、綏遠）を中央から切りはなして自治区域とし、第二の満州国にしようというねらいで、華北分離工作をすすめていた。これにたいし国民政府は、中央の息のかかった政権をつくることで、日本の軍事的圧力を避けようとし、三五年一二月に、地方軍閥の第二九軍長宋哲元を主席とし、河北、察哈爾二省を管轄する冀察政務委員会を成立させた。一二月九日、北平の学生はこれに反対するデモを行い（一二・九運動）、これをきっかけに中国の抗日運動は高まった。日本側は冀察政務委員会が必ずしも日本の傀儡ではないことに不満で、華北分離工作をいっそう強引にすすめた。三六年一月には、参謀本部は華北の自治工作を推進するための「北支処理要綱」を支那駐屯軍司令官に指示した。こうした日本陸軍の華北分離工作は、かえって中国に民族独立の危機を感じさせ、中国の民族的統一をすすめ抗日運動を激化させるきっかけになったのである。

戦争拡大の原因

一九三七年（昭和一二年）七月七日の蘆溝橋事件にはじまる日本と中国との全面的な戦争は、日本を長期戦の泥沼に引き込み、太平洋戦争をひきおこし、ついに敗戦の破局に至る運命の戦争であったが、その開始にはいくつかの問題がある。第一にそれは、日清戦争や日露戦争、あるいはのちの対米英戦争のように、予期し計画した戦争でなかった。第二に、戦争がはじまってからも、それがあの大戦争になるとは、日本側で全然予測できなかった。情勢の推移に引きずられ、自主的な判断を失い、ずるずるべったりに、いつの間にか抜きさしならぬ大戦争に突入していたというのが事実であった。

それはなぜか。軍事の問題にかぎってみると、中国にたいする情勢判断の誤り、軍部内の意志の統一のなさ、部内の統制の欠如、さらに日中両軍の戦意と素質についての見とおしと判断の失敗をあげなければならない。

蘆溝橋事件勃発前、日本の対中国政策は、すでに戦争を必然とする方向に向かっていた。二・二六事件後の戦争体制の確立、軍備拡張の推進は、遅かれ早かれ戦争を不可避のものとしていた。一九三六年（昭和一一年）八月、広田内閣は、はじめての長期的国策として、「国策の基準」を決め、南進、北進をともに目標としたが、そのうちもっとも具体性のある当面の目標は、華北への侵略であった。すなわち、華北を中国から分離して第二の満州国たらしめることが、当面の重要国策とされたのである。そしてすでに三五年より活発となっていた現地軍による華北分離工作は、いっそうそのテンポを早めていった。しかしこうした政策が、中国の抵抗を呼ばないはずがない。中国との戦争なしに、それを達成しようとしていた点に、重大な見とおしの誤りがあったということができる。

このころ参謀本部では、対ソ作戦計画と同様、中国にたいする作戦計画を平時どおりに立案していた。しかしそれは本格的な長期戦争を予想したものではなかった。事件直前の計画も従前のものと大差なく、少数兵団をもっての中国内要点の占領にとどまるものであった。すなわち、華北方面では二ないし三師団をもって北京および天津を占領し、華中方面では一ないし二師団をもって上海およびその周辺を、華南方面では一師団内外をもって福州、厦門、汕頭をそれぞれ占領するというものであった（林三郎『太平洋戦争陸戦概史』）。それ以上の大規模な作戦は予想していなかったわけである。

この時期、参謀本部の主要関心は対ソ戦争にあった。そのため中国軍相手に本格的な戦争を行うことは、二正面作戦の愚におちいることになるとして、それを避けようとする意向が強かった。参謀本部第一部長の石原莞爾を中心とするこの考え方が一般的だったということができる。

しかしこうした基本的な考え方とは別に、中国の抗日運動の高まりをにくみ、このさい中国にたいし一撃を加えようとする強硬な意向が、むしろ中国通といわれている人物の間に強かったことも事実であった。

蘆溝橋事件の勃発

蘆溝橋事件の勃発そのものも、こうした強硬派の動きに関係なかったとはいえない。事件の発端については諸説があり、最初の発砲については第三者の謀略説まであるが、事件を重大化させたのは日本軍による攻撃の開始であった(1)。

事件勃発後、中央も現地の支那駐屯軍も、不拡大方針を決めた。七月一一日には、現地の両軍の間で、蘆溝橋の引き渡し、代表者の陳謝、責任者の処罰、抗日団体の取り締りなどの日本側の要求をいれた現地協定が調印された。このかぎりでは、満州事変の発端とはだいぶ様子が異なっていた。一部の幹部に挑発的行動があったとはいえ、日本軍の行動は計画的でなかったし、その後の動きも、意識的な拡大の道をとったのではなかったのである。ただこの場合、支那駐屯軍の兵力が中国側の第二九軍との相対比で少なかったことも、日本軍の慎重論の一つの根拠であった。前年の三六年、支那駐屯軍の兵力は大幅に増強され、歩兵二連隊編成の混成旅団程度の兵団となっていた(2)。しかし第二九軍の北京、天津周辺兵力一〇万は、かつての張学良軍よりははるかに抗戦意識が高く、一〇分の一の日本軍としては相当の苦戦が予想されたのである。

近衛内閣の強硬態度

だがこうした局地的解決のきざしを打ち消して、一挙に日中両国間の全面的な戦争へ拡大させたのは、日本政府の内地師団派遣の決定であった。現地で停戦協定ができた同じ七月一一日、近衛内閣は閣議で杉山陸相の主張を満場一致で承認し、中国側が交渉を全面的に拒否したとの理由で華北派兵の「重大決意」を表明する声明を発表した。

同日夕、関東軍にたいし混成二個旅団、朝鮮軍にたいし第二〇師団の華北派遣が命ぜられ、さらに七月一五日、陸軍航空兵力の半ば以上を集めた臨時航空兵団の編成と派遣が命ぜられた。これらはいずれも天皇の允裁による奉勅命令である。これに先立って陸軍は、事件の拡大に備え、八日には近畿以西の各師団の除隊延期を命じた。それは七月一〇日が定例の二年次兵の除隊日であり、一二日の初年兵入隊まで兵数が半減するので、それを防ぎ、応急出動や動員に備える処置であった。海軍も台湾方面で演習中であった中国警備の第三艦隊を復帰させ、応急派兵の待機兵力の準備に着手していた。

さらにこの七月一一日、日本政府はこの事件を「北支事変」と呼ぶと発表し、この衝突事件を満州事変と同じように事変という名の戦争に拡大する気構えを示した。近衛首相は政界、財界、言論界などの各界代表を招いて挙国一致を要望し、戦争突入の意気込みを示した。戦争の拡大について、この事件勃発当時における内閣の責任は、満州事変勃発のときとは逆で、じつに大きいものがある。

華北の総攻撃

このような日本政府の戦争への強い気構えは、中国国民の奮起をうながした。ことに日本軍の増兵が、中国側に、日本は作戦準備ができるまで現地交渉で時をかせいでいるという疑惑をおこさせたのである。中国共産党は、七月一五日、国共合作による全面抗戦を呼びかけた。なるべく日本との妥協をはかりたかった蔣介石も、七月一九日、国民の奮起をうながす声明を発表せざるをえなくなった。華北の責任者宋哲元の妥協的な態度にもかかわらず、第二九軍の兵士や、北京、天津の労働者、市民、学生も、独立を守るため闘う決意に燃え上がり、衝突はしだいに不可避になっていったのである。

日本軍側も、増援部隊の到着により行動が活発となったため、七月二五日、北平、天津中間の郎坊、七月二六日、北平城門の一つの広安門で、日中両軍の衝突がおこった。支那駐屯軍は二六日夕に宋哲元にたいし、郎坊事件を理由として、第二九軍を二八日正午までに北平市内や永定河左岸からすべて撤退せよという最後通牒を発した。そして七月二八日朝から、第二〇師団、混成第一、第一〇旅団、臨時航空兵団を増強している支那駐屯軍は総攻撃を開始し、激戦ののち北平、天津およびその周辺地域を一日で占領した。参謀本部は、支那駐屯軍の攻撃を承認するとともに、七月二七日、第五、第六、第一〇の三個師団を動員して華北に派遣する大命を出した。ここで戦争の拡大は決定的になった。

この総攻撃の場合も、軍中央はこれを拡大させる意図はなく、永定河の線を越えてはならぬという制約をつけていた。しかし現地で戦闘準備をととのえている軍隊の指揮官には、武力行使を制限しようとしても無理であった。支那駐屯軍内部にあった不拡大派も、強硬派の主張のため押しつぶされた。駐屯軍司令官の田代皖一郎中将が病死し、その後任の香月清司中将が強硬派に同調したことも、大きな影響があった。

全面戦争への拡大

この攻撃が行われては、もはや戦争は拡大の一途をたどるばかりであった。八月一三日には上海に戦闘が飛び火した。海軍陸戦隊は中国軍に圧迫された。八月一五日、政府は「支那軍の暴戻を膺懲する」との戦争開始の声明を出した。陸軍は新たに四個師団を動員しこれを上海に送った。九月はじめ、臨時議会は二五億円を超える戦費支出を認め、臨時軍事費特別会計が創設された。一一月二一日には日露戦争以来の大本営が設置された。戦争はいよいよ本格的となったのである。

政府や軍部が、中国との長期戦争を欲していなかったのに、この局地的な事件を一挙に拡大し、全面的戦争に乗りだしたのはなぜだろうか。準戦時体制の破綻、満州経営の行きづまりにもとづく経済的政治的危機が、さらに新たな侵略を呼びおこさずにはおかなかったという客観的な条件があった。しかもたびたびの華北侵略の試みがことごとく失敗したうえ、西安事件後の中国の情勢が、華北を第二の満州国化するこのような企図を容易に許さないものであったことへのあせりもあった。これらの事情から、このさい強大な武力によって中国を強圧し、華北占領の目的を一挙に達成しようとする意図が強く働いていた。

軍中央部も政府も、開戦を強行しようとしたのではなく、強大な一撃を与えれば、たやすく中国を屈服させることができると信じていたからであった。対ソ、対中国の二正面作戦を避けるため中国との戦争を短期間に終わらせ、対ソ戦準備に専念しようとする有力な意見が、前述のように第一部長石原莞爾少将をはじめとする参謀本部を支配していた。この考えは軍部だけでなく、湯浅倉平内大臣が「ソヴィエトに対する準備は、やはり怠らないやうにしなければならない。……なるべく早く支那の兵備を航空機で爆破し、後は早く兵を退いて、……その後の用意を備へねばならない」（『西園寺公と政局』Ⅵ）と語っているように、上層部一般に共通していた。にもかかわらず参謀本部、重臣をふくめて、支配階級が全面戦争に乗りだしたのは、大軍を送って思いきった一撃を与えれば、懸案も簡単に片づくという目算からであった。陸相は事変当初二カ月で片づくと天皇に奏上していたし、拡大後においても「中国軍に対しては短期間（たとえば満一年）に大打撃を与えうるとの判断が、陸軍部内では有力であった」とともに「南京を占領すれば国民政府は抗戦を断念する可能性が多いと判断」されていたという（林三郎『太平洋戦争陸戦概史』）。こうした安易な見とおしが、ずるずると戦争を拡大させていった一つの原因であった。

南京占領と大虐殺

こうした戦争にたいするあまい見とおしは、まず中国の国民と軍隊の強い抵抗によってくだかれた。満州事変では、戦意のない張学良の軍閥軍が相手だったので、わずか一個師団あまりの日本軍で足りたが、こんどの中国軍は、抗日民族統一戦線に結集した全中国国民の支援をうけ、強い抗戦の意志に燃えていた。杉山陸相が天皇に約束した二カ月は、上海北方のクリーク地帯で中国軍の抵抗にはばまれて、莫大な死傷者を出し一歩も進めない間にすぎ去った。これにたいし日本軍は、関東軍をのぞいて、内地から動員した大兵力を集めて、一一月上海戦線の中国軍の背後杭州湾に大軍を上陸させ、ようやくこの戦線を突破し、以後南京に向かって進撃をつづけ、一二月一三日、これを占領した。

上海や杭州湾から南京に至る進撃の間にも、さらに南京攻略とその後の数週間のあいだにも、日本軍は大量の捕虜を不法に殺害し、さらに多数の一般民衆にたいし強姦、殺人などの残虐行為を重ねた。このことは南京アトロシティーとして世界に報道され、東京裁判でも重要な訴因の一つとなった。この事件は中国では大きな歴史的事実として知られ、南京には記念館も建てられている。しかし日本では大虐殺はなかったという説まであるくらいで、中国のいう虐殺の人数は過大であるという主張が、文部省の教科書検定をはじめ戦争責任を免罪しようとする人々によって唱えられている。しかし大虐殺が行われたこと自体はまったく疑いない事件であり、それを論証した研究も多い（洞富雄『南京大虐殺の証明』、吉田裕『天皇の軍隊と南京事件』、藤原彰『南京大虐殺』）。これらによって、南京で犠牲になった中国の軍人、民間人の数は二〇万人を下らないことが明らかにされている。

日本軍がこの大虐殺事件をおこした原因としては、次の五つがあげられる。第一に、日本軍では元来兵士の人権と自我を尊重する観念が欠けていたから、敵国の民衆や捕虜にたいしてもその人権や人間の尊厳を無視したのである。第二に、日本軍は精神主義を強調し捕虜になることを否定していたから、敵軍の捕虜も尊重しなかったのである。第三に、この時期になると幕僚層の強硬論と独断専行がめだつようになり、彼らが残虐行為をリードする場合が多かったのである。第四に、この戦争では中国にたいする蔑視観が軍に強く、国際法を適用しないという決定をし、捕虜を殺してもかまわないという風潮がみなぎっていたことがあげられる。そして第五に、中国軍や民衆が、民族意識に燃え強い抵抗を示したため、日本軍は苦戦し、驚愕して、民衆に対してはげしい敵愾心をもち、残虐行為に走ったのである。しかしこの大虐殺は、中国民衆の対日抵抗の意志をいっそう堅固にし、戦争の長期化の原因となったのである。

和平工作の失敗

もともと日中戦争には、軍部にも政府にも明確な目的や戦略があったわけではなかった。しかし戦争が拡大していくと、本来対ソ戦を計画し、中国に大軍を釘付けにする意志のなかった陸軍には早期和平を求める意向が強くなり、ドイツ軍部に働きかけ、ドイツの仲介による和平工作をすすめようとした。三七年一一月以来、駐華ドイツ公使トラウトマンの橋渡しによる交渉は、日本側の現地軍と軍中央との意志の不統一、軍と政府との対立によってはかばかしくすすまず、南京占領は日本政府の和平条件を苛酷なものとして交渉を困難にさせるものとなった。

南京大虐殺は、中国の民衆の抗戦意欲をいっそうかき立たせる原因になった。一方日本政府や国民は、敵国の首都を占領したということで、中国にたいする領土や資源の欲望が高まり、和平交渉についての中国の態度は不遜であるという強硬論が強くなった。一九三八年一月一一日、御前会議で「支那事変処理根本方針」が決定されたが、それは国民政府が和を求めてこないなら、これを相手とせず「新興政権」（要するに傀儡政権）の成立を助長するという内容であった。そしてドイツ仲介の和平工作について、参謀本部はなおその継続を主張したが、近衛内閣はこれを押し切って交渉打ち切りを決定し、一月一六日、「爾後国民政府を対手とせず」という声明を発表した。

戦面不拡大方針とその破綻

「対手とせず」声明は、和平交渉の途をとざし、戦争は長期戦の泥沼へ入りこむことになった。対ソ戦を考慮し、対中国戦争のこれ以上の拡大を望まない参謀本部は、三八年二月一六日、大本営御前会議を開いて、これ以上戦線を拡大しないという内容の「戦面不拡大」方針を確認した。

しかしこの戦面不拡大方針は、現地軍の独走によってたちまち破綻することになった。三八年二月、中支那方面軍、上海派遣軍、第一〇軍の戦闘序列を解いて、華中方面の部隊を中支那派遣軍に統一した。中支那派遣軍の一部は、津浦線に沿って揚子江左岸を北上しはじめて、一方華北の北支那方面軍は、その一部第二軍を済南から南下させたが、三八年四月はじめ徐州東北方の台兒荘で中国軍の反撃を受け苦戦に陥った。中国側は台兒荘の勝利としてこれを宣伝した。これにたいする日本軍の面子もあり、台兒荘付近に集中した中国軍に打撃を与えるという理由で、四月七日、華北と華中の戦隊を連絡する徐州作戦が北支那方面軍と中支那派遣軍に命令された。戦面不拡大方針は早くも一擲されたのである。

徐州は五月二〇日に占領されたが、中国軍主力は日本軍の包囲以前に脱出した。日本軍は徐州作戦の後半から、大本営の制止をこえて前進し、次の武漢攻略の態勢に移りつつあった。

このころまで大本営は、中国での作戦には対ソ作戦予定兵力（二四個師団）には手をつけないで、それ以外の兵力をあてるという方針であった。そのため現役師団は動員せず、後備師団を動員した兵力を主として華北、華中の戦線に送っていた。だが中国軍の予想外に強い抵抗にあい、はじめの計画とは比較にならない大兵力が必要となってきた。そのため徐州作戦前後から、やむをえず対ソ作戦予定兵力をも中国戦線に使用しなければならなくなった。そのことが、不拡大派にもう一度、和平工作への動きをおこさせ、近衛首相はこれに応えて三八年五月、内閣の改造を行い、陸相を杉山元から板垣征四郎に、外相を広田弘毅から宇垣一成に代えた。しかし、戦争指導方針に一貫性がなく、宇垣外相の和平工作も陸軍の支持を得られず、不調に終わった。この間にも戦線は拡大の一途をたどっていた。

張鼓峰事件と武漢作戦

日中戦争が全面化したのちも、日本陸軍の最大の仮想敵はソ連軍であった。一九三六年に陸軍が策定した軍備充実計画（一号軍備）は、対ソ戦に備えて師団を三単位制にして師団数を増加し、一九四二年度までに満州一〇個師団、朝鮮三個師団、内地一四個師団の二七個師団を整備し、戦時四一個師団（内地師団を二倍に動員）の兵力を得ようとするものであった。また航空兵力は、四二年までに一四二中隊に拡充することとしていた。しかしこの計画を発足させた翌年の一九三七年に日中戦争が勃発して予想外に拡大長期化し、他方ではソ連の極東軍備の増強も進んできたので、これに対応するために陸軍では軍備の大増強をはかることになった。そして一九三九年一二月に、修正軍備充実計画（二号軍備）をたて、地上六五個師団、航空一六二中隊を目標として、対ソ戦備の充実をはかることとなった（『戦史叢書・陸軍軍戦備』）。

お互いに仮想敵である日ソ両軍が、満州事変によって日本軍が満州を占領したために、国境を隔てて対向することとなった。しかもこの国境線は、不明確なところが多く、紛争が起こり易いのは当然であった。両軍の兵力増強と国境線での緊張の高まりとともに、紛争の回数も増加し、蘆溝橋事件直前の一九三七年六月には、黒河東方の黒竜江の中洲の乾岔子島の領有をめぐって両軍が衝突した乾岔子島事件のような、ある程度の規模の衝突も発生していた。しかし国境紛争としてはあまりにも大規模な戦闘となったのが、日中戦争開始後の張鼓峰、ノモンハンの両事件である。

一九三八年七月、満州国の最南東の端にあり、満州、朝鮮、ソ連沿海州の接する地点に近く、国境について双方の言い分の食いちがっている張鼓峰で事件がおこった。この地域の日本側の警備を担当していた朝鮮軍から、ソ連兵が張鼓峰に進出しているという報告が大本営に届いた。このときの参謀本部の作戦課長福田正純の回想によれば、武漢攻略戦を前にして、ソ連が本格的対日戦に出ることはないという確証を得るために、「威力捜索」の目的で、北朝鮮駐屯の第一九師団にこのソ連軍を撃破させることにしたという。第一九師団主力の本格的戦闘は、七月三〇日からはじまった。しかしソ連軍の戦車、砲兵、飛行機をともなう反撃により、日本軍は苦戦に陥り、八月一〇日ころには師団の戦力は消耗し、第一九師団参謀長が「師団が確実に進展の自由を有するは此処一～三日と判断せらる」という悲観的報告をするまでになった。このため中央も停戦を急ぎ、八月一〇日夜モスクワで停戦協定が結ばれた。威力偵察のつもりではじめた戦闘で第一九師団は、第一線歩兵の半数、全体で二二パーセントの死傷を出すなど、大損害を蒙った。しかしソ連軍はその主張する国境線以上には進出せず、ソ連側に本格的対日参戦の意図がないことは確かめられた。

張鼓峰事件が解決したあとの三八年八月二二日、大本営は中支那派遣軍に漢口攻略を命令した。中支那派遣軍は、四個師団の第二軍をもって大別山脈北方から、五個師団の第一一軍をもって揚子江の両岸から進撃し、一〇月二六日、漢口を占領した。また漢口攻略と前後して、広東の攻略も準備された。そのため三個師団をもって第二一軍を編成し、九月一九日、広東攻略を命令した。第二一軍は主力をもって一〇月一二日、バイアス湾に上陸し、一〇月二一日、広東を占領した。

日本陸軍はほとんどその全力を集中して、漢口、広東作戦を行って、武漢三鎮や広東の要地を占領した。しかし国民政府は重慶に移り、中国の抗戦意欲はいぜん衰えなかった。一方、日本軍は、これ以上進攻作戦をつづける余裕はなくなった。大本営陸軍部と陸軍省は、一一月一八日に、これ以上戦線を拡げず、長期持久の態勢を強化するという「十三年秋季以降戦争指導方針」を決定した。日本軍の戦線が伸び切ってしまったことを自ら認めたものである。

ノモンハン事件

日中戦争開始後も、対ソ戦を最大目標とした陸軍は、在満兵力の装備の充実に努力した。この結果一九三九年ごろの関東軍は、現役九個師団と戦車団などからなる陸軍の最精鋭兵力と目されていた。また関東軍の幕僚たちは、満州占領を成功させて以来の功績を誇り、「満州国」を支配している権力に溺れて、独善的な性格を強め、中央を無視する下剋上的傾向を深めていた。そして張鼓峰事件のさいの朝鮮軍の対応を消極的だとした関東軍は、翌一九三九年四月に、「満ソ国境紛争処理要綱」という強硬な方針を、司令官の名で示達した。これは「国境線明確ならざる地域に於ては防衛司令官に於て自主的に国境線を認定」するとした上で、ソ連軍（外蒙軍を含む）の「不法行為に対しては周到なる準備の下に徹底的に之を膺懲し、ソ軍を摺伏せしめ其の野望を初動に於て封殺破摧す」という強硬な方針を示したものであった。

一九三九年五月一一日に、国境線が不明確でこれまでもしばしば紛争がおこっていた、西部の満州とモンゴルとの国境ノモンハン付近に外蒙軍が進出したことが報告された。これにたいし満州西部の警備を担任していたハイラルの第二三師団は、関東軍の方針にしたがい、五月一二日に東支隊（師団の捜索隊長東中佐の指揮する捜索隊と歩兵一個大隊）の出動を命じた。東支隊が進出するとソ連軍・モンゴル軍は引きあげたので東支隊も撤兵した。

ところがソ連、外蒙軍が再び進出したとの報告があったので、第二三師団長は五月二二日、山県支隊（歩兵第六四連隊長山県大佐の指揮する歩兵一大隊強、捜索隊等の主力など）の出動を命じた。

支隊は五月二八日、攻撃を開始したが、優勢なソ連軍の反撃をうけ、捜索隊が全滅的打撃を受け、支隊主力は撤退した。

ここにおいて関東軍は、第二三師団主力に、戦車団（当時日本軍唯一の機甲部隊）、第七師団の一部を加えた兵力で、ソ連軍に徹底的打撃を加えようとした。そして大本営に報告せず、まず航空部隊で六月二七日、外モンゴル内部のタムスク航空基地を空襲した。地上部隊の攻撃は七月はじめから開始されたが、ソ連軍の優勢な機甲部隊と砲兵力に圧倒されて攻勢は失敗した。七月中下旬からハルハ河右岸で戦線は対峙状態になっていたが、ソ連軍は兵力を集中して八月下旬、大攻勢に転じた。このため日本軍は各個に包囲されて大損害を受け、独断撤退する部隊がつづくなど、日本陸軍のそれまでの歴史では最大の敗戦となった。第二三師団は出動人員一万五九七五名中、死、傷、病、生死不明者の合計一万二二三〇名、七六パーセントの損害を出すという全滅的被害を受けた（『戦史叢書・関東軍〈1〉』）。このため日本側から停戦を申入れ、九月一五日、モスクワで停戦協定が成立した。

張鼓峰事件も、ノモンハン事件も、国境紛争とはいいながら師団単位の大部隊を出動させた、大規模な日ソ両軍間の戦闘であった。そしていずれの場合も、日本軍の側から積極的に攻撃をしかけた上で大打撃をうけたが、ソ連側にはその主張する国境線の回復以外の意図はなく、それ以上の拡大は避けられたのである。そしてこの両事件、とくにノモンハン事件は、日本陸軍にたいして重要な教訓を残した。

第一にソ連軍の火力、機動力が圧倒的に優勢であるという事実を思い知らされたことである。ことにノモンハンは鉄道の末端から七五〇キロも離れており、ソ連軍は大兵力の集中は不可能だと日本軍は予想していたのに、その判断をはるかに上廻る機動力を発揮したことは日本側を驚かせた。よほどの対ソ兵力の充実なしには、対ソ戦は容易ではないという判断から、陸軍内にも南進論が生まれる条件がつくられた。

第二に、両事件は、統帥の混乱と幕僚政治の弊害を露呈した。張鼓峰事件の場合、張鼓峰での武力行使は「大命による」と中央から指示されていながら、第一九師団長尾高中将が張鼓峰の隣りの沙草峰のソ連軍を七月三〇日に独断攻撃して事件を拡大した。沙草峰と張鼓峰は別だというこじつけの理由だが、結果として一個師団の潰滅になったこの大命干犯は黙認されたのである。ノモンハンの場合は、大本営と関東軍の対立は感情的なまでに激化し、最後に激烈な電報のやりとりまで行われた。最終的には植田軍司令官、磯谷参謀長らの罷免と、大命による停戦となった。統帥の混乱は甚だしかったが、その是正措置はとられなかったのである。

また関東軍の服部卓四郎、辻政信らの作戦参謀は、強硬論で参謀長や軍司令官をつき上げ、あるいは第一線部隊に独断指示を与えるなど、事件拡大に大きな役割を演じた。これは幕僚政治の弊害として当時から問題とされたが、是正はされなかった。事件処理にさいし、軍司令官以下や中央の中島参謀次長らは予備役に編入されたが、服部、辻は転任になっただけで、間もなく参謀本部の作戦課長と作戦主任として復活し、対米英開戦の主役となったのである。

大戦の勃発

ノモンハン事件の終結は、ヨーロッパにおける大戦の勃発と重なっていた。一九三九年九月一日、第二次世界大戦がはじまったのである。八月三〇日に成立したばかりの阿部内閣は、九月四日、とりあえず「今次欧州戦争勃発に際しては帝国は之に介入せず、専ら支那事変の解決に邁進せんとす」との声明を発表した。ヨーロッパの情勢の急転回に対応するためには、とにかく日中戦争を早く解決したいというのが、日本にとっての切実な希望であった。

陸軍は九月二三日、支那派遣軍総司令部（総司令官西尾寿三大将）を設置した。従来は華北の北支那方面軍、華中の中支那派遣軍、華南の第二一軍がそれぞれ大本営に直属していたのを、全中国の陸軍部隊を統率する総司令部を置くことにしたのである。これにともなって中支那派遣軍司令部を廃止し、支那派遣軍は、北支那方面軍、第二一軍と、華中の第一一軍、第一三軍を指揮することになった。

北支那方面軍は戦争開始後早々の一九三七年一二月に、北平に中華民国臨時政府（委員長王克敏）という傀儡政府を作っており、これに対抗して中支那派遣軍は三八年三月に、南京に中華民国維新政府（行政院長梁鴻志）を作り上げていた。それぞれの軍が勝手に傀儡政権を作ったり、中国との和平工作をしたりするのを統一するため、一つの総司令部に統合したのである。しかし従来の経緯もあって、総軍と北支那方面軍の関係は対立的であった。

三八年一月の「対手にせず」声明によって、日中和平の道を閉ざしたことの反省から、近衛内閣は三八年一一月、「東亜新秩序建設」という近衛第二次声明、同年一二月には「善隣友好、共同防共、経済提携」の三原則をかかげた第三次声明を発表し、「対手にせず」声明を修正した。国民政府内で蔣介石と対立し、対日戦開始以来、まったく勢力を失っていた汪兆銘は、これにこたえて和平を主張し、ひそかに重慶を脱出してハノイに逃れ、日本陸軍と接触していた。支那派遣軍の設置は、汪を中心として統一傀儡政権の樹立をはかる目的もあった。

汪兆銘は、三九年五月に来日して、平沼首相や板垣陸相らと会談したが、新政権をたんなる傀儡としようとする日本側と、少なくとも内政にかんしては自主性を求める汪側の意見はまったく食い違っていた。このため汪の側近からも離反者があらわれるありさまで、難航のあげく、ようやく一九四〇年三月三〇日、南京に汪を首班とする「国民政府」が誕生した。しかしこの新政府は何の実力もなく、支那派遣軍によって全面的に指導される傀儡政権にすぎなかった。

支那派遣軍の創設、汪政権の樹立も、行きづまった日中戦争の打開に役立たず、戦局は泥沼の長期戦の様相を呈していた。そのうえノモンハンの敗戦、ヨーロッパの戦争の勃発は、対ソ戦備の強化を図ろうとする陸軍中央の焦りをいっそう激しいものとした。このため三九年一二月二〇日、畑陸相と閑院宮参謀総長は、修正軍備充実計画(四年計画の二号軍備)を上奏し、裁可をうけた。この計画は、一九三六年の戦時四一個師団、飛行一四二中隊という軍備充実六年計画を修正したもので、四三年度までに戦時六〇個師団、飛行一六〇中隊を整備しようという計画であった。そして、この計画達成のため、中国戦線を縮小し、四一年までに八五万の支那派遣軍を五〇万に減らすことが構想された。この中国戦線の兵力縮減計画には、支那派遣軍は強く反対し、進攻作戦の実施を要求した。そして一九四〇年四月には、中国の当面兵力を七〇万に圧縮し、一部の進攻作戦を認めるという陸軍省と参謀本部の決定が行われた。

陸軍中央が、対ソ戦備強化のために一旦は中国からの自主的撤兵を行おうという決定をしたことは、日中戦争の軍事的解決が不可能だと自認したことを意味するものであった。しかし現地軍の要求で兵力縮減を値切られ、さらに、戦面不拡大の方針に反して一部の進攻作戦を認めるなど、戦争指導そのものも混迷を深めていった。

（1）周知のように、事件の発端は、蘆溝橋付近で夜間演習中の日本軍、支那駐屯軍の歩兵中隊が、小銃射撃を受けたということである。当事者である清水節郎中隊長の手記によれば、数発の実弾の飛来音を聞き、ただちに部下を集合させたところ、兵一名が行方不明となっていた（のち無事なのを発見した）。これを大隊長に報告し、大隊が出動して中国軍と対峙した。そのうちさらに三発の発砲を受けた（損害なし）。大隊長はそれを連隊長牟田口廉也大佐に報告したところ、連隊長は「断乎戦闘するも差支えなし」と指令し、大隊は中国軍にたいし攻撃を開始、これを撃退したというものである（清水節郎手記、秦郁彦編『蘆溝橋事件』）。

（2）それまでの支那駐屯軍の部隊は、一年の交代制で、改編前の兵力は一七七一名であった。改編により軍司令官は親補職となり、部隊は次のように増強され、兵力は五七七四名となった（『戦史叢書・支那事変陸軍作戦（1）』）。

支那駐屯軍司令部、支那駐屯歩兵旅団司令部（支那駐屯歩兵第一連隊、同第二連隊）、支那駐屯戦車隊、支那駐屯騎兵隊、支那駐屯砲兵連隊、支那駐屯工兵隊、支那駐屯通信隊、支那駐屯憲兵隊、支那駐屯軍病院、支那駐屯軍倉庫。

三　軍隊の拡大と変質

戦争の規模

日中戦争は、満州事変とは規模も内容も比較にならない本格的な戦争であった。それまで日本が経験した最大の戦争、日露戦争をもはるかにしのぐものであった。

戦線の拡大と膠着とによって、使用兵力は増える一方であった。前述のように師団数では早くも戦争第一年に、日露戦争を上回った。出征兵員数は、後方部隊の増加などによって、師団数の差以上に懸隔があり、第二年以降常時一〇〇万の大軍を大陸におくという状態であった。損害も大きかった。三七年一二月の南京占領までに、戦死一万八〇〇〇、負傷五万二〇〇〇を出し、四一年末までには、死者だけで一八万五〇〇〇余と、これも日露戦争を上回っている。

使用した戦費、消耗した軍需品も膨大であった。はじめの北支事件費は、臨時軍事費特別会計の創設とともに臨時軍事費となったが、経常費を除いた臨時軍事費だけで、四一年末までに支出された分は（対米英戦争準備と目される四一年後半の六六億円を除いて）二二三億円と、貨幣価値の違いはあるにせよ日露戦争の十数倍に達した。そのうえ、この期間に一〇〇億円が一般会計の陸海軍省費として支出されているのである。

しかもこの期間、日本は一方で中国との戦争を戦いながら、他方ではじめて本格的な対ソ、対米英の戦争準備に乗りだしていたのであった。軍備の拡大を裏付ける軍需工業も、この期間に、それまでとは質的に異なる大発展をとげている。三七年はじめ、軍需工業拡充五カ年計画、重要産業五カ年計画をたて、戦争開始後の三八年一月、軍需工業動員法を発動、ついで同三月国家総動員法の制定、さらにその一部発動が行われた。こうした軍需工業の拡張計画は、一方における戦争の遂行という条件でかえって軌道にのり、急速に実行された。三九年には、陸軍は陸軍軍需品整備三カ年計画をたて、翌年から三年間に、総額一〇〇億円の軍需品整備を行い、そのうち四割を日中戦争の補給にあて、六割を対ソ戦備をふくむ軍備充実にあてることにした。こうした軍需工業の整備は、日本経済の構造を一変させるほどの大きな作用を及ぼした。兵器、軍需品の生産能力も飛躍的に向上した。対米英戦争開始前の一九四一年の軍需生産能力は、三七年度の五倍に達していた。このため、日中戦争の消耗を補ったうえ、なお対ソ対米戦争用の資材を蓄積していた。四一年度には、陸軍飛行機年産三五〇〇機、戦車年産一二〇〇台、弾薬年産四三師団会戦分の能力があった（服部卓四郎『大東亜戦争全史』）。

だがこの軍需生産の急速な拡張は、すでに多くの説明が行われているように、国内経済全般からみて大きな無理を重ねたものだった。たしかに軍需生産は急ピッチで伸びたが、それは国内生産全体の拡充のうえに成り立ったものでなく、民需生産を完全に犠牲にし、必要な基礎生産までくいつぶして行われた一時的な発展であった。(1) したがってそれは、いつか限界につきあたり、たちまち軍需生産そのものの崩壊に行きつかねばならない矛盾をもっていたのである。

軍隊の拡大とその矛盾

これと同じことが、急速に拡大した軍隊についても言えるのである。陸軍についてみると、第七章に述べたように、総力戦段階に対応し、巨大な大衆軍を戦時に創成するための計画と準備において、多くの矛盾をもっていた。そしてむしろ訓練をつんだ少数精鋭軍主義をとっていたといえる。三六、三七年、とくに日中戦争開始後の大拡張がはじまるまでは、陸軍は平時一七個師団で、戦時三〇個師団の動員準備をもっているにすぎなかった。それがわずか四年間に、第9表にみるように師団数において三倍、兵員数において一〇倍の大拡張をとげ、しかもそれが戦時の一時的現象というよりも、日中戦争の長期化、一方では対ソ戦備のため、恒常的な拡張となったのである。

このことは、まず兵員の素質に大きくあらわれてきた。軍縮以後一九三二年までの徴兵適齢者は毎年六〇～七〇万人、そのうち甲種合格者は三〇パーセント前後、そのうち実際に現役として徴集される者はその半数というのが、大体毎年の例であった（『陸軍省統計年報』）。ところが、日中戦争開始後、現役兵の徴集率はしだいに増え、一九四一年には過半数の五一パーセントに達した。ということは、第一乙種、第二乙種にまで、現役入隊者が拡大し、一応の体格の水準にある者はすべて徴集されるということを意味している。それだけでない。この時期の膨大な兵員数を維持していたのは現役兵だけでなく、後備師団をはじめ、予後備兵の比率がしだいに高くなっており、四一年には、現役兵の保有率は六〇パーセント程度に下がっていた（林三郎、前掲書）。そのため兵士の素質は、肉体的にも精神的にも、満州事変当初とくらべて著しく低下したことは当然である。

しかし、より以上の問題であったのは、教育訓練の不足であった。現役入隊者の教育を、平時の駐屯地において計画的に行う余裕はほとんどなくなった。大部分の師団が中国と満州に常駐することになり、とくに中国に駐屯する師団は、絶え間ない戦闘行動と警備のための極端な分散配置とで、ほとんど教育の能力をもたなかった。一方、補充担当の内地の留守師団は、業務の複雑、幹部の不足から教育訓練の能力を欠

第9表　１９３７～４１年師団数増強一覧

	1937年	1938年	1939年	1940年	1941年
内地および朝鮮	3	2	7	11	11
満　州	5	8	9	12	13
中　国	16	24	25	27	27
計	24	34	41	50	51

1.本表の数は１９３７年から４０年までは年末の、４１年は対米英開戦前のものを示す。
2.師団数は本表のように推移したが、その装備は逐年低下した。
3.本表のほか騎兵集団１がある。
4.服部卓四郎『大東亜戦争全史』による。

いていた。とくに戦地に新設された師団の場合、留守部隊との親近関係がなく、留守部隊の現役兵や補充兵教育の熱意もなかった。そのため、教育訓練の不足は著しく、部隊の練度は非常に低下していた。旧設の現役師団の場合でも、戦地駐屯が数年におよび、練度の低下、軍紀の弛緩は明らかになっていた。

兵士の素質以上に問題であったのは、将校の不足であった。養成に長期間を必要とする現役将校の補充が、こうした急速な拡張に追いつくはずがない。士官学校の採用人員を、四〇〇人から二〇〇〇人以上に急速に拡張し、またその在学期間を、予科本科を通じて四年余を二年半に短縮したが、それも焼け石に水であった。下級将校補充の手段として採用された幹部候補生制度によって、下級将校の大半を埋めるのが実情であった。とくに中級将校の不足が深刻であった。機関や司令部の要員も膨大となったため、隊付の大隊長、中隊長に、有能で経験に富んだ現役将校をそろえることができなくなった。四一年に、全将校中の陸士出身将校の比率は三六パーセント、とくに隊付将校におけるその比率はなお低かった。

軍紀の退廃と士気の低下

日本軍隊の場合、軍紀の維持と士気の振作とは、兵士の自発性に依頼するのではなく、きびしい階級意識と訓練とによって保っていた。この場合、幹部の指揮能力と統率力とにかかっている比重がきわめて高い。民主的な軍隊においては、臨時に任用された幹部が、軍事的経験の不足を、高い社会的経験と能力とで補って、その地位にふさわしい活動をすることが可能であるが、日本軍隊にはそうした幹部の活動の余地が少なく、その能力を決定するのは軍事的経験と力量のみであった。そのうえきびしい階級感覚があり、二年前に初年兵であった幹部候補生出身の将校にたいし、下士官や古年次兵がそれを軽視するという傾向が強かったことも、その能力発揮をさまたげた。

こうした幹部や兵士の素質や能力の低下に加えて、大部分の部隊が占領地に長期間あるという事態は、その軍紀を退廃させた。日夜にわたる警備と戦闘、駐屯中の生活の乱れ、出征期間の長期化などから、幹部にも兵士にも、生活の退廃と堕落がめだつようになった。かつて精強を誇った師団も、戦地駐屯が長びくと軍紀が乱れ犯罪が増えるという傾向か顕著になった。(2) 日本軍隊をわずかにささえていた練度の高さも、それを誇ることができなくなっていた。太平洋戦争を迎えるのは、そうした状況が深刻となりつつあるときであった。

(1) アメリカ戦略爆撃調査団『日本戦争経済の崩壊』や、コーエン『戦前戦後の日本経済』は、第二次大戦における日本の敗因を、もっぱらこの点に求めている。

(2) 軍隊内の犯罪人員は、一九四二年に軍司令官会同で行った富永陸軍次官の講演資料によると、一九三七年一一三八人、三八年二八七五人、三九年二七九八人、四〇年二八二〇人、四一年三一四八人と増加している。四二年一二月には、山東省館陶県に駐屯する独立歩兵第四二大隊第五中隊の兵士が、飲酒のうえ武器をもって上官を襲い、中隊長以下の幹部は兵営から逃避して大隊本部に暴動鎮圧の兵力派遣を求めるという事件（館陶事件）さえおこった（『戦史叢書・北支の治安戦（2）』）。

第一〇章　太平洋戦争

一　対米英開戦

ドイツの勝利と時局処理要綱

日本海軍はアメリカを仮想敵として建艦をすすめ作戦計画を建ててきたが、現実に対米戦争を日程にのせていたわけではなかった。まして陸軍は、対ソ連を第一の目標とし、対米戦の計画は海軍へのおつき合い程度にしか計画していなかった。それが、俄かに南方進出、ひいては対米英戦が具体的な問題となったのは、ドイツの勝利に便乗しようとしたからであった。そしてこの国策の転換のためには、軍中堅層が主導権をにぎっていたといえるのである。

満州事変や日中全面戦争が、現地の事件がずるずると拡大して予期しない戦争に発展したのとは違って、太平洋戦争は、明確な国家意志の決定にもとづいて開始された戦争である。中国との長期戦が泥沼に陥っているとき、一方で対ソ戦争を準備しながら、世界一の大国アメリカやイギリス、オランダに向って戦争を開始するという決定がなされた経緯には、日本の天皇制軍国主義の特質や、統帥と国務の分立の問題が深くかかわっている。

南進政策の具体化、米英との決定的対立の直接の契機は、一九四〇年春のドイツの西方戦線における勝利であった。四〇年五月一〇日、オランダ、ベルギー、ルクセンブルクに奇襲攻撃を開始したドイツ軍は、五月一四日、マジノ線を突破し、英仏連合軍をダンケルクから海に追い落し、六月一四日、パリを占領した。フランスに成立したペタン政権はドイツに降伏し、も降伏した。六月二二日、休戦協定に調印した。これより先、オランダ政府はイギリスに亡命し、ベルギー国王ベルギー国王も降伏した。このドイツの勝利によって、東南アジアのイギリス、フランス、オランダの植民地が格好の餌として日本の眼の前にぶらさがることになったのである。

フランスの敗北が明らかになった四〇年六月一二日から、参謀本部の作戦課長、作戦主任、陸軍省の軍事課長、高級課員らの主務者たちが連日協議を重ね、ヨーロッパ情勢の急変に乗ずる南進政策の事務当局案として、「世界情勢の推移に伴う時局処理要綱」を作った。この案は七月三日の省部首脳会議で陸軍案として決定され、海軍側に提示された（『戦史叢書・大本営陸軍部(2)』）。

海軍も同じようなレベルで討議を重ねて海軍案を作り、陸海軍の事務当局間で調整を加えた上、七月二二日、陸海軍の首脳会議を開いて、この処理要綱案を軍部の案として決定した。この日は第二次近衛内閣の成立した日であるが、この陸海軍会議では、内閣成立早々に大本営政府連絡会議を開いて、この要綱を決定させる段取りまで決めていた。そして近衛内閣は、軍部の筋書通り七月二七日に連絡会議を開き、武力行使をふくむ南進政策を決めた時局処理要綱を、軍部の原案通り決定した。米英との戦争を予期する南進政策が、軍部の筋書に従って国策として決定されたのである。

この国策は、九月の北部仏印進駐、日独伊軍事同盟の締結となり、アメリカの石油、屑鉄の輸出許可制となって日米対立を激化させた。しかしその後日本の期待したドイツの英本土上陸作戦は実現せず、日米関係の緊迫から南進政策は一時停滞した。

独ソ戦と関特演

一九四一年六月二二日の独ソ開戦の報は、再び日本に衝撃を与えた。松岡外相が即刻対ソ開戦を主張するなど、多年の懸案である対ソ即時開戦論もあったが、陸軍の大部分が対中国戦争を遂行中という現実はこれを不可能にした。陸軍首脳は連日の討議の末、「好機を捕捉」して「北方問題を解決」する方針にまとまった。これは対ソ戦の準備を整え、欧州戦場でソ連が敗北したり、極東ソ連軍の兵力が減少するなどの好機があれば参戦するという、対ソ戦準備策である。海軍は、陸軍の北進への転換を警戒しながらも、対ソ戦準備には賛成し、一方既定の南進をすすめ、このための武力行使を準備することを主張した。こうして六月二二日に、「情勢の推移に伴ふ帝国国策要綱」の陸海軍案が決定した。これは南方に対しては、仏印とタイに対する既定の方策をすすめ、この「目的達成の為対英米戦を辞せず」とし、北方にたいしては「密かに対ソ武力的準備を整へ」「独ソ戦争の推移帝国の為極めて有利に進展せば武力を行使して北方問題を解決」するというものであった。この要綱は、七月二日の御前会議決定となった。

御前会議決定にもとづき、陸軍は対ソ戦準備のための未曽有の大動員を行った。これは関東軍一二個師団、朝鮮軍二個師団の戦時定員を充足するとともに、内地の二個師団を動員して関東軍に増派する（実際には一個師団派遣）ものであった。関東軍特種演習（関特演）と呼称されたこの動員は、陸軍創立以来最大のもので、関東軍の人員は増加して七〇万となった（『戦史叢書・関東軍（1）』）。

この対ソ戦備の強化は、ソ連に脅威を与えるものであり、極東ソ連軍は日本の期待通りには減少しなかった。独ソ戦線も、ヒトラーの豪語のようにはすすまず、持久戦の様相を呈してきた。大本営陸軍部は、八月九日に、年内における対ソ開戦を断念し、南方進出に専念するという「帝国陸軍作戦要綱」を決定した（『戦史叢書・大本営陸軍部（2）』）。

対米英戦備の進展

しかしいったん国策として時局処理要綱、すなわち武力行使をふくむ南進政策が決められたことは、陸海軍の対米英戦争準備が具体的に発動したことを意味している。

海軍は一九四〇年一一月一五日に出師準備を発動し、着々と戦備の充実につとめた。それまで未就役であった艦船をすべて戦闘部隊に編入し、連合艦隊は従来は第一、第二艦隊からなっていたが、これ以後の一年間に、第三、第四、第五、第六南遣、第一航空、第一一航空の各艦隊を新たに編成した。そして民間の船舶の徴傭を、それまでの約二〇万トンから一年間で一八〇万トンに増やした。これは日本の船舶保有量の三割に達する量である。そして四一年九月一日には、全海軍の戦時編制を発令し、臨機即応態勢に移行していた。

海軍の対米作戦は、大筋は毎年度の作戦計画で策定されていたが、その中心は開戦初頭にグアムおよびフィリピンを攻略したのち、来航する米主力艦隊を西太平洋で迎撃することにあった。ところが四一年八月、日米関係の緊迫にともない作戦計画の具体化をはかる時になって、山本五十六連合艦隊司令長官が、開戦劈頭にハワイ真珠湾への航空奇襲作戦を行うことを軍令部に提案した。山本長官がハワイ奇襲構想について、ひそかに関係者に指示したのは四一年一月ごろからだとされている（福留繁『史観真珠湾攻撃』）。四一年九月、海軍大学校において行われた大本営海軍部の対米作戦図上演習でこれが取り上げられた。この作戦は危険の多い賭博であるとして反対も多かったが、永野修身軍令部総長が山本長官の希望を容れ、一〇月二〇日に策定された帝国海軍作戦方針でハワイ奇襲が取り入れられた。そして新たに竣工した瑞鶴、翔鶴を加え、日本海軍の主力空母六隻の全力で、ハワイ奇襲を行うことが決定した。そして一一月五日、ハワイ奇襲や南方作戦についての天皇の命令、大海令が連合艦隊にたいして発令された。

開戦時の海軍は、戦艦一〇隻、航空母艦一〇隻、重巡洋艦一八隻、軽巡洋艦二〇隻、駆逐艦一

一二隻、潜水艦六五隻、その他の艦艇をふくめて三九一隻、一四六万トンであり、それに前述の徴傭船一八〇万トンが加わった大勢力となっていた。さらに巨大戦艦大和、武蔵や四隻の航空母艦が建造中で、空母に関しては米海軍より優勢であった。

陸軍はもともと対ソ戦準備を中心としており、対米計画には海軍と協同してフィリピン、グアムの攻略にあたるということが決められているだけで、具体的な準備はほとんどされていなかった。南進政策がすすめられた一九四〇年末になって、はじめて南方作戦の本格的準備がはじまったのである。四〇年一二月、台湾軍司令部の中に台湾軍研究部が創設され、兵要地誌の調査や部隊の編制装備などの南方作戦についての研究をはじめた。また上海付近に集結していた第五師団に上陸作戦訓練を命ずるなど、対ソ、対中国作戦用部隊の一部を南方作戦に割くという程度で準備を開始した。

陸軍の南方作戦の計画そのものも、四一年四月ごろからようやく立案された。そして四一年九月にほぼ計画が完成し、一〇月はじめに陸軍大学校で図上演習が行われた。南方軍および南海支隊にたいする天皇の命令、大陸令は一一月六日に発令された。そして一一月一五日、陸海軍を統合する南方作戦全般についての御前兵錬（天皇の前での図上演習）が行われた。

陸軍は南方作戦のために寺内寿一大将を総司令官とする南方軍を編成し、フィリピンに第一四軍、タイとビルマに第一五軍、蘭印に第一六軍、マレーに第二五軍をあてた。他に大本営直属の南海支隊をグアムからラバウルに向わせた。その兵力は一個師団と二個飛行集団で、地上部隊は陸軍全兵力の五分の一、航空兵力は二分の一であった。

戦争の見通し

対米英戦争の決定にあたって、政治、外交上の顧慮はともかくとして、軍事的にどのような見通しがあったのであろうか。およそ国家がその運命をかけた戦争に飛びこむのには、勝利への目算があるはずなのだが、日本の場合にはそれなしに開戦を決定したのであった。一一月五日の戦争を決めた御前会議のための大本営政府連絡会議において、「対米英蘭戦争に於ける初期及数年に亘る作戦的見透」が決められた（服部卓四郎『大東亜戦争全史』）。その結論はつぎのようなものであった。

一、陸軍作戦

南方に対する初期陸軍作戦は、相当の困難あるも必成の算あり。爾後は海軍の海上交通確保と相俟ち所要地域を確保し得べし。

二、海軍作戦

初期作戦の遂行及現兵力関係を以てする邀《よう》撃作戦には勝算あり。初期作戦にして適当に実施せらるるに於ては、我は西南太平洋に於ける戦略要点を確保し、長期作戦に対応する態勢を確立すること可能なり。而して対米作戦は、武力的屈敵手段なく長期戦となる覚悟を要し、長期戦は米の軍備拡張に対応し、我海軍戦力を適当に維持し得るやに懸り、戦局は有形無形の各種要素を含む国家総力の如何及世界情勢の推移の如何により決せらるる所大なり。

すなわち陸海軍とも、初期の作戦については見通しが立っていた。だがそれ以後については、まったく勝利の見通しがなかったのである。開戦決定の段階で、海軍の首脳部が、「二年目まではともかく三年目以降は判らぬ」とくりかえしたのも、こうした作戦上の確算のなさからであった。しかもこの初期作戦は、相手国の主要軍事力との決戦ではなかった。当面の敵地上軍は、素質劣等な植民地軍隊にすぎない。西太平洋の作戦海面に関するかぎり、海上兵力も日本軍が絶対に優勢であり、航空兵力も、つねに局地的優勢を保持できる条件がある。

こうした一時的優位は、相手国とくにアメリカが、その戦争準備と戦力集中に時間がかかるという条件から生まれたものである。すなわち初期作戦は、本格的な決戦ではなく、まったくの前哨戦にすぎないものであった。この前哨戦の見通しだけで、それ以後に予想される決戦への見通しなくして、戦争突入を決めたわけである。日清戦争の場合は、制海権を奪って直隷平野で敵軍主力と決戦するという計画であったし、日露戦争も、制海権を確保し満州でロシア軍主力との決戦を企図して戦争をはじめた。ところがこの戦争では、勝利のための決戦の見通しがなかったのである。

軍事的に決戦をいどんで勝利をにぎるという見通しがなかったばかりでない。政治、経済すべてをふくめて、戦争を勝利に終わらせるという確算はまったくなかった。戦争経済に関して事前に検討されたのは、船腹損耗と補塡の見通し、石油、ボーキサイト、ゴムなどの取得見込みについてだけで、それもきわめて希望的な観測をたてていたにすぎない（戦争経済については後述）。そして戦争の終末についても、他力本願の希望的観測に終始していたのであった。開戦決定後の一一月一五日、大本営政府連絡会議はつぎのような「対米英蘭戦争終末促進に関する腹案」を決めた。

一、速に極東に於ける米英蘭の根拠を覆滅して自存自衛を確立すると共に、更に積極的措置に依り蔣政権の屈服を促進し、独伊と提携して先づ英の屈服を図り、米の継戦意志を喪失せしむるに勉む。

二、極力戦争対手の拡大を防止し第三国の利導に勉む。

という方針からはじまり、ドイツがイギリスを屈服させることを期待し、日本は中国を屈服させる。イギリスと中国が屈服すれば、アメリカは戦意を放棄するだろうというものであった。直接アメリカにたいし積極的な屈敵手段を見出せないので、もっぱらドイツのイギリス攻撃に期待をかけ、戦争の終末点をそこにおいていた。いうまでもなくこの期待は、大きな判断の誤謬であったが、みずから積極的手段をもたないために、希望的条件を並べた作文でお茶をにごしていたという感が大きい。

二　初期の戦局と問題点

初期作戦の成功

一九四一年一二月八日、日本は宣戦布告に先立つ奇襲によって対米英蘭戦争を開始した。賭博的な作戦であった真珠湾の奇襲も、フィリピンへの開戦第一日の航空撃滅戦も完全に成功した。マレー半島のシンゴラ、コタバルへの上陸作戦は、強行上陸で激しい戦闘を伴ったがこれも成功した。そして西太平洋、東南アジアにたいする作戦が、いずれも予定を早めて終了したのである。

初期作戦の成功は、些細にみれば、一時的なまた偶然的な要素が多かった。ハワイ攻撃の成功は、奇襲の成果であった。元来日本海軍の対米作戦計画は、進攻してくるアメリカ海軍を、西太平洋において邀撃するという考えに一貫していた。このさいの艦隊決戦が主眼で、このため軍艦の砲力を大にし、速力を速めることに建艦の目標がおかれ、邀撃が主であるため航続力は犠牲にされていた。ハワイ攻撃が日程に上ったのは開戦直前で、それも兵力分散の怖れとか、投機的作戦にもし失敗したときの顧慮などから、多くの反対があった。それだけにアメリカ側にとっても、意表をついた作戦だったといえる。奇襲が完全に成功したことのほかに軍艦と飛行機の戦力の差が、すでに圧倒的に開いていたことが、はからずもここで実証されたということも、戦果を大きくした原因であった。戦艦八隻を撃沈または大破、その他の艦艇一六隻にも損害を与え、地上の飛行機約三〇〇機を撃破し、日本側の損害はわずかに二八機にとどまったのは、航空魚雷および爆弾の威力が、どのような堅艦にたいしてももはや圧倒的であることのあらわれであった。これは翌々一二月一〇日、マレー沖でイギリス東洋艦隊の戦艦二隻を、海軍航空隊がたちまち撃沈したことでも立証された。

南方作戦が、予定以上に順調に進行したことにもそれなりの理由があった。ハワイ奇襲の成功、およびフィリピン、マレーにたいする航空撃滅戦が奇襲の利をおさめて成功したことによって、この地域の制空、制海権がはじめから完全に日本軍の手にあったことが大きな理由であった。このため日本軍の攻略作戦は、他に顧慮することなく必要なところへ必要な兵力を集中し、英、米、濠、蘭軍を順序だてて各個に撃破することができた。また相手の軍隊の素質が悪く、兵力装備ともに劣った植民地軍隊であり、これを本国から応急に増援する準備が、アメリカにもイギリスにもなかったことも、成功の条件であった。

勝利にひそむ敗因

だがこの初期作戦の成功は、日本の戦争指導にとって、大局からみれば、むしろマイナスの影響も大きかった。初期作戦が成功することは予想されたものであり、戦局の勝敗にかかわりのない一時的な勝利であったにもかかわらず、予想以上の順調な進行に、戦争の将来の深刻さにたいする配慮が戦争指導者たちになくなってしまった。そのため将来への見通しと準備が、きわめて楽観的になったのである。それは米英連合軍の戦力を過小評価し、その反攻の規模と時期をあまく考えたことにあらわれた。陸軍はこのため、南方作戦に使用した兵力を満州および内地に帰し、四二年春からのドイツ軍の対ソ攻勢に呼応して、対ソ開戦の機をうかがおうとした。この兵力還送計画は、実際にはごく一部しか実行されなかったが、連合軍の大規模な反攻を予想しなかったため、それにたいする防衛の準備もほとんど行われないというのが実情であった。

一方海軍は、緒戦の戦果がきわめて大きいと判断し、ひきつづき攻勢作戦を続行することを望み、ハワイ攻略あるいはオーストラリア攻略を主張したが、陸軍の反対にあい（林三郎『太平洋戦争陸戦概史』）、次善の陸海軍妥協案として、南太平洋のフィジー、サモア、ニューカレドニア諸島を攻略する米濠遮断作戦が採用された。これも連合軍の戦力の回復程度とその反攻の規模にたいする過小評価から出た、楽観的な計画であった。このため、はじめに決めた確保の要域はしだいに拡大し、南太平洋のソロモン群島にまで一部隊が進出し、ガダルカナル戦を招いたのであった。

緒戦の成功の軍事的原因の分析も不足していた。ハワイ、マレー沖の両海戦は、航空機が戦艦にたいしいかに強力であるかを、世界ではじめて日本海軍が立証した結果になった。もはや日本海海戦やジェットランド沖海戦のような、戦艦を中心とする大艦隊の主砲の撃ち合いによる海上決戦はおこらず、海上部隊の中心は、航空母艦を中心とする機動部隊に移ったことがそれで示された。アメリカ海軍は、空母を中心とする機動部隊をいち早く編成し、戦艦はその対空火力を利用して空母を護衛するか、あるいはその砲力で上陸戦闘を支援するのに用いるだけとなった。ところがこの戦訓を世界に示したはずの日本海軍は、いぜん大艦巨砲主義から抜け切れなかった。大和、武蔵を中心とする戦艦群が連合艦隊の中核であり、これをもっての海上決戦を作戦の中心にすえていた。機動部隊は副次的なものであり、その護衛艦は、連合艦隊主力にくらべてはるかに劣っていた。

マレーの攻略の成功は、台湾、南部仏印などにすすめた航空基地からまず航空撃滅戦を行って制空権を獲得し、その援護のもとに攻略作戦をすすめたからであり、インドネシアやビルマにたいしても、つぎつぎに占領地に航空基地を推進して、制空権下に作戦したものであった。すなわち地上作戦は、航空基地を推進し、その制圧範囲内に行うという結果になり、それが成功したのである。のちのアメリカ軍の反攻は、忠実にこの原則を守って行われた。ところが日本側は、陸海軍ともこの教訓を学ばなかった。基地航空の航続距離外であるガダルカナルやポートモレスビーをめざし陸軍部隊をつぎつぎに送りこんで、惨憺たる結果を招いたのはそのためであった。

したがって、初期作戦から学べることは、航空軍備がいまや軍事力の根幹になっているということであった。アメリカは、全生産能力をあげて、急速な航空軍備の充実につとめた。四三年には飛行機月産三〇〇〇を超えたのに、日本は同じころ月産わずか三〇〇に達したばかりであった。開戦後の一年余、飛行機生産拡充への努力は、ほとんど行われなかった。ニューギニア、ソロモン方面の危急から、ようやく飛行機生産に熱を入れ出したときはすでに手遅れであった。四三年に東条首相が、「誠に惜しいことをした。昭和一七年（四二年）には何もしなかった」（辻政信『ガダルカナル』）と述懐したというのも、こうした転換の遅さのあらわれであった。

硬直した艦隊決戦主義は、海上護衛の軽視にもあらわれていた。イギリスと同様な島国で、国力の保持がまったく海上交通にかかっている日本にとって、海上輸送路の確保は死活に関する問題であった。イギリス海軍は、その主任務を海上交通線の確保におき、第一次、第二次両大戦とも、ドイツ潜水艦とイギリスの護衛艦との、海上交通路をめぐる攻防が、海軍戦闘の主体であった。ところが日本海軍は、日本海海戦の夢を追う対米海上決戦一本槍で、商船の護衛には顧慮を払っていなかった。護衛に適した航続力の長い、対潜兵器を備えた駆逐艦はもちあわせず、駆逐艦は敵艦攻撃のため速力の早い魚雷発射管を備えたものと決めていた。南方資源地帯の占領が、はじめの戦争目的であったが、占領した地域の資源、石油やボーキサイトやゴムも、これを内地に運んでこなければならないのに、その輸送については、大きな配慮がなかった。アメリカ潜水艦の南支那海を中心とする活動で、船舶の損耗が重大な問題となり、海上護衛総司令部ができても、それには旧式の駆逐艦か海防艦がかき集められてあてられるだけで、連合艦隊の新式駆逐艦は一艦も護衛にはさかなかった。日本の戦争能力を失わせた最大の原因は海上交通の遮断であったが、それにたいする対策は、どの国の場合よりもおろそかだったのが実情であった。

こうして一時的な緒戦の優位は、たちまちその位置を逆転するところに追いつめられていく。

三　戦局の転換

珊瑚海の海戦

第一段の進攻作戦の成功後、前節で述べたように、陸軍の南方は守勢に転じ兵力を北方に還送しようとする案と、海軍のさらに進攻作戦をつづけようとする案との折衷策として、米濠遮断作戦が採用された。その初頭におこったのが珊瑚海の海戦であった。これは機動部隊と機動部隊が航空攻撃で戦う近代海戦のはじめであり、日米両海軍にとって、ほぼ対等の条件で戦ったはじめての遭遇戦であった。

一九四二年（昭和一七年）五月はじめ、日本軍はまずソロモン群島南部のツラギと、ニューギニア南岸のポートモレスビーを攻略しようとし、海軍は瑞鶴、翔鶴の二空母を中心とする機動部隊、空母祥鳳と重巡四隻を中心とする攻略部隊をすすめて作戦を開始した。五月三日、ツラギ攻略は成功したが、翌四日、同地は米軍艦載機の攻撃を受け、米軍機動部隊の近いことがわかった。そこで日本軍は、まずこの機動部隊をたたこうとし、モレスビー攻略の船団を一時後退させ、機動部隊を南下させた。五月七日、米軍機はまず攻略部隊の祥鳳をおそい、これを撃沈した。この日、日本機は米機動部隊を発見できなかった。五月八日、両軍はたがいに敵を認め、相互に艦載機の空襲を行ったが、日本側の戦力がややまさり、米空母レキシントンを撃沈、ヨークタウンと翔鶴はそれぞれ損害を受けた。日本側は追撃の機を失し、なお米機動部隊が存在したのでモレスビー攻略は中止された。結果において相討ちの形だが、戦略的には日本軍の敗北であった(1)。

この海戦は、ハワイ、マレー沖にひきつづいて、航空機が海上戦闘の決定的要素であることを示した。そして海上戦闘が、もはや戦艦の砲力によって決せられるのではなく、敵艦をまったく目撃できない遠距離で、空母と空母がその艦載機を飛ばしあって勝敗をつけるものとなったことを示した。打撃の大きさ、戦闘時間の短かさで徹底的な決戦が行われることも明らかになった。それとともに戦術的には、敵に先だって敵艦隊を発見することの価値の大きさ、偵察の重要性を明らかにしたものでもあった。しかしこの教訓を、日本海軍が十分に取り入れたとは思えない。その後わずか一カ月、ミッドウェー海戦は、これらの事実をまざまざと再び、しかも痛烈このうえない結果とともに示したのである。

ミッドウェー海戦

海軍のミッドウェー攻撃は、米艦隊にたいし決戦を強要するため計画されたものであった。一部をもって北方アリューシャン列島を攻撃して敵を牽制し、機動部隊をもってミッドウェーを空襲、そののちに攻略部隊を上陸させて、さらにこれにたいし出動してくる米艦隊に決戦をいどみ、海上戦闘の決をつけようとするものであった。このため連合艦隊の主力をあげての出動を行った。

その兵力は米艦隊にたいし圧倒的に優勢で、機動部隊は空母四、戦艦二、重巡二、軽巡一、駆逐一二、攻略部隊は空母一、戦艦二、重巡八、軽巡二、駆逐二〇、主力部隊は空母一、戦艦七、軽巡三、駆逐二一、その他大小艦艇をふくめ、空母六、戦艦一一を基幹とする大艦隊であった。事前に日本海軍の企図を察知して待ちうけた米艦隊は、空母三、重巡七、軽巡一、駆逐一七、潜水一九の小艦隊にすぎなかった。

戦闘はまず、日本機動部隊のミッドウェー空襲にはじまった。このとき日本軍は、まだ米機動部隊が待ちうけていることを知らなかった。ミッドウェー基地の米陸海軍機は、日本機動部隊を空襲したが、上空護衛の日本海軍零戦機が性能技能ともすぐれ、ほとんどの米軍機が撃墜された。ミッドウェーを空襲した日本機は、米軍が十分に準備をととのえ、飛行機を待避させていたのでほとんど効果をあげず、いったん帰還して第二次攻撃を準備した。このときようやく米機動部隊を発見し、対空母攻撃のため爆弾の積みかえ中に、米艦載機がおそってきた。雷撃機も、水平爆撃機も、ほとんど零戦機に撃墜されたが、最後に雲間から不意におそいかかった急降下爆撃機のため、赤城、加賀、蒼竜の空母はいずれも命中弾をうけ、これが艦上の爆弾、魚雷に誘爆をおこし、一瞬にして三艦とも戦力を失った。残った一隻の空母飛竜の艦載機は、米空母ヨークタウンに損害を与えたが、飛竜自身も間もなく戦力を失った。こうして機動部隊の最精鋭空母四隻が全滅するという惨憺たる結果となり、ミッドウェー攻略も中止されたのである(2)。

この敗戦は、艦上機の発進直前のわずか五分違いの不運だともいわれるが、じつはいつかはおこるべき失敗であった。アメリカ海軍が、真珠湾で戦艦の大部分を失ったという必然の結果もあるが、初期作戦の戦訓をとり入れ、海上の主力を空母におき、機動部隊を中心としていたのに、日本海軍は、いぜん戦艦中心の艦隊決戦主義から一歩も抜け出なかった。このときも機動部隊には前衛的任務を与え、大和以下の主隊を戦力の中心と考えていた。結局この主隊は、全然戦闘に参加せず、兵力分散の結果になったのだが、機動部隊が援護力の不足、通信指揮機能の不十分、偵察力の不足に悩んだのも、連合艦隊主力が遊兵となっていたことの結果が大きかった。

戦術的には偵察の軽視が決定的であった。米機動部隊は、珊瑚海海戦の結果にかんがみ、索敵に全能力をあげ、母艦搭載機の三分の一を偵察機としていた。日本の機動部隊は、わずか数機の水上機を偵察に出しただけで、その能力には数段の差があった。米軍が待ちかまえた予期戦、日本軍が不意をつかれた不期戦となったのは、当然のなりゆきであった。企図秘匿の不十分、情報の軽視、敵情にたいする希望的観測、暗号の漏洩といった日本軍失敗の諸原因も、過去の戦訓をくまず、緒戦の戦果におごった結果であった。編成や装備や戦術を、状況の変化、戦闘の教訓にしたがってすぐ変える柔軟性をもっている米軍と、保守的で固定的な日本軍との差があらわれたのであった。

ガダルカナルの戦い

ミッドウェーの敗戦によって、日本海軍は正規空母四隻と、多数の優秀搭乗員を失ったが、それでもまだこののちも空母の勢力は日米ほぼ互角であった。日米の戦力を決定的に転換させるきっかけになったのが、一九四二年八月から翌年二月に至る、ガダルカナル島の争奪戦であった。海軍の一部隊は、四二年五月以後、ソロモン群島南部のツラギとガダルカナル島を占領し、ここに飛行場の建設をはじめていた。この地域は、ラバウル基地の戦闘機の制空圏外にあり、基地の躍進としては遠きにすぎる一方、米濠連絡線にとっては脅威であり、そのままに見すごせない地点であった。

八月七日、海軍機動部隊に守られた米海兵師団が上陸し、ほとんど無抵抗に両島を占領した。そしてガダルカナルの飛行場をたちまち基地として使用しはじめた。これにたいし日本海軍は、ただちにラバウル基地から所在の艦隊を同島に突入させ、軍艦によるなぐりこみをかけた。大本営は同島の奪回を決め、陸軍を派遣することにした。こうしてまず一大隊を基幹とする一木支隊、ついで一連隊強の川口支隊、さらに第一七軍司令官のもとに第二師団、つづいて第三八師団と、つぎつぎに兵力を送りこんだが、その攻撃は失敗した。海軍はこの輸送と補給を援護しようとして、たびたびの艦隊による泊地突入をくわだて、戦艦二隻のほか多くの艦艇を失った。ソロモン海域の制空権はまったく米軍の手にあり、日本軍の輸送船はことごとく沈められ、駆逐艦による輸送も成功せず、最後には輸送補給に潜水艦を使ったが、それも効果があがらなかった。

補給のまったく絶えた同島の上陸部隊は、火器弾薬はおろか食糧がまったくなく、戦死者をはるかに上回る餓死者を出し、残った者も栄養失調とマラリアで戦闘力をなくした。四三年（昭和一八年）二月、ようやくこの島の放棄を決めて撤退したとき、半年間の消耗戦で、つぎつぎに投入された航空戦力の喪失をはじめとして、日米間の戦力差はもはや決定的になっていた。(3)

敗北の諸原因

この敗北にも、同じようないくつかの原因があった。第一に海戦と同じく、島嶼の争奪戦でも、航空勢力の優劣が決定的要素になっていることが、ここでも証明された。航空援護をともなわない軍艦の突入がいかに無暴であるかは、たびたびの戦闘で証明された。はるか遠いラバウル基地の日本軍と、ガダルカナル島内に基地をもち、そのうえ海軍機動部隊の援護をうける米軍との航空戦で、陸海軍航空隊ともいたずらに損害を重ねた。海軍は母艦搭載機まで陸上基地にあげてここに注ぎこみ、結局航空戦力のバランスを決定的にくずす消耗戦をくりかえしてしまったのである。航空援護のない地域に戦場をえらんで、結局ずるずると引きこまれた消耗戦がこの戦いであった。

第二に、日本の大本営が、米陸軍の戦力を過少評価し、日本陸軍の戦力を過大評価していたことが暴露された。大本営は、米軍の反攻開始は、早くとも四三年中期以降と予想していた。米軍の上陸がはじまったときも、これを本格的攻勢とはみず、偵察上陸の範囲を出ないものとしていた。そして大本営では「わづか五百名の精鋭部隊があればたやすくそこを奪還できる」と考えていた（『証言記録太平洋戦争史』I）。そして航空援護も補給も無視し、一度の失敗にこりず二度三度と兵力を注ぎ足し、結局ずるずると消耗を重ねてしまったのである。日本陸軍の肉弾突撃も、米軍の準備された火力の前にはまったく無力であった。同島に上陸した部隊は、途中の水没や輸送の困難から、ほとんど火砲をもたず、弾薬も乏しく、めくら滅法に米軍火線の中に飛びこんでいったのであった。

第三に、日本軍の戦術思想の硬直性、その結果として地域固守主義、退却の否定が大きな失敗の原因となった。ガダルカナル島は戦略上、日本がその転用可能な全戦力を注ぎこんで争わねばならないほどの重要性をもっていたものでなく、作戦計画による確保要域のはるか圏外にあった。この島の争奪につぎつぎに不十分な戦力を投入し、いたずらに多数の飛行機、艦艇、兵員を失ったのは、ただ軍部が、国民にたいする面子と、軍隊の士気への影響とを重視したからであった。このような非合理性と、国民にたいする不信、士気にたいする自信のなさこそ、日本の軍隊のもつ根本的な矛盾であることは、すでにたびたび述べたところである。

第四に、陸海軍の対立と不信があった。すべての占領地域は紛争を避けるため陸海軍に分割され、それぞれはあたかもおのおのの固有の勢力範囲の観を呈していた。海軍の担任とされていたこの島には、戦闘開始のとき陸軍の一兵も存在していなかった。陸海軍は相手方に真実を知らせることすら警戒し、戦線でも後方でも、あらゆる場面で争い、総合戦力の発揮ができなかった。軍部がことごとに、あたかも異なる国の連合軍の場合のような用語で、連合作戦の緊密さを強調しなければならなかったのもそれをあらわしている。こうした極端なセクト主義は、全戦局を通じて示された。

絶対国防圏の設定

ガダルカナルの半年間の戦いは、海軍力、航空戦力を決定的に消耗させた。もはや米海軍との決戦が生じたとしても、日本海軍に勝算はほとんどなくなった。以後米軍の進攻は、所望の時期に所望の地点に攻勢をとりうることになり、日本軍はどこでもただ全般の戦局に関係のない消耗戦をくりかえすばかりとなった。ソロモン群島ぞいに、またニューギニア北岸ぞいに、米軍は一歩一歩基地をすすめた。所在の日本軍は、いずれも悲惨な戦闘ののち抵抗力を失った。四四年はじめまでに、この方面の戦闘は大体終わり、ラバウル要塞が孤立してとり残される結果となった。かくて三〇万の陸軍と海軍、および航空兵力の主力をあげて日本軍が確保しようとしながら、つねに米軍の攻勢に追随し、戦備不十分な離島の失陥を惜しんで大兵力を注ぎ込んだこの作戦で、日本軍は一三万の生命と、艦艇七〇隻二一万トンを失い、参加陸海軍飛行機八〇〇〇機を全滅させたのである。

四三年（昭和一八年）九月、イタリアが降伏し、枢軸陣営の一角が崩壊したことは、戦争の将来をヨーロッパ戦局への期待にかけていた日本の指導者たちに大きな衝撃を与えた。太平洋戦線でも、陸海空戦力の損失、船舶、資材の減耗は甚大なものとなり、いやおうなしに戦略の転換を迫られてきた。緒戦の戦果を確保拡充して、長期不敗の態勢をとるという開戦以来の日本の戦争指導方針は、ここではじめて根本的転換を迫られた。

九月三〇日、大本営、政府は、御前会議において「今後採るべき戦争指導大綱」およびそれにともなう緊急措置を決定した。新たな戦略方針は、千島、小笠原、内南洋（中・西部）、西部ニューギニア、スンダ、ビルマを含む圏内を絶対国防圏とし、従来の確保要域を縮小して間合をとり、この間に航空兵力を中心とする戦力の充実に全力を傾けようとするものであった。

しかし、この方針転換は、あまりにも遅すぎた。ガダルカナル戦開始以来すでに一年余、この間南西太平洋方面で失った日本の戦力は、あまりにも大きく、決定的であった。間合をとろうとして後退した、いわゆる絶対国防圏の一角、西部ニューギニアにも内南洋にも、すでに米軍のほこ先は迫っていた。大艦巨砲主義による制海権争奪の時代錯誤をさとり、航空機中心の大増強計画をたてはしたものの、彼我航空兵力の懸隔はあまりにも大きくなっており、国内生産力はすでに麻痺していた。あらゆる点でこの戦略は、一年以上の手遅れとなっていた。これ以後は、中部太平洋の島づたいと、ニューギニア北岸からフィリピン方面へ、飛び石づたいに基地をすすめる米軍の作戦に、ただ追随するだけとなった。四三年（昭和一八年）一一月、マキン、タラワ両島、四四年（昭和一九年）二月、クェゼリン、ルオット両島が米軍の上陸を受け守備隊が玉砕したのにつづき、二月、トラック島、三月、パラオ島が機動部隊の攻撃をうけ、もはやこれにたいしなんの抵抗も行えなかった。戦争の将来は絶望的であった。

（1）（2）珊瑚海海戦、ミッドウェー海戦については多くの記述がある。モリソン、中野五郎訳『太平洋の旭日』上下、淵田美津雄、奥宮正武『ミッドウェー』がとくにくわしく、海軍の作戦構想については、福留繁『海軍の反省』、『実録太平洋戦争II』所収の源田実、三代一就の各記録がある。

（3）ガダルカナル戦については、服部卓四郎『大東亜戦争全史』のほか、辻政信『ガダルカナル』、川口清健「真書ガダルカナル戦」（『別冊文芸春秋』）、五味川純平『ガダルカナル』（文芸春秋社）などがある。

四　戦線の崩壊

マリアナの攻防戦

一九四四年（昭和一九年）六月、マリアナ諸島の攻防戦は、戦略的に日本の敗戦を最後的に決定した。大本営では、同年三、四月ごろから米軍のつぎの攻勢をこの方面に予想し、戦局挽回の最後の手段としてここで海空軍による決戦をいどもうとし、これをア号作戦として準備をすすめていた。陸軍は満州から転用した精鋭師団をこの方面の島嶼防御にあて、第三一軍を編成した。海軍は基地航空兵力の主力である第一航空艦隊、第一四航空艦隊をこの方面に集中するとともに、連合艦隊の主力をもって出動、米機動部隊との決戦を計画していた。

六月一一日以来、米軍はマリアナ諸島にたいし空襲と艦砲射撃をくりかえし、六月一五日よりサイパン島にたいし三個師団をもって上陸を開始した。連合艦隊の中心であった第一機動艦隊（空母三、改装空母六、戦艦五その他）は、六月一三日、北ボルネオの泊地を出発、マリアナ海域にすすみ、六月一九日、米機動部隊との間にマリアナ海戦がおこった。

海戦の経過は、ミッドウェーの場合とは逆にはじまった。一九日朝、さきに米機動部隊を発見した日本艦隊は、攻撃隊の全力を敵に先だって発進させたのである。ところが二〇〇機を超すこの攻撃隊は、技量未熟、飛行機の性能も悪く、上空直衛の米戦闘機のためほとんど撃墜されて、なんの戦果もあげなかった。逆に攻撃隊発進後空母の主力である大鳳と翔鶴とが米潜水艦に攻撃されて沈没した。さらに同日午後になると、米軍機の来襲を受け、残った戦闘機もほとんど全滅し、瑞鶴、飛鷹、隼鷹などの空母も沈没または大破し、完全な惨敗をもって海戦を終わったのである。

この敗戦は、軍事的には日本に最後のとどめをさすものであった。陸軍はそれまでの離島戦の失敗は、準備不足、兵力寡少の部隊で、補給輸送の困難な地点で戦われたためだと信じ、火力装備も一応整った精鋭師団の準備した陣地による反撃に期待をかけていた。ところがマリアナの守備隊は、空襲と艦砲射撃で米軍上陸前すでに大打撃をうけ、上陸にさいしても米軍の上陸速度の異常な速さ、火力の圧倒的優越のため、水ぎわの反撃も陣地での抵抗も思うにまかせず、玉砕の惨を招いたのであった。一方海軍は、再建した基地航空隊の主力を群島一帯一四の飛行場に配置していたが、二月中旬の米機動部隊の空襲で戦わずして大打撃をうけ、さらに上陸前の米軍のビアク島上陸に幻惑されて兵力を移したところ、技量未熟で事故続出、そのうえ搭乗員の大半がマラリアにかかるなど、上陸作戦開始前すでに勢力の大半を消耗していた。一方機動部隊の艦載機は、着艦ができないほどの技量未熟で、米軍に先だって発進しながら敵を発見できず水没したり、せっかく米艦を発見してもその直衛機のためバタバタ落とされるのみ、さらに帰艦できないのでグアム島などの基地に着陸する計画であったが、その上空に待ち伏せた米機のため全滅するというありさまであった。飛行機の性能も乗員の素質も、ハワイやミッドウェーのときとちがって、米軍とは問題にならないくらい低下していたのである。

この作戦は、はじめから連合艦隊の最後の玉砕戦であった（福留繁『海軍の反省』）。この敗戦によって、航空母艦と海軍航空兵力がほとんど全滅した。陸軍は準備した陸上戦闘でも、米軍の火力の前に無力であることが明らかになった。マリアナ基地は日本本土を空襲圏内においていた。もはやどの点からみても、戦勢を挽回する方法はなくなった。

戦争経済の崩壊

このころ国内の戦争経済も完全に麻痺状態におちいっていた。戦争経済の動脈である海上交通が、米潜水艦の活動で、完全に停止状態におちいっていたことが、もっとも大きな影響を与えた。開戦決定前の大本営の船舶喪失の推定は、開戦第一年度が年間八〇万ないし一〇〇万総トン、第二年度以降は六〇万ないし八〇万総トン、これにたいし造船能力は、第一年四五万トン、第二年六〇万トン、第三年八〇万トンで、船舶保有量は減らないという計算が立てられていたのである。ところが四四年に入ると、巻末第一〇表のように一月、二月だけで八〇万トンを超える被害を出した。もはや海上交通の確保は完全に不可能になり、国内経済にも深刻な影響を与えた。この面からも、戦争の遂行は不可能になっていたのである。

マリアナの攻防戦が、玉砕覚悟の最後の決戦でありながら、それに決定的敗北を喫したのちも、戦争終結についての顧慮がはらわれなかったことは意外というほかはない。その後の戦局は、連合軍の攻勢にただ追随して、デスペレートな抗戦をつづけるだけで、いたずらに多くの生命を犠牲にしたものといってよい。

インパール作戦

太平洋以外の戦線においても、軍隊の素質の低下、航空兵力の劣勢、火力装備の劣勢、補給の困難、指揮の混乱といった末期的な様相が露呈しはじめた。ビルマでも中国でもそれは例外でなかった。その典型的な例が、ビルマにおける四四年のインパール作戦であった。

インド領内の一角インパールへ進攻しようとする計画には、戦略的必要よりは、多分に政略的な要求がふくまれていた。四四年に入ると、北ビルマでは米式装備の中国軍および英印軍の反攻がしだいにはげしくなっていた。この時期に、インド、ビルマ国境のアラカン山系をこえて、インド領内のインパールに進攻しようとするのは、彼我の戦力、戦場の地形を無視した無謀な作戦であった。四四年三月、三個師団よりなる第一五軍が行動をおこし、四月中旬には、一応インパールを包囲する態勢ができた。ところが日本軍は補給が完全に途絶し、一方増強された英印軍の反撃がはげしく、六月ごろには弾薬、糧食の欠乏は決定的となり、戦線はくずれはじめた。七月、ついに作戦を中止したが、退却は困難をきわめ、五万の人命を失い、各師団はいずれも戦力を完全に失って潰走した。

この作戦の失敗は、先にあげたように彼我の戦力についての決定的な判断の誤りがあった。英印軍の火力の優越、制空権の完全な喪失といった事態を無視した攻勢が、失敗することは当然であった。きびしい山系を越えるため、日本軍は火砲をほとんど携行できず、弾薬も少量、対戦車兵器もなかった。それで空中援護をうけ、戦車、重砲をもった敵と戦おうとするのは無理であった。また補給をまったく無視した作戦でもあった。各人が持てるだけの食糧を持って前進し、それ以後は野草を食うというのでは、餓死者が出てもあたりまえであった。補給輸送の無視がいかに悲惨な結末になるかを、完膚なきまでに示したのがこの作戦であった。さらに、インパール包囲の失敗が明らかになっても、日本軍は適時に戦線を整理する方法を講じなかった。それどころか、軍司令官牟田口廉也中将は、戦線の実情を訴える三人の師団長全員を罷免して督戦をつづけた。このため、いたずらに傷口を大きくし、完全な壊滅をもって作戦を終わったのである。戦力の実体を直視せず、退却を忌避し、いったんたてた計画を状況の変化に応じて変更するという柔軟性を欠いて、結局破局的な状態にみずからおちいるという、硬直した作戦指導がここでもあらわれたのである。

インパール作戦の失敗は、ビルマ戦線崩壊の原因になった。英印軍機械化兵団の突進にたいし、抵抗力を失った日本軍の戦線は後退をつづける一方で、四五年三月マンダレーを、五月にはラングーンを失い、ビルマを放棄する結果になった。

中国戦線の様相

中国の戦線でも状況は似かよっていた。太平洋や南方の苦戦がつづいているとき、いぜん日本陸軍の主力は中国戦線に釘付けとなっていた。四三年終わりごろから、中国にある日本軍は、二五個師団、一一個独立旅団、戦車一個師団であって、総兵力一〇〇万に達し、どの戦線よりも大兵力であったが、それは占領地の点と線の確保のため分散配置をしいて奔命につかれ、軍紀の退廃と訓練の不足になやみ、作戦能力をしだいに失いつつあった。

四一年から四二年にかけて、日本軍は八路軍にたいする大規模な討伐をくりかえしながら、それとともに大兵力をもっての重慶進攻作戦の準備をすすめていたが、四二年一二月に至り、重慶作戦準備を中止せざるをえなくなった。というのは、ガダルカナルの敗退が明らかとなり、この方面の急に備えねばならなくなったこと、スターリングラード戦におけるソ連の勝利によって、関東軍をいぜん充実させておく必要を感じたこと、などにもよるが、ひとつには、重慶政府にたいする戦略的打撃よりも、中共軍にたいする掃蕩と治安工作にもっと力をいれねばならなくなったからであった。

中共軍の遊撃戦になやまされ、分散配置をしき、討伐をくりかえしても、治安確保がはかばかしく進まないのに業をにやした日本軍は、いくたの残虐行為をくりかえした。中共軍の動静をさぐるために、遊撃地域の民衆を片っぱしからとらえて拷問にかけた。遊撃戦で損害を受けたり、道路や電線をこわされると、その付近の民家を焼き住民を殺した。いずれの理由もなく民衆をなぐったり殺したりし、また婦人への暴行もあとをたたなかった。四二年秋、河北省灤県北方の村で、三人の兵士が遊撃隊に殺されたのを理由に、日本軍は全村民をとらえ、家もろとも焼き殺したり、生き埋めにしたりして、女子供まで一人残らず虐殺した。こうした例があまりくりかえされるので、四三年には、北支方面軍司令官岡村寧次大将が、「焼くな、殺すな、犯すな」という三光政策とは反対の標語を部下部隊に示したが、それはとりもなおさず、こうしたことが日常的に行われていることを告白したものにほかならなかった。

こうした行為は、かつて一九一八年から二二年にかけてのシベリア出兵における暴行、またこの当時のナチス軍隊の占領地民衆にたいする暴行などと同じく、民族独立のために闘う民衆の抵抗に直面したさいの帝国主義軍隊につきものの蛮行であった。しかしそれは、日本人の民族性が、野蛮だとか残虐だとかいうことになるのではないことは明らかである。すでに述べた軍隊社会の非人間性が、長期の望みのない戦争と、その中での個人的希望の喪失という条件のもとで組織的な残虐行為に発展したものだといってよい。

軍隊自体の崩壊の現象もあらわれ、上官にたいする反抗を行ったり、前線から中共軍へ向かって逃亡したり、戦闘のさい、わざと捕虜になる兵士もでてきた。帰国の望みのない絶望感から、飲酒や賭博にふける者が増え、腐敗した幹部にたいする不満が兵士の間にひろまった。四三年には、山東省の館陶県守備隊で兵士が暴動をおこし、中隊長以下が逃亡するという事件がおこったのは、その極端な例であった（歴史学研究会『太平洋戦争史』Ⅳ）。これに近い集団的な上官への反抗や、将校を殺害する事件が各地で発生していた。厳正を誇った日本軍の軍紀も、中国の戦線では通用しなかった。軍紀の振粛は支那派遣軍の最大の関心となり、そのための検閲やきびしい処罰が行われたが、なんの効果もなかった。

四四年後半から四五年にかけて、京漢、湘桂、粤漢の各鉄道を打通し、米軍機の基地桂林、柳州などを占領しようとする大陸打通作戦が、支那派遣軍の主力をあげて行われた。一時この作戦は、計画した線にまで進出できたが、これも補給とその後の確保とを無視した作戦で、南方との陸上交通路の開設も、米軍航空基地の覆滅も、どちらも効果をあげなかった。四五年春からは、支那派遣軍は米軍の上陸とソ連の参戦に備え、海岸に向かって戦線の収縮をはかり、移動中に敗戦を迎えたのであるが、すでにこの時期、全戦線の破綻がはじまっていたのである。

レイテ、硫黄島、沖縄の戦

マリアナの失陥は、大本営の戦争計画の骨格であった絶対国防圏の破綻を意味したから、新しい作戦方針の策定が必要となった。七月二八日、大本営陸海軍部は、「陸海軍爾後ノ作戦指導大綱」を決定し、次の決戦を本土、南西諸島、台湾、フィリピン方面に予定し、米軍がこの方面に来攻したときの「捷号作戦」を計画した。捷一号はフィリピン、捷二号は南西諸島と台湾、捷三号は本土、捷四号は千島および北海道での作戦として、最後の決戦を行う準備を整えた。しかし本土と南方との交通は米潜水艦の活動によって杜絶状態となり、航空戦備をはじめとする戦備の充実はほとんどすすまなかった。

米軍の反攻の速度は、捷号作戦の準備の進行よりもはるかに早かった。米機動部隊は、四四年一〇月一〇日、沖縄を空襲し、所在の航空機、艦船は大打撃を受け、那覇市街は灰燼に帰した。一三日にはさらに台湾が空襲された。この米機動部隊にたいし、海軍は基地航空部隊の全力で反撃し、一二日から一五日にかけて、米空母一〇隻、戦艦二隻を撃沈したという大本営発表を行い、これを台湾沖航空戦と名づけた。しかし実際は米軍に沈没艦はなく、まったくの誇大戦果であった。

日本側が架空の台湾沖航空戦の戦果に酔っているとき、米機動部隊は南下してフィリピンに向かい、一〇月一七日、レイテ島への上陸作戦を開始した。これにたいし大本営は一八日に捷一号作戦を発動し、陸海軍あげての決戦を計画した。陸軍はフィリピンへの米軍進攻に備え、山下奉文中将の指揮する第一四方面軍を配備していた。方面軍は、主力の展開しているルソン島での決戦を計画していたが、大本営や南方軍は、台湾沖航空戦の戦果を過信してレイテ島への兵力集中を指導した。このため方面軍の主力部隊は急拠レイテ島に送られたが、途中で輸送船を沈められて兵力を失ってしまった。海軍は連合艦隊の主力による決戦を計画した。搭載する航空機のない航空母艦を集めた小沢治三郎中将の機動部隊は、米機動部隊を北方に誘致する囮りの役を演じ、栗田健男中将の遊撃部隊が戦艦、巡洋艦をもってレイテ島に突入するという作戦をたてた。しかし一〇月二三日、二四日のレイテ沖海戦で、小沢部隊は囮りの任務を果したが、航空母艦全部を失い、栗田部隊は戦艦武蔵などを失ってレイテ突入を果せずに後退した。結局連合艦隊はその大部分を失って、もはや海上勢力としても戦力をなくしてしまった。

このレイテ作戦にあたって、日本軍は特攻隊をくり出した。劣勢な航空兵力でなんとか戦勢を挽回しようという苦肉の策であったが、人間が飛行機もろとも敵艦に体当りするこの戦法は、非人間的な自殺攻撃であり、日本軍の人命無視の極限におけるあらわれであった。

レイテ島につづいて米軍は四五年一月九日、ルソン島に上陸し、二月三日、マニラを占領して、第一四方面軍の主力はルソン島北部山岳地帯の複郭陣地に立てこもったが、戦闘によるほか食糧難のために餓死者を出し、兵力を消耗した。戦後の厚生省の調査によると、フィリピンの陸海軍の参加兵力は六三万人で、戦没者は八月一五日以降の死者をふくめて四九万八六〇〇人に達している（『戦史叢書・捷号陸軍作戦(2)』）。

四五年二月一六日、米軍は東京の南方一二〇〇キロの小笠原諸島の南の硫黄島に上陸作戦を開始した。植物も水もない火山灰の孤島に立てこもった二万六〇〇〇人の日本軍守備隊は、一カ月の激戦ののち玉砕した。ここにおいて日本列島は、マリアナ諸島からの長距離爆撃機B二九に加えて、硫黄島からの戦闘機の航続圏内に入ることになった。

硫黄島につづいて、米機動部隊は四五年三月下旬、九州の飛行場や呉軍港を襲い、三月二六日に慶良間列島、四月一日に沖縄本島に上陸した。沖縄本島を防衛する第三二軍は、三個師団半の兵力の中、一個師団を四五年はじめ台湾に抽出された。大本営は本土決戦準備を優先してその補充をせず、第三二軍は本土防衛の時間かせぎのために孤立して戦うことになった。軍は持久策をとったが、県民の保護を配慮せず、三カ月の激戦ののち、県民から召集した義勇隊をふくむ一〇万弱の守備軍はほぼ全滅した。この間敵前に遺棄されたり、軍に隠れ場所や食糧を奪われたりして、二〇万の県民が戦火の犠牲になった。敵の手に落ちることを絶対に認めない天皇制イデオロギーの戦争観が、この悲劇の原因であった。沖縄戦は、軍隊が国民を守るものではなく、国土の戦場化は国民にとっていかに悲惨な結果をもたらすかを示すものとなった。

本土空襲

マリアナ諸島を占領すると、米軍は早速ここにB二九を展開し、四四年九月二四日にはじめて日本本土を空襲した。はじめは飛行機工場など軍事施設を目標にしていたが、あまり効果がないので四五年三月からは都市にたいする大規模な無差別焼夷攻撃に切りかえた。このため都市の空襲被害は激増し、一般国民の犠牲者も増えた。米軍は、一般国民の被害が大きくなれば、国民の士気に影響し、戦争終結を早めることができるだろうと期待したのである。しかし日本の戦争指導者の関心は、国民の犠牲についてはまったくなかった。その関心があれば戦争をはじめなかったであろう。最大の関心は国体の護持すなわち天皇制の維持であり、そのための確証がない限り、どんなに国民の被害が増えようと戦争を止めることはありえなかったのである。

三月九日夜から一〇日にかけてのB二九、約一五〇機の東京空襲によって、江東地区一帯が潰滅し、約一〇万人が焼死した。ついで名古屋、大阪、神戸、横浜等の大都市が焼き払われた。大都市を焼き尽くした米軍は、五月以降中小都市に目標を移し、数日おきに三、四都市ずつ焼きつくした。敗戦直後の八月二三日、内務省防空総本部が発表した数字では、一〇〇人以上の死傷者を出した都市は全国で九四（東京は、旧東京市、立川、八王子の三都市として計算）に及び、家屋の全半焼二三〇万戸、死者二六万人、負傷者四二万人、罹災者九二〇万人（死傷者を含まず）となっている（経済安定本部『我が国経済の戦争被害』）。この数字は過少で、実際はもっと多いと思われるが、国民生活にあたえた被害は甚大であった。しかしこの被害の大部分が、戦局がまったく絶望的となり、日本の抗戦がまったく無意味であった四五年三月以降に生じたものであることに注意しなければならないであろう。

本土決戦と一億玉砕

レイテ決戦に失敗し、フィリピンの喪失も予想されるようになった一九四五年一月、大本営は

「帝国陸海軍作戦計画大綱」を決定した。これは米軍の本土来攻を予想し、「皇土特に帝国本土」（北海道、本州、四国、九州の四島で沖縄を除く）の維持を作戦目的とし、本土の軍備を根本的に刷新しようとするものであった。このため陸軍は、一月に内地および朝鮮に六個の方面軍を編成し、二月から五月にかけて、第一次から第三次の兵備で本土に四五個師団を新設した。このためには国内での根こそぎ動員が必要で、四五年八月までに本土に陸軍二四〇万、海軍一三〇万、合せて三七〇万の大軍を編成した。しかしこの急編成の部隊は、第二国民兵役まで召集した素質不良、訓練不足の兵員からなり、装備も貧弱で、個人用の小銃や銃剣さえ行きわたらないありさまであった。

沖縄の敗北が明らかになった四五年六月八日、御前会議で「国体護持」と「皇土保衛」のため「速かに皇土戦場態勢を強化」することを内容とする「今後採るべき戦争指導の基本大綱」が決定された。それにつづく臨時議会で「国民義勇兵役法」と「戦時緊急措置法」が成立し、直ちに公布施行された。

「国民義勇兵役法」は、一五歳から六〇歳までの男子、一七歳から四〇歳までの女子を義勇兵役に服させるという国民総兵役の法であり、「戦時緊急措置法」は「国家の危急を克服するため緊急の必要ある時」には政府の他の法令の規定に拘らず必要な命令を発し、処分できるという全権委任法であった。これに先立ち五月ごろから国民義勇隊の編成がすすんでおり、大政翼賛会をはじめあらゆる団体を解散して全国民を国民義勇隊に編成して、戦争に協力させる体制をつくろうとしていた。「義勇兵役法」の施行により、さらに国民義勇戦闘隊をつくり、軍令による「国民義勇戦闘隊統率令」でこれを規制して軍の統率下におくことにした。戦うことのできる全国民を軍の指揮下において、「一億玉砕」の本土決戦に備えたのである。

米軍は、日本を降伏に導くには本土上陸作戦が必要であるとしてその準備をすすめていた。四五年八月ごろの本土上陸作戦計画は、四五年一一月一日に第六軍の一四個師団をもって南九州に上陸（オリンピック作戦）し、さらに四六年三月一日に第八、第一〇軍をもって相模湾と九十九里浜に上陸、第一軍を予備とし、関東平野を制圧（コロネット作戦）しようとするものであった。大本営はほぼ正確にこれを予想し、関東と九州に防衛の重点をおいて作戦準備をすすめていた。

本土決戦で問題となるのは、国民義勇戦闘隊として軍とともに戦う以外の住民、とくに老幼婦女子病弱者等の処置であった。しかしこれを避難させようにもその場所がなかった。九州の第一六方面軍の稲田参謀長の回想によると、「二十年五月ころまでは、戦場の住民は霧島—五家庄（八代東方三〇キロの山中）地域に事前に疎開するよう計画されていたが、（軍の指示で各県が計画）、施設、糧食、輸送等を検討すると全く実行不可能であって、六月に全面的に疎開計画を廃止し、最後まで軍隊と共に戦場にとどまり、弾丸が飛んでくれば一時戦場内で退避することにした。なおこの住民の退避行動は、各師団ごとに決定することにし、また健康なものは男女共（病人を除く）国民義勇戦闘隊となって戦うことにした」（『戦史叢書・本土決戦準備(2)九州の防衛』）という。

これはまさに国民を戦火にまきこみ、その犠牲を顧りみない発想で、住民を巻きぞえにした沖縄戦をいっそう大規模に再現しようとするものであった。すでにこのとき、戦争は国民を守るためのものではなく、「国体護持」のみを目的としていたのである。しかし一方では、天皇、大本営、政府中枢機関が、長野県松代の地下洞窟に疎開する準備がひそかにすすめられていた。現在も天皇皇后の御座所跡と称する施設が残っており、東京大学地震研究所がその施設を利用しているが、本土決戦はまさに「一億玉砕」をもって「国体護持」をはかろうとしたものに他ならなかったのである。

五　敗戦の軍事的原因

戦争指導の分裂

第二次大戦における日本の敗戦は、世界を敵とし、圧倒的な生産力の差を無視した戦争そのものの必然の結果であった。だがそれだけにとどまらず、個々の敗因を分析すれば、それは日本の軍隊ないし軍事組織のもつ諸条件が、そのままあらわれて、この戦争を開始した原因にもなり、また敗因にもつらなっていることが明らかである。いわば日本社会および軍隊の、本来的な性格と矛盾とが、この戦争に集中的にあらわれたものといってもよい。そのおもなものを列挙すれば以下のとおりである。

第一に、戦争指導に統一性も一貫性もなかった。というよりは、戦争をはじめること自体、統一した国家意志があり、目的と計画があったわけでないことはすでに述べたところである。中国との戦争にしても、あるいは米英との戦争にしても、戦争目的や戦争計画がはっきりしていたわけでなく、そのときどきの戦争指導も、ただ情勢に追随していたばかりであった。

それは、天皇制支配機構の特質と矛盾とが、はしなくもここに集中的にあらわれた結果であった。天皇制官僚機構が膨大化し組織化するにしたがって、いっさいの権力が名目的には天皇に集中するという形式が固定化した。そのことは、政治家も軍部の指導者もすべて官僚化し、いっさいの責任をのがれるという、「膨大な無責任の体系」(丸山真男『軍国主義者の精神構造』)が育っていたことでもあった。

戦争にたいし自信をもてなかった海軍の首脳部が、開戦前夜に、戦争に反対だと断言できず、和戦の決定は首相一任という以外発言しなかったという周知の事実も、こうした責任のがれのもっとも顕著な一例である。海軍が戦争に反対だといえなかった理由は、「海軍は長年大きな予算を貰って、機会あるごとに『海の護りは鉄壁だ。西部太平洋の防守は引受けた』と言っている手前、今となって俄かに自信がないなどとはどうしても言えない」(豊田副武『最後の帝国海軍』)と伝えられているが、およそ国家の運命をかけた戦争の決定が、こうした海軍の面子という問題におきかえられていたという事実に、天皇制官僚機構の特質がもっともよくあらわれていたといってよい。

こうした官僚化の傾向は、一方でははげしいセクショナリズムを生んでいる。第二次大戦前から、とくに戦争中にははげしくなったものに、機構内の分派対立がある。戦争指導の最大のガンとなったものは、統帥と国務との対立であり、陸軍と海軍の対立であった。こうした対立は、それぞれが天皇に直属し、これを調停し統一するものは天皇であるという機構上の所産であり、じつはそれを統一する保障がどこにもないという現実の不可避の所産でもあった。陸海軍内部でさえ、天皇に直属する軍令機構と軍政機構とはことごとにはげしく対立した。この対立相剋が、いかに戦争指導の一貫性を害し、それを混乱させたかは、枚挙にいとまないくらいの例証がある。

非合理な精神主義

第二に、戦争指導の全般を通じ、また陸海軍の戦略戦術のすべての局面を通じて、合理性と計画性を欠如した精神主義が濃かったという事実も、開戦の、かつまた敗戦の、大きな原因であった。物量よりも精神力を重視し、火力よりも白兵を重しとする態度は、日本軍に一貫した方針でもあった。その攻勢作戦も、準備し計算した総合力のうえに立った正攻法をとるのではなく、つねに敵の意表に出る奇襲作戦を根本としていた。それは偶然性に依存した賭博的な作戦であって、合理性をまったく無視したものであり、たまたま成功することがあっても、大局的にみればより緻密な計画された作戦に劣るものである。

それは日本軍隊に根強く残り、むしろしだいに拡大再生産された封建的性格がもたらしたものであった。軍事はもっとも技術的なものであり、近代的合理的思考を要するものでありながら、反対に軍隊というものは、その本質と性格において保守的なものである。日本軍隊の場合、その封建性と保守性はきわだっていた。それは日本軍隊の階級的、社会的基礎が前近代的なものに依存しているという事実からも、またその存在そのものが絶対主義天皇制とはなれがたく結合しているという性格からも必然となっていた。

開戦そのものが、彼我の生産力、軍事力の合理的な判断に立ったものでなく、戦争の終末についても希望的偶然的な要素に依存していたことはすでに述べた。それは計算された戦争ではなく、「眼をつぶって清水の舞台から飛び降りる」という、まったくの自暴自棄的な戦争突入であった。戦局の終始を通じ、合理的な作戦計画をたてず、つねに「天佑神助」をあてにする精神主義が幅をきかしていたことが、悲劇を大きくしたのであった。

第三に、以上のような性格のもたらす結果として、その戦略戦術ははなはだしい硬直性があった。軍艦にたいする飛行機の優越、作戦に先だつ航空基地推進の必要、白兵にたいする火力の優位、補給の決定的重要さといった、日本軍自身がつくり出しかつ経験した教訓を、ただちに取り容れて戦略戦術を転換するという柔軟性を欠いていた。日本海海戦時代の大艦巨砲主義、日露戦争の白兵突撃を、兵器の質的変化がおこった第二次大戦の時代に、いぜん金科玉条としていたことに、その硬直性があらわれている。

このことは、日本において軍事思想の自由な発展が妨げられていたということの結果でもあった。天皇制官僚機構の特色として、部外からも下部からも、自由な批判を許さない秘密主義とセクショナリズムがあった。国民にたいする信頼のない支配者の態度は、いっさいの批判的な言論や思想の存在を許せなかった。天皇の行う統帥事項には、いっさいに超越する権威と神格とが付与されていた。それにたいするいささかの批判も評論も認められなかった。そこに軍事思想の発展を妨げ、その硬直性をもたらす原因があったのである。

第四に、これも同じ原因によって、敵情の軽視、情勢判断のあまさがつきまとった。合理的な作戦は、合理的な敵情判断のうえに立つものであり、情報収集の重要性が大きいのだが、すべてを自分に都合よく楽観的に判断し、希望的観測のうえに作戦を立てるという非合理性が、最後まで抜けなかった。個々の作戦の場合も、情報収集、偵察の不足がつねにあらわれていた。

軍事技術の遅れ

第五に、決定的な要因として、軍事技術のはなはだしい立ち遅れがあった。兵器や艦船の生産は、国内のすべての部門に優先して技術者も資材も予算も注ぎ込まれていたから、個々の部門では一時世界的水準に達したこともあったが、軍事技術をささえる一般の科学技術の水準の低さは、どうにもならぬくらい決定的なものとなった。

対米開戦のはじめ、海軍の零式戦闘機の威力はめざましいものがあった。ハワイにおいても、フィリピンにおいても、またミッドウェーでも、空中戦における日本軍の優位は絶対であった。それはこの飛行機の運動性能のよさもさることながら、搭乗員の操法が熟練していたからでもあった。ところが開戦半年後ごろから、熟練した搭乗員を消耗したこと、アメリカは乗員の訓練につとめたこと、日本の飛行機は技術的発展が行われなかったのに、アメリカはつぎつぎに改善を加え、性能において問題にならないくらい日本機を圧倒する飛行機を生産していった。四三年に入っては、もはや空中戦での米軍機の優位は動かすことができなくなった。

魚雷の性能も、開戦当初は日本軍のものがまさっていた。ハワイにおいてもマレー沖においても、日本海軍の航空魚雷の威力はめざましい効果をあげたのに、当初の米潜水艦は、せっかく日本商船を攻撃しても、魚雷が不発だったり、途中で自爆したり、船底をくぐり抜けたりするというありさまだった（大井篤『海上護衛戦』）。ところが、たちまち米軍魚雷には技術的改良が加えられ、開戦一年後にはその威力は決定的になったのであった。

すなわち、アメリカの兵器製作技術には、急速な改良と発展の能力があったのに、日本のそれにはその余地がなかったのである。

開戦前、日本の潜水艦は、その大きさ、航続力、速力、搭載兵器、さらに乗員の訓練において、世界的水準にあると自他ともに認めていた。海軍の当事者がもっとも期待していたのも潜水艦の活躍であった。ところが開戦後の戦績は、米潜水艦のすばらしい活躍にくらべて、日本の潜水艦は被害を受けるばかりで、ほとんど効果ある活動ができなかった。その理由は、外観上の優秀さにもかかわらず、細部の技術は欠陥が多かったからであった。すなわち、船体の震動音が多く、攻撃開始に先だって探知されることが多かったといわれている（福留繁『海軍の反省』）。ことに電波探知器の遅れが、決定的だったのである。

電気兵器の差は、海戦の勝敗を決したといってもよい。日本海軍の得意とした夜戦は、探照灯の照射によって砲撃雷撃を行うものであった。ガダルカナルの攻防戦で、はじめ海軍は夜戦に成功した。しかし一〇月、サボ島沖の夜戦では、日本艦隊は無照射の米艦隊から、突然正確な先制砲撃をうけて失敗した。米軍が装備した電探が威力を発揮したのである。四四年のレイテ海戦では、西村艦隊はスリガオ水道で米艦隊の攻撃を受け全滅したが、まったく敵を目撃せず、闇の中から集中砲撃を受けるという一方的敗戦であった。こうした電探の優劣は、すべての戦闘に決定的な影響を及ぼしている。

電探にかぎらず、一般電気兵器、とくに通信機の優劣の差も大きかった。ミッドウェーの敗戦の一因はそこにあったといわれている。こうした立ち遅れは、じつは一般の技術水準の低さに原因があった。軍事技術だけが、一般の技術の中できわだってすすむということはありえず、それをささえるのは国内の高度の技術水準である。ところが、すべてが軍事を優先させる日本において、民間における技術水準の立ち遅れが、決定的であったのである。たとえば例を技術者にとってみても、大学の理工科、高等工業出身の優秀な学生は、軍部が優先的に採用し、民間工業においては技術者の不足にたえず悩んでいた。また民間工場の熟練労働者まで軍隊に召集したため、その埋め合わせに徴用工や動員学徒、女子挺身隊などを工場に派遣しても、技術の低下はどうにもならない隘路となったのであった。

前述のように、ある時期の軍用機の生産、軍艦の製造などでは、世界的水準に達したこともある。しかしそれは、基礎の薄弱な、また技術的限界をもった一時的進歩にすぎなかった。兵器生産のもっとも基礎的な原料である鉄鋼の生産一つをとってみても、製鉄、製鋼の一貫工業の発展ははなはだしく立ち遅れていた。したがって国内の製鉄、製鋼の一貫作業に依存するよりも、くず鉄を利用する平炉、電気炉製鋼に頼っていたのが実情であった。そのためアメリカの対日くず鉄禁輸は、国内の軍用鉄鋼生産に致命的な影響を与えたのであった。海軍が誇った造艦技術の優秀性にしても、すべてを重武装の大艦建造に注いで世界最大の武蔵、大和級の建造にまですすんではいたが、子細にみれば多くの欠陥があった。部分品や計器、工作機械や特許など、ほとんどすべての面について、個々には外国依存を脱することができなかった。そのため第二次大戦による外国の技術と資材からの遮断は、造艦技術そのものの退歩さえもたらしたのであった。

陸軍の兵器についても同様の事情があった。明治以来外国製兵器の模倣からついに脱しきれなかったのである。満州事変以後多くの新兵器が採用されたが、それらはすべてつぎのように外国兵器の原型にならったものであった（林克也『日本軍事技術史』による）。

三八年式重機関銃→ホチキス機関銃

四五年式榴弾砲↓シュナイダー・クルーゾー（仏）
九〇年式野砲↓シュナイダー一〇五ミリ榴弾砲
九一式戦車機関銃↓ヴィッカース社（英）
九二式一〇五ミリカノン砲↓シュナイダー社（仏）
九四式山砲↓シュナイダー社（仏）
九四式、九六式、二式迫撃砲↓ストークブラン社（仏）
九七式曲射歩兵砲↓ストークブラン社（仏）
九七式戦車機関銃↓スコダ社（チェコスロバキア）
九九式八〇ミリ高射砲↓クルップ社（独）
四式七五ミリ野戦高射砲↓ボスフォース社（スウェーデン）
高射砲算定具↓シュナイダー社（仏）、ツアイス社（独）、ギョルツ社（独）、ヴィッカース社（英）、スペリー社（米）の製品より国産化

こうした技術の水準の低さが、戦争の巨大な消耗と、戦時中の兵器の急速な進歩においつけず、その欠陥をあますことなく暴露したのが第二次大戦だったということができる。

天皇の軍隊の本質

右にあげたような諸原因の根底には、天皇の軍隊の本質的性格が存在していた。国民と兵士の

人権を無視し、天皇のために生命を捧げることが最大の美徳だとした明治以来の国民教育と軍隊のあり方は、はなはだしい兵士の生命の軽視や無視を生み出した。すでに述べたように、精神主義の強調と兵士の生命の無視は、日露戦争以後はとくに顕著になったが、昭和期になるとそれは捕虜の否定につながった。一九三二年の第一次上海事変のさいに、重傷を負って捕虜になり、交換後自決した空閑少佐以来、捕虜となった将校には自殺が要求され、ノモンハン事件でも、多くの犠牲者を出した。

一九四一年一月八日、東条英機陸相が全軍に配布した「戦陣訓」は「生きて虜囚の辱を受くるなかれ」として、捕虜となるより死ねと戒めている。どんな状況の下でも捕虜となることは許されず、絶望的な状況の下でも死ぬまで戦うことが要求され、「玉砕」という名の全滅がくりかえされた。援軍のあてもない孤島のアッツにはじまり、マキン、タラワ、クエゼリン、ルオット、サイパン、テニアン、グアム、パラオ、さらに硫黄島、沖縄とくりかえされた玉砕の悲劇、またニューギニアでも、フィリピンでも、ビルマでも絶望的な状況の中で死以外の道を選ぶことが許されずにおこった飢餓地獄などは、何のためだったのだろうか。戦争そのものの結果にはもはや関係のなくなった段階で、失われた数十万、あるいは百万の生命は、当然避けられたはずの犠牲だったのである。

兵士の生命を無視し、捕虜を最大の恥辱だとした日本軍隊は、敵国の捕虜にたいしても非人間的待遇をした。明治期にはまだ近代国家として西欧に認知されたいという意識があり、日清戦争、日露戦争での天皇の宣戦の詔書には、国際法規を遵守せよとの言葉がふくまれていた。日露戦争のロシア人捕虜、第一次大戦のドイツ人捕虜は一応国際法にもとづいて待遇した。しかし昭和期にはこうした配慮はなくなっていた。

宣戦布告をしなかった中国侵略戦争では、戦争が全面化しようとしていた一九三七年八月五日、陸軍次官通牒で、交戦法規に関する諸条約を「悉く適用して行動することは適当ならず」としていた。一九四一年の対米英開戦の天皇の詔書では、国際法遵守の項はなくなって「蹶然起って一切の障礙を破砕」すべしとなっていた。捕虜を恥辱だとし、国際法を守らなくてもいいとしていたことが、南京大虐殺や捕虜虐待の原因となった。とくに中国にたいしては、中国人にたいする蔑視観、中国の根強い抵抗にたいする反感から、放火、暴行、強姦、殺人がくりかえされた。自軍の兵士の生命さえ尊重しない日本軍は、敵国の軍隊や人民の生命を無視したのは当然だったのである。

日本軍隊は天皇の軍隊であり、天皇制の支配体制を守るための軍隊であって、国民を守るための軍隊ではなかった。創設以来の度重なる対外戦争は、国民の生活や生命が脅やかされたための防衛戦争ではなく、国家とその支配者の利益を求めての侵略戦争であった。そして実際に国民を守ったかどうかは、国土が戦場となり、あるいは戦場化が予想されたときに明らかになったのである。現在も沖縄戦の実態を明らかにするための努力がつづけられているが、その結果は、日本軍が国民を守るものであるどころか、自らの生存のために一般人を犠牲にしたことを示して

[1]いる。

兵士の生命を無視し、非合理な精神主義を強調し、あえて言えば第二次大戦における莫大な無駄死にを強制した軍隊、国民を守るどころかそれを犠牲にした軍隊は、同時に他国への恐るべき侵略の軍隊であった。日本国民は忘れていても、侵略の犠牲にあったアジア諸国民は、その被害と屈辱とを決して忘れまい。教科書問題の国際化を契機に、中国でも東南アジアでも、改めて日本軍による虐殺や暴行の事実を発掘し、記念碑を建て、教科書に特記することが行われている。日本の軍事史は、この歴史的事実を陰蔽するのではなく、それを直視し、その原因を明らかにする努力を怠ってはならないのである。

（1）大田昌秀『総史沖縄戦』、嶋津与志『沖縄戦を考える』、石原昌家『虐殺の島』をはじめ、沖縄の研究者による多数の研究や報告がある。一九八二年に文部省が教科書検定で住民虐殺の部分を削除させたとき、沖縄の世論は憤激し、『沖縄タイムズ』、『琉球新報』などの地元新聞はいずれも虐殺の証言を発掘、連載した。日本軍が住民を虐殺したことは、隠しようのない事実なのである。

（500総トン以上）喪失表（アメリカ戦略爆撃調査団調査）

機雷		艦砲		海難		不明		合計	
隻	総トン	隻	総トン	隻	総トン	隻	総トン	隻	総トン
0	0	0	0	3	7.466	0	0	12	56.060
1	1.548	4	22.751	4	14.388	0	0	17	73.795
0	0	3	10.485	0	0	1	6.788	9	33.248
2	14.618	1	7.170	1	4.469	0	0	15	78.149
0	0	0	0	0	0	0	0	7	36.684
2	10.546	0	0	0	0	0	0	22	96.566
0	0	0	0	0	0	0	0	8	32.379
0	0	½	4.286	1	3.111	0	0	12	67.528
0	0	0	0	1	5.950	0	0	20	92.331
0	0	0	0	0	0	0	0	12	46.579
0	0	1	3.311	2	11.187	0	0	32	164.827
0	0	1	10.438	2	11.079	0	0	27	153.992
0	0	0	0	3	13.377	0	0	21	71.787
0	0	0	0	0	0	1	179	28	122.590
0	0	1	3.121	2	5.732	0	0	19	93.175
0	0	0	0	2	3.187	0	0	38	150.573
0	0	0	0	0	0	1	1.916	27	131.782
0	0	0	0	2	5.144	0	0	35	131.440
0	0	0	0	2	6.581	0	0	28	109.115
0	0	0	0	2	3.298	0	0	25	90.507
0	0	0	0	2	7.730	1	5.831	23	98.828
1	2.663	0	0	3	22.812	0	0	47	197.906
0	0	0	0	4	10.718	0	0	38	145.594
1	2.455	0	0	1	4.370	0	0	68	314.790
0	0	0	0	4	8.374	1	544	61	207.129
1	2.425	1	3.535	3	7.214	1	889	87	339.651
1	5.307	0	0	9	17.584	2	3.956	115	519.559
0	0	0	0	9	16.546	0	0	61	225.766
0	0	1	2.722	1	2.913	1	3.022	37	129.846
0	0	0	0	1	1.891	0	0	69	277.222
0	0	2	8.742	5	7.020	1	557	75	225.204
1	2.284	0	0	4	9.110	0	0	63	241.652
1	1.018	0	0	3	4.546	0	0	65	294.099
7	13.411	0	0	4	4.772	0	0	121	424.149
5	5.964	0	0	6	11.519	1	1.428	134	514.945
2	2.350	0	0	2	2.232	0	0	97	391.408
0	0	0	0	9	20.669	0	0	45	191.876
6	17.322	1	584	3	8.857	1	543	125	425.505
3	13.166	0	0	4	6.898	0	0	29	87.464
7	21.402	0	0	3	19.987	1	1.135	73	186.118
16	20.145	0	0	2	1.812	0	0	51	101.702
66	109.991	0	0	2	9.752	0	0	116	211.536
45	69.009	0	0	4	3.871	2	3.400	108	196.180
34	63.323	0	0	1	2.220	1	874	111	235.830
8	18.462	0	0	0	0	0	0	26	59.425
210	397.412	16½	77.145	116	308.386	16	31.632	2.259	8.141.591
357	818.137	18½	85.956	150	352.720	18	33.388	2.534	8.897.393

2.ほとんど全部はアメリカの兵力によるものであるが、他の連合国の兵力によるものも含んでいる。たとえば潜水艦の場合、２％はイギリスおよびオランダ潜水艦のしわざである。
3.大井篤『海上護衛戦』による。

第10表　太平洋戦争中の日本商船

年	月	陸軍機		基地海軍機		母艦機		潜水艦	
		隻	総トン	隻	総トン	隻	総トン	隻	総トン
一九四一、二年	12	3	16.901	0	0	0	0	6	31.693
	1	1	6.757	0	0	0	0	7	28.351
	2	0	0	0	0	0	0	5	15.975
	3	1	4.109	0	0	3	21.610	7	26.183
	4	2	9.798	0	0	0	0	5	26.886
	5	0	0	0	0	0	0	20	86.110
	6	2	12.358	0	0	0	0	6	20.021
	7	2½	20.775	0	0	0	0	8	39.356
	8	½	420	1	9.309	0	0	17½	76.652
	9	1	7.190	0	0	0	0	11	39.389
	10	1	5.863	3	25.546	0	0	25	118.920
	11	5	24.510	11	77.607	0	0	8	35.358
	12	3	9.591	1	548	0	0	14	48.271
一九四三年	1	9	41.269	0	0	0	0	18	80.572
	2	3½	19.478	2	10.563	0	0	10½	54.276
	3	10	37.939	0	0	0	0	26	109.447
	4	7	24.521	0	0	0	0	19	105.345
	5	3	2.060	1	1.917	0	0	29	122.319
	6	1	953	0	0	0	0	25	101.581
	7	3	4.425	0	0	0	0	20	82.784
	8	1	4.468	0	0	0	0	19	80.799
	9	5	15.492	0	0	0	0	38	157.002
	10	7	15.253	0	0	0	0	27	119.623
	11	20½	70.458	1	5.824	0	0	44½	231.683
	12	13	36.266	5	14.397	6	26.017	32	121.531
一九四四年	1	12	22.823	15	55.184	4	6.738	50	240.840
	2	16	40.983	4	8.207	29	186.725	54	256.797
	3	5	18.224	1	2.655	20	86.812	26	106.529
	4	8	21.942	1	2.230	2	1.775	23	95.242
	5	3½	9.626	0	0	1	992	63½	264.713
	6	3	7.753	1	966	15	65.146	48	195.020
	7	5	7.856	0	0	5	9.486	48	212.907
	8	6	13.610	1	6.659	5	22.918	49	245.348
	9	3	3.258	5	8.095	55	213.250	47	181.363
	10	9	23.627	4	12.256	40½	131.308	68½	328.843
	11	11	37.350	2	8.627	26½	120.373	53½	220.476
	12	13	54.996	3	4.158	2	8.217	18	103.836
一九四五年	1	7½	20.620	1	549	83½	283.234	22	93.796
	2	3	8.593	2	1.677	2	1.384	15	55.746
	3	13	30.931	10½	14.373	15	27.563	23½	70.727
	4	14	18.174	1	875	0	0	18	60.696
	5	2	2.358	29	57.041	0	0	17	32.394
	6	2	11.470	12	16.163	0	0	43	92.267
	7	9	11.802	11	16.372	43	113.831	12	27.408
	8	10	22.884	2	1.715	2	1.805	4	14.559
合　計		280	774.680	130½	363.518	359½	1.329.184	1.150½	4.859.634
使用不能総　計		300	909.572	144½	383.168	393½	1.453.135	1.152½	4.361.317

1.0.5隻という沈没隻数は航空機と潜水艦が協同で沈めた船についてしるしたものである。その場合は、その沈められた船のトン数も、航空機に半分、潜水艦に半分と平等に分配した。

著者略歴

藤原　彰（ふじわら　あきら）

1922年東京生まれ。

1938年東京府立第六中学校四年中退、陸軍士官学校入学。1941年陸軍士官学校卒業、中国へ派遣。1945年陸軍大尉で復員。1946年東京大学文学部史学科（国史専攻）入学、1949年卒業。その後、千葉大学文理学部、東京都立大学、東京大学教養学部、東京教育大学文学部などで講師を歴任。1969年一橋大学社会学部教授・同社会学部長などを経て、1986年一橋大学停年退職。

1989～93年女子栄養大学教授。

一橋大学名誉教授。2003年2月26日没。

主な著書

『日本軍事史』（日本評論社）、『天皇制と軍隊』（青木書店）、『昭和史』（岩波新書）、『餓死した英霊たち』（青木書店）、『中国戦線従軍記』（大月書店）、『日本近代史』（岩波書店）など多数。

日本軍事史（上巻）戦前篇

2006年12月25日　第1刷発行

定　価　（本体2500円＋税）

著　者　藤原　彰

発行者　小西　誠

装　幀　佐藤俊男

発　行　株式会社　社会批評社

東京都中野区大和町1-12-10小西ビル

電話／03-3310-0681　FAX／03-3310-6561

郵便振替／00160-0-161276

ＵＲＬ　http://www.alpha-net.ne.jp/users2/shakai/top/shakai.htm

Email　shakai@mail3.alpha-net.ne.jp

印　刷　モリモト印刷株式会社